쉽게 접근한 양자역학

Quantum Mechanics A Simplified Approach

Shabnam Siddiqui

역자 연규황

CRC Press
Taylor & Francis Group

청범출판사
Always in my heart

Quantum Mechanics: A Simplified Approach by Shabnam Siddiqui

homepage www.chungbum.co.kr

차 례

머리말

양자 이론은 자연의 근본적인 실재를 설명하는 데 매우 성공적인 이론임이 입증되었다. 기본적인 자연 현상(예: 원자 구조, 복사 및 띠 스펙트럼 등)에 대한 예측은 수 많은 다양한 실험 조건에서 정확한 것으로 입증되었다. 그러한 설명은 고전물리학으로는 유도할 수 없다. 양자 이론의 발전은 고전물리학으로 설명되었던 물리적 세계에 대한 이해에 근본적인 변화를 가져왔다. 우리의 일상적인 실재는 고전물리학의 개념에서 발전된 직관을 기반으로 이해한다. 고전적 실재에 뿌리를 둔 우리의 깊은 사고 과정에서 이러한 근본적인 이탈은 양자역학의 패러다임 전환을 수용하기 위해 사고를 재정렬하게 했다. 이 패러다임 전환을 적절히 파악하기 위해서는 기본 생각을 재 정리해야 한다. 그 가능성은 이중 슬릿 실험, 양자 터널링 및 스턴과 게를라흐(Stern-Gerlach) 실험 같은 두 사고 계 간의 차이를 나타내는 개별 현상의 연구에서 작은 단계를 진행하는 것이다. 각 경우에 대한 심층 연구에는 양자역학의 예측과 고전 이론의 예측 간의 직접적인 비교 및 대조가 포함되어야 한다. 이 책에서는 비교적 기초적인 수준에서 그러한 접근 방식을 따른다. 모든 장은 양자 아이디어와 고전적 아이디어를 비교하여 독자가 양자 아이디어 사이의 근본적인 차이를 파악하는 데 도움을 주는 구조화된 방식으로 양자 아이디어를 단계별로 제시한다.

따라서 이 책의 주요 목표는 이러한 새로운 패러다임에서 개념적 질문과 문제 해결의 과정을 통해 양자역학을 이해하는 것이다. 이 맥락에서 문제 해결은 미분 방정식과 적분을 푸는 데 국한되지 않고 문제에 대한 체계적 사고를 포함하여 새롭고 강력한 양자역학개념을 적용하여 해답을 찾고 해당 해답의 물리적 의미를 이해한다. 양자역학의 각 주제는 학습 과정을 용이하게 하기 위해 단계별 접근 방식을 적용하여 여기서 소개된다. 주제의 체계적인 배열은 독자가 현장에서 적절한 기반을 구축하는 데 도움을 주기 위한 것이다. 예를 들어, 논의된 첫 번째 주제는 양자 자유 입자의 주제이고, 이어서 퍼텐셜에 의해 묶인 양자 입자의 주제이다. 자유 입자의 동역학과 퍼텐셜을 이해하는 것은 속박 입자의 더 복잡한 경우를 다루기 전에 필요한 중요한 첫 번째 단계다. 이 순서를 바꾸면 독자에게 혼란을 줄 수 있으며, 이러한 체계적인 주제 배열 방식은 책의 모든 장에 적용된다.

장의 끝부분에 있는 특별 주제에 대한 튜토리얼은 양자역학이론의 주제에 대한 사고 과정에 독자를 적극적으로 참여시켜 문제 해결을 익히려는 시도이다. 이 과정은 독자가 자연을 이해하는 데 있어 새로운 "양자역학적 직관"을 발전시키는 데 도움이 되어야 한다. 예를 들어 양자 터널링에 대한 튜토리얼 중 하나에서 고전 입자와 장벽에 접근하는 평면 파의 개념을 소개하고 장벽을 투과하는 데 필요한 계의 에너지 조건을 질문한다. 고전적 개념을 탐색한 후 장벽에 접근하는 양자역학적 입자도 탐색하고 두 경우의 차이점을 좀 더 자세히 조사한다. 양자 입자는 파동인 동시에 입자이기 때문에 고전적인 입자나 파동과는 완전히 다른 방식으로 거동한다. 양자 입자가 장벽을 통과하도록 허용하는 조건은 무엇인가? 양자 입자가 경계에서 반사되도록 하는 조건은 무엇인가? 독자는 올바른 질문을 통해 터널링 과정을 깊이 있게 고려하기를 권장한다. 따라서 그것들은 각 경우에 대한 양자역학 효과의 세부 사항에 대해 깊이 생각하는 과정에 들어가게 한다. 일부 튜토리얼에는 시뮬레이션에 대한 링크가 포함되어 있다. 이러한 시뮬레이션은 양자 현상을 시각화하는 데 도움이 되며 동시에 수학 적용에 대한 이해를 돕는다. 튜토리얼은 가정 학습, 프로젝트 및 수업 중 그룹 실습으로 강사가 사용할 수 있다. 튜토리얼 외에도 이 책에는 각 장의 절 사이에 적절하게 배치된 개념적 질문이 포함되어 있다. 개념적 문제는 개념의 논리적 이해를 테스트하기 위해 도입되었다. 각 절 끝에 있는 문제는 개념과 과학적 추론 기술을 적용하는 추가 연습을 제공한다. 이 책은 학습에 대한 전통적 접근 방식과 비전통적 접근 방식을 결합한 시도이다. 이 책의 주요 특징은 다음과 같다.

- 기초 수준에서 양자역학에 대한 단순화되고 구조화된 단계별 소개
- 주제와 장의 체계적인 배열

- 양자역학과 고전물리학의 차이점에 관한 사고 과정에 학생들을 적극적으로 참여시키기 위한 특별 주제에 대한 튜토리얼
- 논리적 이해를 테스트하기 위한 개념적 질문
- 추가 연습을 위해 각 절의 끝에 있는 기존 문제
- 물리적 현상의 시각화 및 수학 적용 시연을 돕기 위한 시뮬레이션

이 책에서 처음 두 장은 양자역학에 대한 역사적 소개를 다룬다. 이 소개는 양자역학 이론의 초기 공식화로 이어지는 중요한 실험과 아이디어의 건전한 토대를 구축하는 데 도움이 된다. 이론의 수학적 기초 개발을 위한 첫 번째 단계로 양자역학의 공식적 설명이 3장에서 자세히 논의된다. 양자역학의 공식적 논의는 매우 추상적이고 배우기 어려운 주제 중 하나이다. 이 장은 선형 중첩 상태의 도입과 양자역학의 물리계에 대한 설명과 그 "상태"의 필요성을 시작으로 매우 구조화된 방식으로 제시한다. 먼저 상태 벡터의 개념을 소개한 다음 상태 벡터에서 파동 함수를 유도하는 방법을 보인다. 상태 벡터는 "양자 특성"의 핵심인 중첩된 이산 상태를 나타내며, 연속 변수의 함수인 파동 함수를 통해서만 소개되면 이 이론의 핵심 구성 요소를 이해하는 데 공백이 생길 수 있다. 나중에 주어진 파동 함수에 대한 슈뢰딩거 방정식의 해가 논의된다. 수학의 물리적 의미는 이 장의 대부분의 주제에서 양자 현상의 이해를 돕기 위해 설명된다. 이 책에서는 모든 장에서 슈뢰딩거의 "파동 역학" 접근 방식이 적용된다. 하이젠버그의 "행렬 역학"은 그것의 이론적 토대를 적용하는 독자의 혼란을 줄이기 위해 논의되지 않는다. 그러나 행렬 역학에 대한 간략한 소개는 3장에서 제공된다. 4장과 5장에서는 자유 입자, 무한 사각 우물, 유한 사각 퍼텐셜 우물, 조화 진동자, 수소 원자 및 수소의 원자 스펙트럼은 어느 정도 길게 논의된다. 이러한 응용 프로그램은 이러한 예시적인 양자역학적 현상에 대한 양자역학 직관의 개발에 초점을 맞추고 있다. 물리계에 대한 이해, 계에 대한 슈뢰딩거 방정식 풀기, 슈뢰딩거 방정식의 해에서 얻은 계에 나타나는 물리적 현상의 해석에 중점을 둔다. 따라서 주요 목적은 계의 양자 거동에 대한 비교적 완전한 이해와 함께 슈뢰딩거 방정식을 푸는 데 일반적으로 적용되는 수학적 기술에 대한 확실한 이해를 독자에게 제공하는 것이다. 푸리에 변환, 르장드르 다항식 및 에르미트 다항식과 같은 수학적 함수는 이러한 개념에 대한 독자의 친숙함을 유도하기 위해 "간단한 방식"으로 제시된다. 그 함수들은 양자 이론의 기초를 이해하는 데 유용한 특징을 가진 흥미로운 수학 함수이다. 이러한 특징이 그러한 함수 도입에 초점이다. 이후 장에서는 시간 독립 및 시간 종속 섭동 이론이 논의된다. 이 장의 초점은 일부 계의 경우 슈뢰딩거 방정식을 정확하게 풀 수 없는데, 그 경우 근사 방법을 적용할 수 있음을 입증하는 것이다. 이 장에서는 학생들이 양자역학의 보다 실용적인 응용을 준비할 수 있도록 하게 한다. 7장의 후반부에서는 측정의 문제를 포괄적으로 논의한다. EPR 역설과 벨의 부등식도 여기에서 논의된다. 이 절에서는 문제와 해결 방법에 대한 더 넓은 관점을 제공한다. 마지막 장에서 양자역학의 중요한 최근 응용 부분인 양자컴퓨터가 논의된다. 양자컴퓨터는 곧 현실이 될 것이기 때문에 이러한 강력하고 실용적인 개념을 학생들에게 소개하는 것이 중요하다. 이 책은 "양자"에 대한 플랑크의 아이디어로 시작하여 양자컴퓨터에 대한 확실한 소개로 끝난다. 이 책은 초급 또는 중급 수준의 양자역학에서 1학기 또는 1년 과정에 유용할 것이다.

많은 분들의 지원이 없었다면 이 일이 실현될 될 수 없었을 것이다. 그분들께 감사드린다. 이 책의 장을 개선하기 위한 제안과 조언으로 저를 도운 동료와 멘토에게도 감사를 표하고 싶다. 리 소이어(Lee Sawyer), 줄리아 바나클루크(Julio Gea-Banacloche), B. 라마칸드란(Ramachandran) 그리고 레온 D. 아이아세미디스(Leon D. Iasemidis)에게 감사드린다. 수치와 색인에 도움을 주신 호청 인(Haocheng Yin)과 임란 호사인(Imran Hossain)에게 감사드린다. 또한 편집에 도움을 준 이언 와일리(Ian Wylie), CRC 출판부팀, 마크 구티에레스(Marc Gutierrez), 주디스 사이먼(Judith Simon), 라게쉬 K 네어(Ragesh K. Nair)와 쉽게 작업할 수 있도록 하고 지속적인 지원을 해준 프라부 아루무감(Prabhu Arumugam)에게도 감사드린다.

저자소개

샤브남 시디키(Shabnam Siddiqui) 박사는 LA 루이지애나 공과 대학의 연구 교수이다. 그녀는 이 대학에서 물리학을 강의하고 탄소나노물질을 이용한 전기화학적 마이크로센서 개발을 위한 연구를 수행하고 있다. 그녀는 물리학 과정을 가르치기 위해 능동적인 학습 접근 방식을 적용하고 물리학 및 양자역학을 학습하기 위한 새로운 방법을 개발하는 일에 중점을 두고 있다. 샤브남 시디키 박사는 신뢰할 수 있는 실시간 감지를 달성하기 위한 탄소 나노물질의 특성을 연구한다. 그녀는 20편이 넘는 동료 평가 저널 논문(peer reviewed journal papers)을 저술했다. 그녀는 2006년에 파예트빌에있는 아칸소 대학교서 양자 컴퓨팅 및 양자 정보 물리학 박사 학위를 취득했다. 샤브남 시디키박사는 미국 캘리포니아주 나사 에임스 연구센터(NASA Ames Research Center)와 펜실베이니아주 피츠버그 대학에서 박사후 과정 교육을 받았다. 그녀는 또한 루이지애나 공대에 합류하기 전에 일리노이 주의 고급 다이아몬드 테크놀로지스(Advanced Diamond Technologies)에서 일했다.

역자 서문

양자물리학은 19세기 말 여러 물리학적 어려운 문제에 직면, 해결하려고 하던 중 20세기 초에 등장했습니다. 지난 1세기에 걸쳐 이론과 실험 분야에서 비약적인 발전을 이룩한 양자물리학은 이제 자연과학의 바탕을 이루며 미래를 선도하고 있습니다.

지난 세기 양자역학 발전의 영향으로 트랜지스터, 다이오드, 전자현미경, 핵자기공명 영상 등 많은 소자, 장치들이 개발되었으며, 이를 바탕으로 오늘날 눈부신 컴퓨터 통신기술, 의료기술 등 많은 분야가 크게 발전하여 우리 일상에 이바지하고 있습니다.

현재까지 양자역학은 물리학, 화학, 생물학 등 전 자연과학 분야에 적용되었습니다. 특히 생명의 근본적인 양자 물리학적 완전한 이해는 아직 진행 중입니다. 현재로서는 가까운 장래에 양자역학의 이러한 새로운 응용에 어떤 일이 일어날지 예측하기 어렵습니다. 그러나 그러한 분야에서의 노력은 가치가 있고 놀라운 이점을 제공할 것이라는 점은 분명합니다.

우리는 일상 경험에서 얻어진 직관으로 자연현상을 이해합니다. 고전물리학은 이에 바탕을 두고 얻어진 학문입니다. 실제 우리가 일상에서 경험하는 대부분 현상은 이 고전물리학으로 설명 가능합니다. 그러나 상대적으로 낮은 온도와 높은 압력에서 또는 미시의 세계에서 일어나는 현상들은 우리와 친숙한 고전물리학으로는 설명할 수 없고 양자역학을 이용해야만 설명 가능합니다. 양자역학은 우리의 직관에 기반으로 초보자에게 쉽게 이해되지 않는 가정을 도입하여 전개합니다. 그래서 양자역학은 학문의 중요성에 비추어 실제 배우기 쉽지 않습니다.

반 직관적인 양자 현상을 설명하는 데는 어렵고 추상적인 수학을 사용함으로 이해하기 어려운 부분이 많습니다. 이 책은 이러한 어려움을 극복하기 위하여 양자 개념과 고전 개념 간을 비교하여 단계별 구조화된 방식으로 양자 아이디어를 제시합니다. 기본적인 내용을 다루는 장에서는 절 마다 개념적 질문이 있어 독자가 모든 단계에서 이해도를 확인할 수 있습니다. 튜토리얼은 문제 해결에 적극 참여 연습시키고 시뮬레이션은 양자 현상의 시각화를 돕습니다.

저자는 양자 컴퓨팅 및 양자 정보 분야를 전공했고 현재는 대학에서 능동적인 학습 접근 방식을 적용하여 물리학 및 양자역학을 학습하기 위한 새로운 방법도 개발하고 있습니다. 특히 이 책에서는 현재와 미래 양자물리학 발전을 선도할 분야인 양자컴퓨터를 마지막 8장에서 다루고 있습니다.

이 책은 비교적 양자역학의 이해와 설명에 중점을 두고 수식 전개는 최소화되어 있습니다. 물리학과 학부 학생들은 물론 자연과학, 공학을 전공하는 학생들도 기초 고전역학을 이해한다면 충분히 배울 수 있을 것이라 확신합니다. 그리고 양자역학의 기본 지식을 이해하려는 모든 분야의 전문가들에게도 도움이 될 것으로 생각합니다.

마지막으로 양자역학을 처음 배우는 독자들이 공부하다 막히면 다시 처음으로 돌아가 여러 번 반복 읽으라고 권하고 싶습니다.

Fundamental Constants and Important Equations

FUNDAMENTAL CONSTANTS

Planck's constant: $\hbar = 1.05457 \times 10^{-34}$ Js

Boltzmann constant: $k_B = 1.38065 \times 10^{-23}$ J/K

Speed of light: $c = 2.9979 \times 10^{8}$ m/s

Charge of electron: $-e = -1.60218 \times 10^{-19}$ C

Charge of proton: $+e = +1.60218 \times 10^{-19}$ C

Mass of electron: $m_e = 9.10938 \times 10^{-31}$ kg

Mass of proton: $m_p = 1.67262 \times 10^{-27}$ kg

Permittivity of space: $\varepsilon_0 = 8.85419 \times 10^{-12}$ C^2/Jm

Bohr Radius: $a = \dfrac{4\pi\varepsilon_0\hbar^2}{me^2} = 5.29177 \times 10^{-11}$ m

Coulomb constant: $\dfrac{1}{4\pi\varepsilon_0} = 8.98755 \times 10^{9}$ N.m^2/C^2

USEFUL INTEGRALS

$$\int \sin\left(\frac{n\pi x}{L}\right) dx = \frac{x}{2} - \frac{L}{4n\pi}\sin\left(\frac{2n\pi x}{L}\right)$$

$$\int x\sin\left(\frac{n\pi x}{L}\right) dx = \frac{x^2}{4} - \frac{Lx}{4n\pi}\sin\left(\frac{2n\pi x}{L}\right) - \frac{L^2}{8n^2\pi^2}\cos\left(\frac{2n\pi x}{L}\right)$$

$$\int_0^\infty x^n e^{-bx} dx = \frac{n!}{b^{n+1}}$$

$$\int_{-\infty}^{\infty} e^{-x^2} dx = \sqrt{\pi}$$

$$\int_{-\infty}^{\infty} e^{-a(x-b)^2} dx = \sqrt{\frac{\pi}{a}}$$

$$\int_{-\infty}^{\infty} x^2 e^{-bx^2} dx = \frac{1}{2}\sqrt{\frac{\pi}{b^3}}$$

1 양자역학의 서론 역사-I

1.1 전자기파의 고전적 관점

양자역학의 기원은 1900년 막스 플랑크(Max Planck)가 당시 새로운 복사 법칙을 발견한 것과 관련이 있다. 플랑크는 매우 강력하면서도 단순한 모델을 사용하여 복사의 실험적 사실을 설명함으로써 복사의 "양자적" 성질을 발견하게 되었다. 그의 모델에 따르면 복사선은 개별 에너지의 "비트" 또는 다발로 방출되거나 흡수된다. 복사 세기에 대한 그의 공식은 실험 결과를 매우 잘 설명했다. 그의 복사 모델은 실험 결과와 훨씬 더 가깝게 시뮬레이션한 것으로 판명되었다. 그러나 복사선이 불연속적인 "양자"로 방출되거나 흡수된다는 발견은 그 당시의 고전 물리학자들에게는 예상치 못한 매우 새로운 아이디어였다. 이 새로운 아이디어는 고전적인 복사 이론의 기초를 깨뜨렸다. 처음에는 플랑크도 자신의 아이디어에 회의적이었고 자신의 모델을 고전 이론과 조화시키려고 시간과 노력을 기울였다. 그러나 양자 이론과 고전 이론을 조화시킬 현실적인 방법이 없었기 때문에 그는 자신의 시도에 실패했다. 따라서 그는 1900년에 자신의 기발한 이론을 발표했다. 플랑크의 새로운 이론이 구체적인 물리적 문제의 해결에 적용되기까지는 5년이 더 걸렸다. 1905년 알베르트 아인슈타인은 플랑크의 아이디어를 저온에서 고체와 기체의 비열에 대한 설명과 광전 효과로 확장했다. 아인슈타인은 두 경우 모두 플랑크의 에너지 양자화 모델을 적용하면 이러한 현상을 쉽게 자세히 설명할 수 있음을 입증했다. 그리고 이것은 또한 그 당시 고전 물리학에 알려지지 않은 이산적 성질을 가진 현상으로 빛을 이해하는 시점이 되었다. 아인슈타인은 플랑크의 에너지 양자화 개념을 사용하여 광전 효과를 설명할 수 있었고 빛도 불연속적일 수 있음을 보여주었다. 막스웰의 이론에 따르면 빛은 전자기파이므로 연속적인 것이다. 회절과 간섭과 같은 잘 알려진 현상은 빛을 전자기파와 같은 연속계로 간주해야만 설명할 수 있었다. 빛의 이산적 성질(입자로 구성됨)에 대한 이 새로운 아이디어는 맥스웰의 빛 이론과 모순되는 것으로 여겨졌다. 그러나 빛이 이중성을 가질 수 있을까? 이산적이고 연속적일 수 있을까? 어떻게 불연속적이면서 동시에 연속적일 수 있을까? 유사한 역설이 원자 물리학에서도 발생했다. 1913년 닐스 보어는 수소 원자의 스펙트럼을 설명함으로써 이러한 새로운 아이디어를 원자 물리학에 적용했다. 그러나 계산된 전자의 궤도 진동수와 방출되는 복사선의 진동수 사이에 불일치가 있음이 밝혀졌다. 또한 1924년 콤프턴은 X선이 전자와 충돌할 때 진동수가 변한다는 것을 발견했다. 이것은 X선을 전자와 충돌하는 개별 입자로 간주함으로써만 설명할 수 있다. 이러한 모든 실험적 관찰과 원자 현상과 관련된 이러한 새로운 발견을 설명하지 못하는 고전 물리학의 실패가 양자역학의 수학적 이론 발전의 토대가 되었다. 양자역학의 수학적 이론을 개발하기 위한 작업은 매우 오랜 기간(30년 이상) 동안 계속되었다. 결국 양자역학의 형식에 대한 두 가지 수학적 접근이 등장했다. 하나는 워너 하이젠버그(Werner Heisenberg)가 1925년에 개발한 행렬 역학, 다른 하나는 어윈 쉬뢰딩거(Erwin Schrodinger)가 1926년에 개발한 파동 역학이다. 두 접근 방식의 수학적 형식은 동일한 것으로 판명되었다. 양자역학의 수학적 이론을 적용함으로써 앞에서 설명한 모든 양자 역설을 설명할 수 있게 되었고, 그것을 광학, 열역학, 화학 및 역학 분야에도 응용할 수 있게 되었다. 양자역학은 물질과 빛의 근본적인 성질을 이해하는 데 매우 성공적이었다. 이러한 이해는 레이저, 다이오드, 트랜지스터, 전자 현미경, 자기 공명 영상 등과 같은 장치의 개발로 이어졌다. 이러한 장치는 오늘날 전자, 컴퓨터 및 통신의 기초이다. 이처럼 우리의 현대 생활은 플랑크의 양자 복사 이론의 놀라운 발견과 밀접한 관련이 있다. 플랑크의 발견이 없었다면 이러한 장치가 어떻게 존재하게 되었는지 또는 적어도 같은 시간에 발견되었을지 상상하기 어렵다.

빛과 물질에 대한 우리의 호기심이 우리가 그것에 대해 알려지지 않은 진실을 발견하게 한 것 같다. 우리가 그것에 대해 더 많이 배울수록 우리의 환경, 우주 및 우리 자신에 대한 진실을 더 많이 알 수 있게 되었다. 양자역학의 이야기는 복사선, 빛, 물질의 특성을 발견하면서 시작되었지만, 아직 완전한 그림은 아니다. 현재까지 양자역학은 물리학, 화학, 생물학, 정보 및 계산 분야에 적용되고 있다. 이 분야에서 정보와 생명의 기본적인 양자 거동에 대한 완전한 이해는 여전히 많이 진행 중이다. 현재로서는 가까운 장래에 양자역학의 이러한 새로운 응용 분야에서 어떤 일이 일어날지 예측하기 어렵다. 그러나 이러한 분야에서의 노력이 가치 있고 놀라운 이익을 가져다줄 것이라는 점은 똑같이 분명하다.

양자 이론의 역사적 기초에 대한 이 간략한 소개 후에 우리는 전자기파의 고전적 관점을 이해하는 것부터 여기에서 시작하여 양자역학의 역사적 발전의 탐구를 단계적으로 진행할 것이다. 우리는 양자역학의 발전으로 이어진 각각의 발견을 다루지 않고 오히려 이론의 현재 이해와 가장 관련이 있는 것을 다룰 것이다.

1.1.1 전자기파란 무엇인가?

연못의 잔물결, 지지대에 묶인 밧줄의 진동과 같이 우리 주변에서 볼 수 있는 파도는 단순히 일정한 속도로 연속적인 매질을 통해 전파되는 교란으로 정의할 수 있다. 그러나 모든 파동은 전파하기 위해 (연속 또는 불연속)매질이 필요한 것은 아니다. 매질 없이 전파되는 전자기파와 같은 파동도 있다.

고전 물리학에서 전자기파는 파동의 전파 방향에 수직인 평면에서 전기장과 자기장을 진동시키는 것으로 정의된다. 그러한 파동은 진공에서 빛의 속도로 움직인다. 빛과 모든 형태의 복사선은 전자기파이다. 그림 1.1은 전자기파와 연못의 잔물결을 보여 준다.

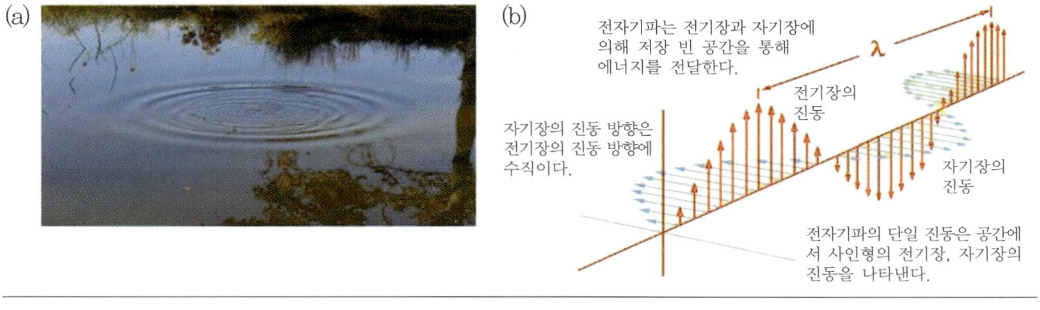

그림 1.1 (a) 이 그림은 연못의 잔물결이 물인 연속 매질에서 교란하는 파라는 것을 보여준다.(제공: Kris Bridgman). (b) 이 그림은 진동하는 전기장과 자기장으로 전자기파를 보여준다. 이러한 파는 전파하기 위해 물과 같은 매질이 필요하지 않다. (Hyper Physics 웹사이트에서 가져옴, 제공: Dr. Rod Nave)

1.1.2 전자기파의 성질은 무엇인가?

전자기파와 관련된 전기장과 자기장은 에너지를 전달한다. 이러한 파동은 공간에서 이동할 때 에너지를 전달한다. 전자기파가 물질에 충돌하면 에너지를 물질에 전달할 수 있다. 그것은 분자 결합의 파괴로 인한 물질의 이온화로 이어질 수 있다. 또한 이러한 파동은 매우 먼 거리를 이동할 수 있으며 경로에 있는 모든 물질에 의해 반사 및 흡수될 수 있다. 전자기파는 여러 종류가 있다. 그러나 그러한 파동은 진동수와 파장에 따라 서로 구별된다. 전자기파의 진동수는 초당 진동하는 수이고 파장은 두 개의 연속되는 마루 또는 골 사이의 임의의 순간의 거리이며 진폭은 중심선에서 마루의 상단 또는 골의 하단까지의 거리이다. 이러한 파동의 진동수와 파장은 서로 반비례한다. 높은 진동수를 갖는 파동은 작은 파장을 가지며 그 반대의 경우도 성립한다. 진공 상태에서 전자기파의 진동수는 다음 관계식으로 표현된다.

$$\nu = \frac{c}{\lambda} \tag{1.1}$$

여기에서 c는 빛의 속도(3×10^8 m/s), ν는 진동수, λ는 파장이다.

따라서 모든 전자기파는 진동수와 관계없이 진공 상태에서 빛의 속도로 이동한다.

1.1.3 전자기파는 어떻게 생성되는?

전자와 같은 전하가 가속 또는 진동할 때 진동하는 전기장을 생성하고, 진동하는 전기장은 진동하는 자기장을 발생시킨다. 이 두 장은 서로 수직이며 일정 속도로 이동하는 전자기파를 생성한다. 전자기파의 진동수는 전하의 역학적 진동의 진동수와 동일하며 전자기파의 세기는 전하의 역학적

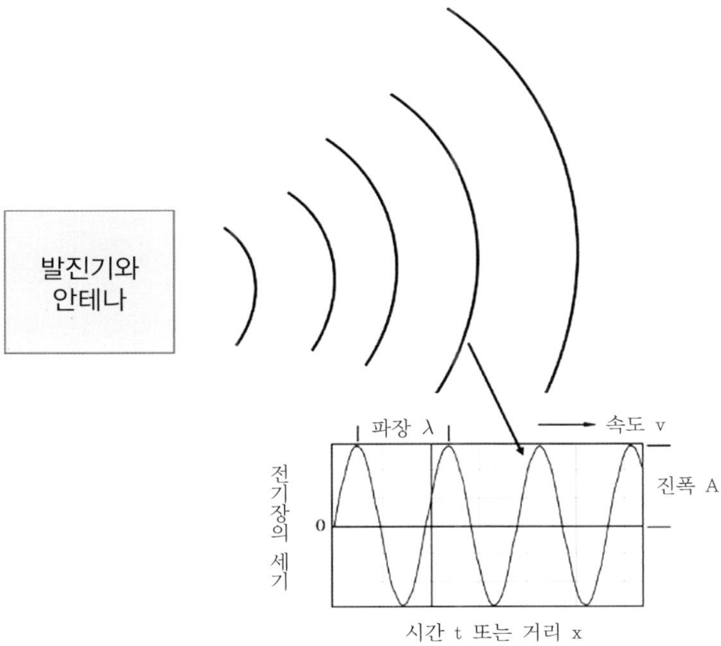

그림 1.2 안테나에 연결된 전자 진동자는 공간에서 전파되는 전자기파를 발생한다.

진동의 진폭의 제곱에 비례한다. 안테나에 연결된 전자 발진기는 전자기파를 발생한다. 임의의 진동수로 진동하는 진동자를 구성함으로써 서로 다른 진동수를 갖는 서로 다른 전자기파를 만들 수 있다. 그림 1.2의 회로도는 발진기(진동자)에 의한 전자기파 발생을 보인다.

그림 1.3의 전자기 스펙트럼은 모든 종류의 전자기파를 보여준다.

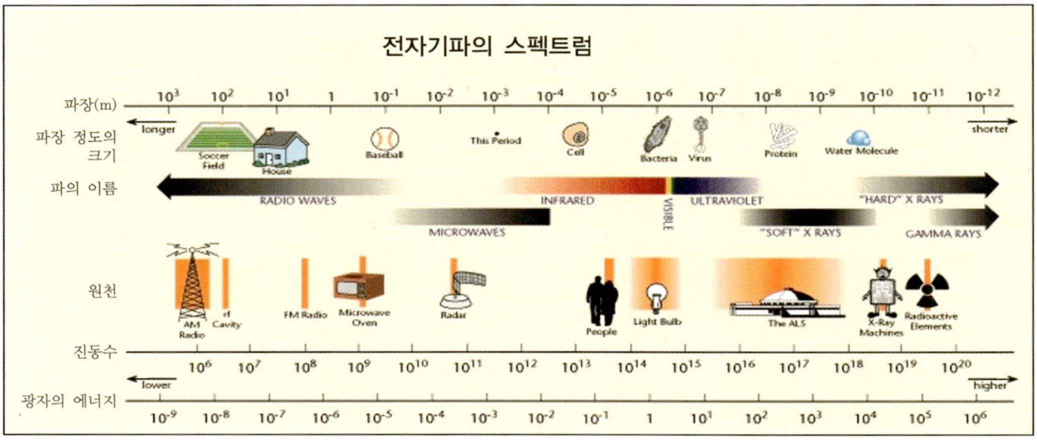

그림 1.3 전자기 스펙트럼은 광범위한 파장과 광자 에너지를 포함한다. 물체를 보는 데 사용되는 빛은 물체와 크기가 거의 같거나 더 작은 파장을 가져야 한다.
이 이미지는 NASA 웹사이트 https://www.nasa.gov/centers/glenn/about/fs13grc.html에서 공개 도메인 라이선스에 따라 허가를 받아 가져왔다.

1.2 흑체 복사의 역설

복사는 전자기파로 정의되며 앞의 스펙트럼에서 보듯이 모든 종류의 전자기파가 있을 수 있다. 라디오파, 마이크로파, X선 및 감마파는 일반적으로 "복사"로 분류되는 동일한 일반적인 "유형"의 전자기파의 일부이다. 고유한 온도($T \neq 0$ K)를 갖는 모든 물질 또는 물체는 복사를 방출하고 복사를 흡수한다. 방출되거나 흡수되는 복사선의 양은 해당 물체의 물질적 특성에 따라 다르다. 일반적으로 모든 물체는 두 가지 제한적인 경우 사이의 성질을 갖는다. "완전히 반사"하는 물체, 즉 물체에 닿는 모든 복사선을 완전히 반사하고 가열될 때 복사선을 방출하지 않는다. 완벽하게 반사하는 물체의 반대 경우를 "흑체"라고 하며, 그러한 물체는 그 위에 닿는 모든 복사선을 흡수하고 가열되면 모든 복사선을 방출한다. 사실, 그러한 특성을 나타내는 재료는 없지만 흑체 또는 완벽하게 반사하는 물체에 의해 거동을 근사할 수 있는 재료가 있다. 예를 들어, "광택된 은"은 완벽하게 반사하는 물체로 근사할 수 있고 "그을음"은 흑체로 근사할 수 있다. 흑체에 의한 복사 방출은 19세기 후반에 가장 잘 이해되지 않은 현상 중 하나였으며, 그 당시 물리학자들은 흑체 복사 이론을 개발하려고 많은 시도를 했었다. 흥미롭게도 흑체 복사 이론의 발전은 당시 물리학자들에게 가장 큰 도전이었다. 사실, 흑체 복사 현상을 설명하기 위한 새로운 아이디어가 모색되었다. 왜냐하면 고전 이론은 그러한 친숙한 현상을 설명하기에는 불충분했기 때문이다. 이러한 새로운 아이디어는 양자 이론의 기초를 마련하게 했다.

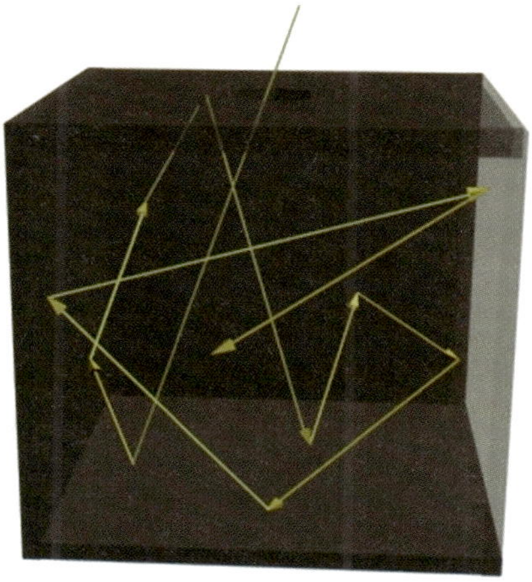

❙ **그림 1.4** 흑체의 개략도. 인클로저 내부의 복사선은 모든 벽에서 완벽하게 반사된다.

1.2.1 실험 관측량

자연적에서 얻을 수 있는 흑체는 완전한 흑체가 아니다. 그러나 일정한 온도로 유지되는 가열된 인클로저 내부의 복사는 완전한 흑체로 간주 될 수 있다(그림 1.4). 따라서 이러한 흑체를 이용하여 복사선의 성질을 이해하는 실험을 하였다. 이러한 닫힌 인클로저 내부의 복사는 기체와 매우 유사하게 동작한다. 그것은 인클로저의 벽에 압력을 가하고 더 작은 부피로 압축하는 작업을 수행해야 하며 인클로저가 닫힌 상태로 유지되면 매우 오랜 시간이 지나도 복사선의 특성이 변경되지 않는다. 따라서 이러한 복사를 복사 기체라고 한다(그림 1.4).

인클로저 내부는 복사선 기체로서 아무 문제가 없으며 인클로저의 벽에서 완벽하게 반사된다. 따라서 복사선은 인클로저 내부에 흡수 및 방출을 위한 원천이 없다. 일정한 온도로 유지되는 그러한 인클로저 내부에 "그을음"과 같은 대략적인 흑체와 같은 물질 조각이 상자에 도입되었다고 가정하자. 이 그을음은 모든 진동수의 복사선을 흡수할 수 있으며 동시에 모든 진동수의 복사선을 방출한다. 흡수와 방출은 평형에 도달할 때까지 계속되고 인클로저 내부의 복사는 구성이 변경되지 않은 상태로 유지된다. 이러한 복사 상태를 통계적 평형 상태라고 하며 평형 복사라는 이름은 인클로저에서 발견되는 서로 다른 진동수의 복사의 혼합으로 주어진다.

이러한 흑체를 이용하여 여러 실험이 수행되었고, 다음과 같은 법칙의 형태로 복사의 여러 성질을 도출하였다.

1. 키르히호프의 법칙(Kirchhoff's law): 이 법칙에 따르면 주어진 온도에 대해 인클로저 내부의 평형 복사의 조성은 물질의 성질에 관계없이 정확히 동일하다. 인클로저에서 나오는 복사선의 세기는 인클로저의 크기 및 모양과 무관하다. 단색 복사의 세기는 복사의 진동수와 인클로저의 온도에만 의존한다. 따라서 세기는 진동수와 온도의 함수로 나타낼 수 있다.

$$I_\nu = I(\nu,\ T) \tag{1.2}$$

단색 복사의 세기는 일반적으로 시간 간격 t와 $t+dt$ 및 진동수 간격 ν와 $\nu+d\nu$에서 dA의 법선에 대한 각도 θ로 배향되는 미분 입체각 $d\Omega$에 국한된 방향으로 의 면적소 dA를 가로지르는 복사 에너지 미분량 dE와 관련된다.

따라서 세기 함수에 의한 미분 복사 에너지는 다음과 같이 쓸 수 있다.

$$dE = I(\nu,\ T)\cos\theta\ dA\ d\Omega\ d\nu\, dt \tag{1.3}$$

2. **스테판-볼츠만의 법칙**: 이 법칙에 따르면, 복사의 모든 진동수에 대한 단위 시간당 흑체의 단위 표면적당 복사되는 총 에너지는 인클로저의 절대 온도 "T"의 4승에 비례한다.

$$J = \varepsilon\sigma\ T^4 \tag{1.4}$$

여기서 ε=복사율, σ=스테판-볼츠만 상수, J=흑체의 단위 면적당 및 단위 시간당 에너지, T=켈빈 단위의 온도이다.

3. **빈(Wein)의 변위 법칙**: 그림 1.5의 그래프에 표시된 직접 측정은 복사 세기가 온도에 따라 진동수에 따라 어떻게 변하는가를 보여준다. 온도가 증가함에 따라 복사 세기도 증가한다. 주어진 온도에서 방출되는 복사의 진동수 범위는 다른 것보다 더 강한 특정 파장의 복사와 연속적이다. 가장 높은 세기의 복사 진동수는 절대 온도에 정비례한다. 이것을 빈의 변위 법칙이라고 한다. 식 (1.5)는 이 법칙을 설명한다.

$$\nu_{\max} = C\ T;\quad \lambda_{\max} T = 2.898\times 10^{-3}\mathrm{m.K} \tag{1.5}$$

여기서 C=상수, T=절대 온도(켈빈 단위)이다.

앞에서 언급한 모든 법칙은 경험적 법칙이며 복사 현상을 설명하기 위한 이론적 모델을 개발하기 위한 정상적인 기초를 제공했다. 실험 측정에서 직접 얻은 이러한 경험 법칙은 일반 복사 법칙을 개발하는 기초를 마련했다.

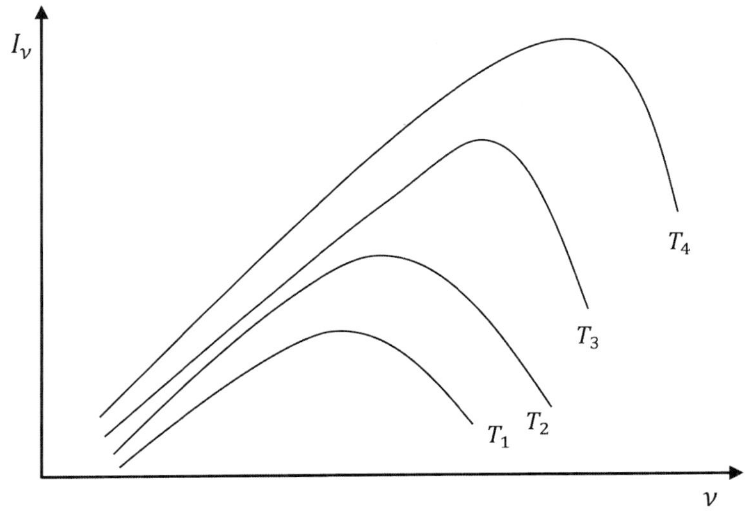

그림 1.5 실험 관찰에서 얻은 복사의 세기 대 진동수 그래프. 다른 선은 다른 온도에 대한 진동수에 따른 세기의 변화를 보여준다. 인클로저의 온도가 높을수록 최대 진동수의 복사 세기가 높아진다.

1.2.2 복사 함수의 수학적 모양

앞에서 논의한 바와 같이 세기 함수의 형태(방정식 1.2)를 수학적으로 설명하는 보다 일반적인 법칙에 대한 탐구는 다음과 같은 결과로 이어진다.

1. **빈의 관계:** 빈 이전에는 복사에 대한 세기 함수의 수학적 형태가 알려져 있지 않았다. 그가 기술한 함수의 형태는 특히 중요했다. 빈에 따르면 온도 T에서 인클로저 내부에서 진동수 ν의 복사 세기는 다음 수학 방정식으로 설명할 수 있다.

$$I_\nu = \frac{\nu^3}{c^2} \quad F\left(\frac{\nu}{T}\right) \tag{1.6}$$

   여기서 $F\left(\frac{\nu}{T}\right)$=미지의 복사 함수, c=진공에서 빛의 속도, ν=복사의 진동수이다. 빈 이전에는 복사 함수의 형태가 알려지지 않았다. 빈에 따르면 함수 $F\left(\frac{\nu}{T}\right)$는 다음과 같은 모양을 갖는다.

$$F\left(\frac{\nu}{T}\right) = e^{-\frac{\nu}{T}} \tag{1.7}$$

   이러한 발전은 복사 함수의 수학적 형태를 공식화하는 새로운 통찰력을 가져왔다.

2. **레일리-진스(Rayleigh-Jeans)의 법칙, 흑체 역설:** 레일리-진스는 전자기학 및 열역학의 고전적 법칙에 기초하여 (1.7)식 복사 함수의 수학적 형태를 설계했다. 그들은 순전히 고전 법칙에 근거하여 다음과 같은 관계를 얻었다.

$$I_\nu = \frac{\nu^2}{c^2} \; k\,T \tag{1.8}$$

   여기서 k=볼츠만 상수, T=켈빈 단위의 온도이다.

   부피 dV 내에서 진동수 범위 ν와 $\nu + d\nu$ 사이의 미분 에너지는 다음과 같이 주어진다.

$$dE = \frac{\nu^2}{c^2} \; kT\,dV\,d\nu \tag{1.9}$$

   위의 관계는 자외선과 같이 더 높은 진동수의 복사가 더 높은 세기를 가질 것임을 나타낸다. 따라서 이 방정식에 따르면 무한 진동수의 복사 세기가 가장 강해야 하며 그림 1.5에 표시된 세기 대 진동수 그래프는 더 높은 진동수에서 발산한다. 0에서 ∞까지의 진동수 범위에 대해 1.9식을 적분하면 온도 "T"에서 인클로저 내부의 복사 에너지가 무한대가 된다. 이 결론은 실험 결과와 완전히 모순된다. 또한 스테판-볼츠만 복사 법칙과도 양립할 수 없다. 이것을 "자외선 파국 또는 흑체 역설"이라고 한다. 레일리와 진스의 이 발견은 전자기파로서의 복사에 대한 고전적 관점이 실험적 관찰을 위반한다는 것을 분명히 보여주었기 때문에 중요했다.

3. **플랑크의 복사 모델:** 고전 물리학에 따르면 물질에 의한 복사의 방출과 흡수가 동일한 비율로 발생할 때 인클로저 내부에서 평형 복사가 설정된다. 이 문제는 직선을 따라 앞뒤로 진동하는 진동자로 나타낼 수 있는 전자로 구성되어 있다고 가정할 수 있다. 각 진동자는 특정 진동수의 복사를 방출하거나 흡수할 수 있다. 이 진동수를 각 진동자의 "특성 진동수"라고 한다. 진동자와 인클로저 내부의 복사 사이에 평형 상태가 도달한다. 진동자에 의한 복사의 방출

및 흡수는 에너지 값의 변동으로 이어진다. 따라서 동일한 특성 진동수의 진동자는 주어진 순간에 다른 에너지를 나타낸다. 특성 진동수가 "ν"이고 인클로저의 온도 "T"에서 통계적 평형 상태에 있는 모든 진동자의 평균 에너지는 함수 $U(\nu,\ T)$로 나타낼 수 있다. $U(\nu,\ T)$의 양은 "단색" 에너지 밀도 또는 복사선의 "스펙트럼 에너지 밀도"라고 한다. 이 함수를 사용하여 인클로저 내부의 진동수 "ν"의 총 복사 세기는 다음과 같이 쓸 수 있다.

$$I(\nu, T) = \frac{c}{4\pi}\ U(\nu, T) \tag{1.10}$$

진동자에 의한 이러한 복사선의 지속적인 방출 및 흡수는 다음과 같은 형태의 함수를 유도한다.

$$U(\nu, T) = \frac{8\pi\nu^2}{c^3}\ k\ T \tag{1.11}$$

여기서 k = 볼츠만 상수, T = 인클로저의 절대 온도이다.

그러나 앞의 논의는 이러한 형태의 진동자의 에너지 함수가 레일리-진스의 잘못된 법칙으로 이어진다는 것을 분명히 보여준다. 플랑크는 이러한 어려움에 이끌려 복사선의 실험적 관찰을 설명하기 위한 새로운 이론을 고안했다. 그는 "양자 이론"이라는 새로운 이론을 제시했다. 이 이론에서 그는 복사선의 방출과 흡수가 불연속적인 과정이라고 가정했다. 따라서 진동수 "ν"의 진동자의 총 에너지는 특정 값만 가질 수 있다:

$$0,\ \nu,\ \ 2h\nu,\ 3h\nu,\ \ 4h\nu,\ 5\ h\nu, \ldots,\ nh\ \nu$$

에너지는 에너지 덩어리 $h\nu$로만 복사 및 흡수된다. 여기서 h는 플랑크 상수라고 하며 그 값은 6.626×10^{-34} Js이다.

이러한 가정은 진동자의 에너지 밀도 함수에 대한 다음 방정식으로 이어진다:

$$U(\nu, T) = \frac{8\pi\nu^2}{c^3} \frac{h\nu}{\left(e^{\frac{h\nu}{kT}} - 1\right)} \tag{1.12}$$

플랑크에 따르면 이 함수는 인클로저 내부의 진동수 ν의 진동자의 평균 에너지($\overline{E}$)와 관련이 있을 수 있다. 이러한 함수는 앞의 세 가지 복사 법칙을 모두 만족하며 모든 온도에서 실험 측정과 일치했다. 이 함수를 사용하여 복사선의 세기 함수는 다음과 같이 쓸 수 있다.

$$I(\nu, T) = \frac{2h\nu^3}{c^2}\ \frac{1}{\left(e^{\frac{h\nu}{kT}} - 1\right)} \tag{1.13}$$

파장과 관련하여 이 함수는 다음 형식으로 작성할 수도 있다.

파장 종속 세기 함수를 유도하기 위해 다음 관계를 사용한다:

$$\frac{c}{\lambda} = \nu$$

따라서,

$$\frac{-c}{\lambda^2}d\lambda = d\nu \tag{1.14}$$

이다.

부피 dV 내에서 시간 t와 $t+dt$ 사이에서 진동수 범위 ν와 $\nu+d\nu$ 사이에서의 미분 에너지는 다음과 같이 주어진다.

$$dE = I(\nu, T)\cos\theta \; dA \; d\Omega \; d\nu \, dt$$

여기서 $d\Omega$은 dA 영역의 법선에 대한 각도 θ로 배향되는 미분 입체각이다.

파장 측면에서 앞의 방정식은 다음과 같이 쓸 수 있다:

$$dE = I(\lambda, T)\cos\theta \, dA \, d\Omega \, dt\left(\frac{-c}{\lambda^2}\right)d\lambda \tag{1.15}$$

따라서 파장에 따른 세기 함수는 다음과 같다:

$$I(\lambda, T) = -\frac{2h\,c^2}{\lambda^5}\;\frac{1}{\left(e^{\frac{h\nu}{kT}}-1\right)} \tag{1.16}$$

플랑크에 따르면 "양자"라고 불리는 에너지 덩어리로 방출되거나 흡수되는 것은 복사 에너지이다. 따라서 양자화되는 것은 복사선의 에너지이다. 그것은 고전 이론에 의해 가정된 어떤 값도 취할 수 없다.

1.3 양자역학적 관점의 시작

플랑크의 선구적인 작업은 플랑크의 복사 법칙으로 알려진 새로운 복사 법칙으로 이어졌다. 이 새로운 법칙은 다음과 같이 요약될 수 있다.

플랑크의 복사 법칙: 열 복사의 원천은 진동 상태의 원자이며, 각 진동자의 진동 에너지는 일련의 이산 값 중 하나를 가질 수 있지만 그 사이의 값은 절대 가질 수 없다. 진동하는 원자가 가질 수 있는 에너지 E는 다음과 같이 주어진다.

$$E_n = n\,h\,\nu \tag{1.17}$$

여기서 $n=1,\ 2,\ 3,\cdots$, $h=$플랑크 상수, $\nu=$진동자의 진동수이다.

진동자(진동하는 원자)가 더 높은 에너지 상태 E_2에서 더 낮은 에너지 E_1 상태로 변화할 때 $E_2-E_1=h\nu$와 같은 이산 에너지 양을 방출한다. 이 가장 작은 양의 에너지를 에너지 양자라고 한다. 진동자가 낮은 에너지 상태(E_1)에서 높은 에너지 상태(E_2)로 에너지 상태가 바뀔 때 에너지 양자를 흡수한다. 플랑크는 복사선의 방출 및 흡수 메커니즘과 양자화되는 것은 복사선의 에너지일 뿐이라는 사실을 설명했다. 그는 여전히 복사선을 전자기파로 간주했다.

나중에 아인슈타인은 전자기파인 빛이 광자라고 불리는 이산 소립자로 구성되어 있다고 제안하면서 이 아이디어를 더욱 발전시켰다. 광자가 운반하는 에너지는 진동수의 함수이다: $E_{photon}=h\nu$. 이에 대해서는 다음 절에서 더 자세히 논의할 것이다. 다음의 개략도는 플랑크의 발견 이후 복사에 대한 관점의 변화를 설명한다(그림 1.6).

개념적 질문 1: 복사에 대한 고전적 관점과 양자역학적 관점의 차이점을 설명하여라.

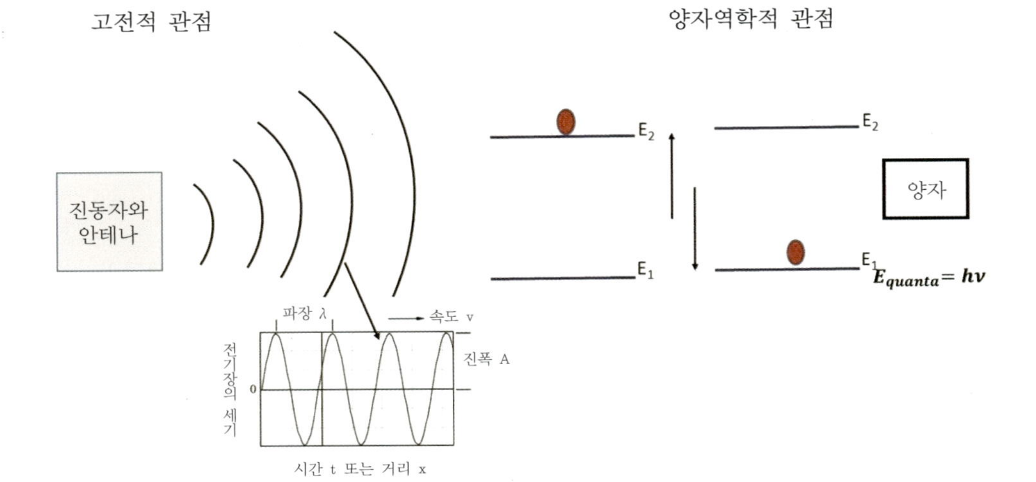

그림 1.6 복사에 대한 고전적 관점과 양자역학적 관점의 차이점을 보여주는 개략도. 고전 전자기학에 따르면, 진동하는 하전입자는 일정한 진동수로 진동하는 전자와 같은 진동수를 연속적으로 방출하여 진공 속에서 빛의 속도로 이동하는 반면, 플랑크에 따르면 진동하는 하전입자는 불연속적으로 복사선을 방출한다. 더 높은 에너지 상태에서 더 낮은 에너지 상태로 전이할 때만 복사를 방출한다. 그것이 방출하는 복사선의 진동수는 더 높은 에너지 준위와 더 낮은 에너지 준위 사이의 에너지 차이에 따라 달라진다.

예제 1.1

변위 법칙에 따르면 온도 "T"에서 물체의 최대 열 에너지 파장은 수학적으로 $\lambda_{\max} T = 2.898 \times 10^{-3}$m.K로 설명된다. 약 70°F의 온도에서 인체의 경우 방출되는 열복사의 파장은 다음과 같다.

$$\lambda_{\max} = \frac{2.898 \times 10^{-3}\ \text{m.K}}{294\ \text{K}} \tag{1.18}$$

$$\lambda_{\max} = 10.0 \times 10^{-6}\ \text{m}$$

따라서 인체에서 방출되는 열복사의 파장은 약 10미크론이다.

문제

1.1 일정한 속도로 움직이는 하전 입자가 전자기파를 발생할 수 있는가? 그 이유는 무엇인가?

1.2 이전에 논의된 모든 실험에 대한 간략한 설명을 하라. 고전 물리학 이론으로 설명할 수 없는 실험의 관측을 설명하다.

1.3 흑체란 무엇인가? 예를 보여라.

1.4 흑체 역설이란 무엇인가? 설명하라. 흑체 복사의 특성을 고전 전자기 이론으로 설명할 때 직면한 곤란한 문제를 기술하라.

1.5 플랑크는 왜 복사 에너지에 불연속성을 도입했는가? 흑체 복사의 역설을 설명하기 위한 플랑크의 가설을 설명하라.

1.6 진동수를 10^{12}Hz로 진동하는 원자가 더 높은 에너지 상태에서 낮은 상태로, $E_3 \to E_1$으로 전이할 때 방출하는 복사 에너지는 얼마인가?

1.4 광전 효과

1887년 독일의 물리학자 하인리히 헤르츠(Heinrich Hertz)는 후에 광전 효과라고 불리는 새로운 현상을 발견했다. 이 현상의 관찰은 양자 이론의 발전에 중요했다. 그의 연구에 따르면 두 금속 전극 사이에 전압이 가해진 상태에서 자외선을 조사하면 금속 전극에서 전자가 방출된다. 그의 연구에 대한 실험적 관찰의 원리는 전자기학의 고전 이론으로는 설명할 수 없었다. 그 관찰은 다음과 같다.

1. 전자가 운반하는 운동 에너지는 자외선의 세기를 증가시켜도 증가할 수 없다. 전자가 운반하는 운동 에너지는 자외선의 진동수에 따라 다르다. 이 관찰은 고전 물리학으로는 설명할 수 없었다. 고전 물리학에 따르면 자외선은 전자기파이며 전자기파의 세기를 높이면 파동이 운반하는 에너지가 증가하므로 파동은 금속판의 전자와 상호 작용할 때 더 많은 에너지를 전자에 전달해야 한다. 따라서 방출된 전자의 운동 에너지는 자외선의 세기가 증가할 때 증가해야 한다. 또한 전자의 운동 에너지는 입사되는 자외선의 진동수에 의존할 수 없다.
2. 자외선의 세기가 증가하면 전자의 흐름이 증가한다. 이는 자외선(또는 전자기파)의 세기가 클수록 전극판에서 방출되는 전자의 수가 증가함을 의미한다. 이것은 고전 물리학으로 설명할 수 없다.
3. 전자 방출과 금속판에 자외선 도달 사이에 시간 지연이 없었다. 이 관찰은 고전 물리학으로는 설명할 수 없다.
4. 전자기파의 진동수가 일정 값 이하이면 전자가 방출되지 않는다. 고전 물리학에 따르면 모든 진동수의 전자기파는 전자를 방출할 수 있다.

수십 년 동안 물리학자들은 가시광선, 적외선, X선 및 감마선과 같은 다양한 유형의 전자기파로 실험하고 액체 및 기체와 같은 다양한 물질에서도 시도했다. 그러나 동일한 관찰 결과가 얻어졌고 과학자들은 이 현상에 대한 설명을 찾기 위해 고군분투했다. 1905년 아인슈타인은 이러한 어려움에 이끌려 이 현상을 설명하기 위해 플랑크의 아이디어를 발전시켰다. 그의 가설에 따르면:

1. 전자기파는 광자라는 입자로 구성되었다. 이 광자 각각에 의해 운반되는 에너지는 다음과 같이 주어진다:

   $$E_{photon} = h\nu \tag{1.19}$$

   여기서 h =플랑크 상수, 그리고 ν =전자기파의 진동수이다. 전자기파인 광선은 다수의 광자로 구성된다. 각 광자는 위의 에너지를 운반하며 단위 시간당 단위 면적당 표면에 입사하는 광선의 총 에너지는 다음과 같이 주어진다:

   $$E_{EM} = nh\nu \tag{1.20}$$

   여기에서 n은 단위 시간당 단위 면적당 표면에 입사하는 평균 광자 수이다.
2. 다수의 광자로 구성된 광선이 금속판에 입사되면 광자가 판을 관통하여 금속판의 전자에 에너지를 전달한다. 이 에너지를 얻은 전자는 일함수 ϕ라고 하는 포텐셜 장벽을 투과한

다음 금속판에서 방출된다. 금속 표면에서 방출되는 각 전자의 운동 에너지는 다음과 같다.

$$E_{K.E} = h\nu - \phi \tag{1.21}$$

여기서 $E_{K.E}$는 금속판에서 방출된 전자의 최대 운동 에너지이다.

아인슈타인이 제안한 가설을 사용하여 설명할 수 없었던 관찰을 이제는 설명할 수 있다. 입자 성질을 가진 광자는 모든 에너지를 전자에 전달하고 전자는 퍼텐셜 장벽을 투과하고 금속 표면에서 방출되어 광전류가 관찰된다. 금속판 표면에서 방출된 전자를 광전자라고 하고, 이들에 의해 생성된 전류를 광전류라고 한다. 전자기파의 세기를 높이면 그러한 파동에 의해 운반되는 광자의 수가 증가한다. 그러므로, 광자의 수가 더 많으면 금속판에서 방출될 충분한 에너지를 얻는 전자가 더 많아진다. 이것은 전자기파의 세기가 증가하면 광전류가 증가하는 원인을 설명한다. (1.19)식은 전자기파의 진동수와 광자가 운반하는 에너지 사이의 관계를 명확하게 보여준다. 따라서 전자기파의 세기를 증가시킴으로써 금속 표면에서 방출되는 전자에 의해 전달되는 운동 에너지는 증가할 수 없다.

> **개념적 질문 2**: 전자기파가 전달하는 에너지를 설명하는 (1.20)식을 고려하라. 동일한 전자기파의 세기를 높이면 방정식에서 어떤 매개변수가 변할까? 이유를 설명해라.

광전 효과에 대한 설명은 빛이 광자라고 하는 작은 입자로 구성될 수 있으며 각 광자는 플랑크가 제안한 에너지 양자를 운반한다는 것을 이해하게 했다. 그러나 회절, 분산 및 간섭과 같은 빛의 특정 거동은 빛을 전자기파로 취급해야만 설명할 수 있다. 이러한 현상을 설명하기 위해 입자와 같은 거동을 고려할 때 질적 및 양적 어려움에 직면하게 된다. 이처럼 광전효과에 대한 이해는 이전에 존재하지 않았던 빛에 대한 이해의 발전을 가져왔다. 1921년 아인슈타인은 광전효과를 설명한 공로로 노벨상을 받았다. 그러나 그것은 또한 빛에 대한 우리의 "전자기파로"의 견해에 큰 충격을 주었다. 간단히 말해서 빛은 파동이나 입자보다 더 복잡한 것이다. 그 현상 중 일부는 빛의 파동성을 사용하여 설명할 수 있지만 다른 현상은 빛의 입자성을 사용하여 설명할 수 있다. 하지만 왜? 빛은 다른 곳에서 그렇게 다르게 행동할까? 이것은 아직 충분히 이해되지 않은 가장 어려운 질문 중 하나이다(그림 1.7 및 표 1.1).

> **개념적 질문 3**: 아인슈타인의 가설을 사용하여 광전 효과에 대한 세 번째 설명할 수 없는 관찰을 설명하라.

If the body is charged to a positive potential Π and surrounded by zero potential conductors, and if Il is just able to prevent the loss of electricity by the body, we must have

$$\Pi\varepsilon = \frac{R}{N}\beta\nu - P,$$

where ε is the electrical mass of the electron, or

$$\Pi E = R\beta\nu - P',$$

where E is the charge of a gram equivalent of a single-valued ion and P' is the potential of that amount of negative electricity with respect to the body.†

If we put $E = 9{\cdot}6 \times 10^{3}$, $\Pi \times 10^{-8}$ is the potential in Volts which the body assumes when it is irradiated in a vacuum.

To see now whether the relation derived here agrees, as to order of magnitude, with experiments, we put $P' = 0$, $\nu = 1{\cdot}03 \times 10^{15}$ (corresponding to the ultraviolet limit of the solar spectrum) and $\beta = 4{\cdot}866 \times 10^{-11}$. We obtain $\Pi \times 10^{7} = 4{\cdot}3$ Volt, a result which agrees, as to order of magnitude, with Mr. Lenard's results.[3]

If the formula derived here is correct, Π must be, if drawn in Cartesian coordinates as a function of the frequency of the incident light, a straight line, the slope of which is independent of the nature of the substance studied.

As far as I can see, our ideas are not in contradiction to the properties of the photoelectric action observed by Mr. Lenard. If every energy quantum of the incident light transfers its energy to electrons independently of all other quanta, the velocity distribution of the electrons, that is, the quality of the resulting cathode radiation, will be independent of the intensity of the incident light; on the other hand, ceteris paribus, the number of

† If one assumes that it takes a certain amount of work to free a single electron by light from a neutral molecule, one has no need to change this relation; one only must consider P' to be the sum of two terms.

그림 1.7 광전 효과에 관한 아인슈타인의 원본 논문에서 발췌한 것.
텍스트에 표시된 방정식은 이제 더 간단한 버전의 방정식(1.20)으로 알려져 있다. 다음 텍스트는 광전 효과에 대한 아인슈타인의 원본 논문에서 나온 것이다. 이 텍스트는 그 수수께끼 같은 시기에 빛에 대한 아인슈타인의 견해에 대한 통찰력을 제공한다. 이 논문은 웹사이트 The Collected Papers of Albert Einstein, http://einsteinpapers.press.princeton.edu/에서 복사했습니다.

동일한 논문에서 오려낸 다른 내용이 아래에 나와 있다. 오려낸 마지막 네 줄은 공간에서의 광선의 새로운 관점을 명확하게 보여준다.

The wave theory of light which operates with continuous functions in space has been excellently justified for the representation of purely optical phenomena and it is unlikely ever to be replaced by another theory. One should, however, bear in mind that optical observations refer to time averages and not to instantaneous values and notwithstanding the complete experimental verification of the theory of diffraction, reflexion, refraction, dispersion, and SO on, it is quite conceivable that a theory ai'light involving the use of continuous functions in space will lead to contradictions with experience, if it is applied to the phenomena of the creation and conversion of light. In fact, it seems to me that the observations on "black-body radiation", photoluminescence, the production of cathode rays by ultraviolet light and other phenomena involving the emission or conversion of light can be better understood on the assumption that the energy of light is distributed discontinuously in space. According to the assumption considered here, when a light ray starting from a point is propagated, the energy is not continuously distributed over an ever increasing volume, but it consists of a finite number of energy quanta, localised in space, which move without being divided and which can be absorbed or emitted only as a whole.

예제 1.2

약 10^{-7}m 파장의 빛이 칼륨 금속판에 부딪힌다. 판에서 방출된 광전자의 속도를 구하라.
식 (1.20)에서 다음을 얻는다.

$$\frac{1}{2}m_e v_e^2 = \frac{hc}{\lambda} - \phi$$
$$v_e = \sqrt{\frac{2}{m_e}\left(\frac{hc}{\lambda} - \phi\right)} \tag{1.22}$$

$$= \sqrt{\frac{2}{0.91 \times 10^{-30}\,\mathrm{kg}}\left(\frac{6.63 \times 3 \times 10^{-26}\,\mathrm{m.J}}{10^{-7}\,\mathrm{m}} - 2.2 \times 1.6 \times 10^{-19}\,\mathrm{J}\right)} \tag{1.23}$$

$$\Rightarrow v_e = 19 \times 10^5\,\mathrm{m/s}$$

문제

1.7 나트륨 금속판에서 광전자라고도 하는 약 0.001c(c=빛의 속도)의 속도로 움직이는 전자를 나타내는 데 필요한 빛의 파장은 얼마인가?

1.8 파장이 680nm이고 작동 전력이 약 10mW인 레이저에서 초당 몇 개의 광자가 방출될까?

1.9 350nm의 빛이 금속판을 때리면 광전자가 생성되어 2.0×10^5m/s의 속도로 움직인다. 금속판의 일함수를 구하여라.

1.10 표 1.1을 사용하여 아연 금속판에서 전자가 방출되지 않는 최대 입사광의 파장을 결정해라.

표 1.1 여러 금속의 일함수 값

금속	일함수(eV)
텅스텐	4.5
크롬	4.4
아연	4.3
마그네슘	3.7
나트륨	2.3
칼륨	2.2
세슘	1.9

1.5 콤프턴 효과

콤프턴 효과는 1923년 아서 홀리 콤프턴(Arthur Holly Compton)에 의해 연구되었다. 그는 빛의 입자 성질을 검증하는 또 다른 실험적 관찰을 보여주었다. 실험은 자유 전자에 X선과 같은 고주파 복사선을 조사하는 것으로 구성되었다. X-선과 자유 전자 사이의 상호 작용은 감소된 진동수로 X-선의 편향을 유도한다.

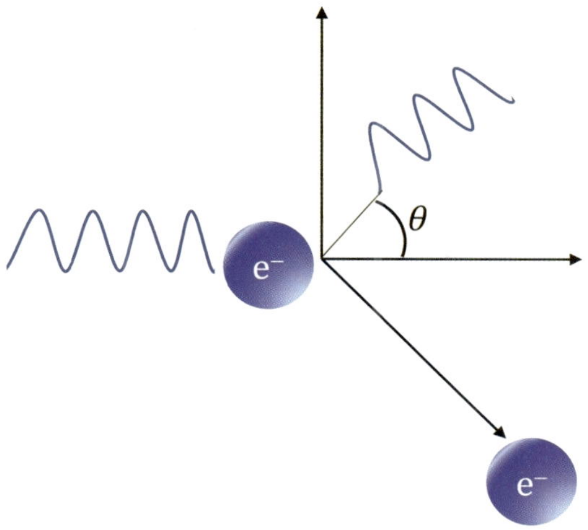

그림 1.8 X선에 의한 전자 산란의 개략도

또한 상호작용으로 인해 전자가 반동을 일으켜 마치 다른 입자와 충돌한 것처럼 전자가 편향되는 것으로 보였다. 이 현상은 빛의 입자성을 이용하여 간단하게 설명할 수 있다. X선은 X선 광자로 구성되며 각 광자는 에너지($E_{photon}=h\nu$)를 가지며 아래와 같은 운동량도 전달한다.

$$p=\frac{h\nu}{c}=\frac{h}{\lambda} \tag{1.24}$$

앞의 관계를 물질 입자와 관련된 물질파동에 대한 드 브로이의 운동량 관계라고 하며 이는 다음 장에서 자세히 설명한다. 여기서 p는 X선 광자가 운반하는 운동량이며 X선의 파장이다. 따라서 X선과 자유전자의 상호작용은 두 당구공의 탄성충돌과 마찬가지로 X선 광자(입자)와 전자의 충돌로 볼 수 있다. 운동량과 에너지 보존의 역학적 법칙을 적용하면 다음 관계가 성립한다.

$$\frac{1}{\nu'}-\frac{1}{\nu}=\frac{h}{m_e c^2}(1-\cos\theta) \tag{1.25}$$

여기에서 ν'=충돌 후 편향된 광자의 진동수, ν=입사 광자의 진동수, θ=편향 각도, m_e=전자의 질량, h=플랑크 상수이다. 앞의 방정식에 따르면 충돌 중 입사 X선 광자의 운동량 손실은 입사 광자와 각도 θ로 편향된 진동수 ν'의 새로운 X선 광자의 출현을 초래한다. 또한 정지된 전자가 운동량과 반동을 얻도록 한다. 콤프턴 효과는 모든 유형 복사선의 입자 특성의 기초가 더욱 확립됐다(Figure 1.8).

> **개념적 질문 4**: 콤프턴 산란 실험에서 X선이 입자처럼 거동하는 이유를 설명하라.

예제 1.3

파장 0.0300 nm의 X선 광자는 정지해 있는 자유 전자와 충돌하고 산란된 광자는 초기 위치에서 90°로 편향된다. 입사와 산란된 광자의 운동량을 구하라.

입사 광자의 경우:

$$p_i = \frac{h}{\lambda} = \frac{6.63 \times 10^{-34}\,\text{J.s}}{0.0300 \times 10^{-9}\,\text{m}} = 2.21 \times 10^{-23}\text{kg.m/s} \tag{1.26}$$

편향된 광자의 운동량은 식 (1.25)를 사용하여 얻을 수 있다.

$$\lambda' - \lambda = \frac{h}{m_e c}(1 - \cos\theta) \tag{1.27}$$

$$\lambda' = \lambda + \frac{h}{m_e c}(1 - \cos 90) \tag{1.28}$$

$$= 3.0 \times 10^{-11} + \frac{6.63 \times 10^{-34}\,\text{J.s}}{9.1 \times 3 \times (10^{-31+8})\,\text{kg.m/s}} \rightarrow 3.24 \times 10^{-11}$$

산란된 광자의 운동량:

$$p_{sc} = \frac{h}{\lambda} = \frac{6.63 \times 10^{-34}\,\text{J.s}}{0.0324 \times 10^{-9}\,\text{m}} = 2.04 \times 10^{-23}\,\text{kg.m/s} \tag{1.29}$$

문제

1.11 진동수 10^{17}Hz의 전자기 복사의 광자의 에너지를 계산하라. 또한 광자가 운반하는 운동량을 결정하라.

1.12 전자에 입사하여 30°의 각도로 편향된 복사의 진동수 변화를 계산하라. 입사 광자의 진동수가 10^{21}Hz인 경우 편향된 광자의 진동수는 얼마인가?

1.13 X선의 진동수가 2×10^{18}Hz인 경우 X선 광자가 운반하는 운동량은 얼마인가?

1.6 튜토리얼

1.6.1 광전 효과

목적

학생들이 전자기파의 입자 행동을 이해하는 것을 돕고 광전 효과가 고전파 모델을 사용하여 설명될 수 없다는 것을 보여주기 위해서이다. 이해도를 높이기 위하여 시뮬레이션을 사용하자.

개념

- 고전적으로 전자기파에 의해 전달되는 에너지는 세기에 따라 달라진다. 전자기파가 금속판에 부딪칠 때, 그것은 판의 전자에 에너지를 가한다. 파동이 강할수록 전자에 더 많은 에너지가 전달된다.
- 전자기파의 강도를 높이면 방출된 전자의 운동 에너지가 증가해야 한다.
- 실험적으로 판에서 방출되는 전자의 운동에너지는 입사되는 전자기파의 세기가 아니라 진동수에 의존하는 것으로 관찰되었다.
- 고전적으로 모든 진동수의 전자기파는 전자를 방출할 수 있다.
- 실험적으로 특정 진동수의 전자기파에서만 전자를 방출한다는 것이 관찰되었다.

다음 그림 1.9를 고려하라.

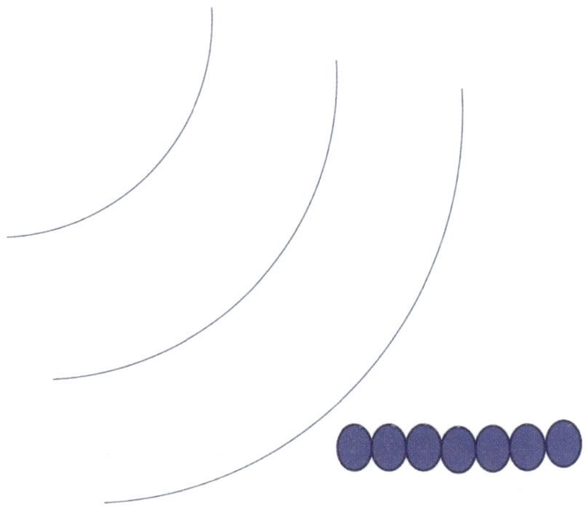

그림 1.9 전자기파가 전자 군에 부딪히는 것을 보여주는 개략도.

질문 1 빛이나 전자기파의 세기는 단위면적당 전달되는 일률이다. 이것은 전자기파의 전기장의 진폭의 제곱에 비례하며 다음과 같이 주어진다.

$$I \, \alpha \, |E|^2 \tag{1.30}$$

앞의 방정식을 사용하여 진동수는 다르지만 진폭이 같은 파동이 금속판에 단위 면적당 동일한 양의 일률로 전달되는 이유를 설명하라. 그림 1.9와 유사한 다이어그램을 그려서 진동수는 다르지만 전자에 부딪히는 진폭이 동일하면 전자에 동일한 양의 일률이나 에너지를 전달한다는 것을 보여준다. 다이어그램에서 구형파보다는 진동파를 사용하라.

질문 2 전자기파에 대한 이전의 고전적 모델을 사용하여 전자기파가 연속적으로 부딪힌 후 전자 에너지에 어떤 일이 발생하는지 설명하라. 전자는 파동으로부터 에너지를 얻거나 잃을 것인가? 전자가 원래 정적이다라고 고려하라.

질문 3 진동수는 다르지만 세기가 같은 파동이 전자에 비친다고 생각해 보자. 전자의 에너지 차이는 무엇인가? 설명하라.

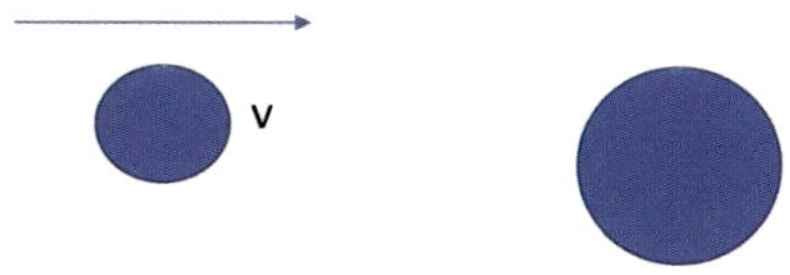

그림 1.10 이 그림은 두 개의 질량 입자 사이의 충돌을 보여준다.

그림 1.10을 고려하고 첫 번째 입자의 질량이 m_1, $m_1 << m_2$이고 처음에는 속도 v로 움직인다고 가정하자. 두 번째 입자는 정지해 있다. 충돌이 완전히 비탄성적이라고 가정하자(입자가 서로 달라붙음).

질문 4 입자(그림 1.10) 사이의 충돌 후 최종 속도는 얼마인가? 충돌 중 일부 에너지의 손실을 고려하여 입자의 최종 운동 에너지에 대한 식을 작성하라. E_f=입자의 최종 운동 에너지, E_i=초기 운동 에너지, ϕ=에너지 손실($\Delta E = -\phi$), $\Delta E = E_f - E_i$라 하자.

질문 5 전자기파는 입자(빛의 경우 입자를 "광자"라고 함)로 구성되고 각 입자는 에너지

$$E_{particle} = h\nu$$

를 운반한다고 가정하여 전자기파에 앞의 입자 모델을 적용하라.

이제 앞의 방정식과 4번 질문에서 구한 운동 에너지 방정식을 이용하여 아인슈타인의 운동에너지 관계식을 구하여라(식 1.21). 새로운 가정은 무엇인가? 이러한 가정과 고전적 입자 모델 사이의 차이점은 무엇인가?

시뮬레이션

광전 효과에 대한 이해를 높이려면 다음 시뮬레이션을 사용하라.

https://phet.colorado.edu/en/simulation/photoelectric

화면 오른쪽의 금속판을 나트륨으로 선택한다.

질문 5 적외선(IR)부터 시작하여 금속판에서 전자가 방출되는 전자기파의 파장을 구하라. 금속판에서 전자가 방출되지 않는 파장을 결정하라.

세기를 높이며(파장을 일정하게 유지) 데이터를 기록한다(배터리 전압을 0V로 유지).

세기	전류
10%	0
20%	0.05

세기의 증가로 인한 전류의 증가가 관찰될까? 이유를 설명해라.

전자기파의 세기가 증가함에 따라 전자의 에너지가 증가하는 것을 관찰할 수 있는가? (이를 위해 화면 오른쪽에 있는 전자 에너지 대 진동수 그래프를 찾아보라.)

이제 세기를 일정하게 유지하고 파장을 증가시키고 파장 대 전류에 대한 데이터를 기록하라.

파장(φ, nm)	전류(A)
300	0
520	0.1

위의 데이터에서 무엇을 관찰할 수 있는가? 식 (1.20)을 사용하여 관찰을 설명하라.

배터리의 전압을 약간 높이면 무엇이 관찰되는가? 관찰을 설명하라.

2 양자역학의 서론 역사-II

2.1 드브로이 물질파

1장에서는 복사선의 특성에 대한 핵심적 이해를 끌어낸 실험들을 설명하면서 복사선이 별개의 에너지를 가지고 있거나 입자 역할을 한다는 것을 설명하였다. 흑체 복사와 광전 효과 실험은 빛과 같은 전자기 복사가 입자처럼 행동한다는 것을 보여주었다. 플랑크가 발견하기 훨씬 이전에 간섭, 회절 및 기타 광학 현상에 대한 실험을 통해 복사선이 파동이라는 사실이 확립되었다. 이 새로운 발견은 복사선에 대한 이 확고한 믿음에 반대되는 것이었다. 복사선에는 이중성이 있을까? 어떤 실험에서는 복사선이 파동처럼 행동했고 어떤 실험에서는 입자처럼 행동했다. 왜일까? 이러한 행동의 근본적인 원인은 무엇인가? 만약 복사선이 입자처럼 행동할 수 있다면, 물질 입자의 행동은 어떠할까? 이 질문들은 19세기 초반 과학자들을 매우 곤혹스럽게 했다.

1924년, 루이 드 브로이(Louis De Broglie)는 이 질문들에 답하기 위해 노력했고 그의 박사 논문의 기초를 형성할 가설을 제안했다. 드 브로이는 이러한 복사의 이중적인 성질이 물질 입자에도 존재할 수 있다고 제안했다. 즉, 물질 입자도 파동적 특성을 보일 수 있다. 당시에는 물질 입자의 파동적 성질이 알려지지 않았다. 그의 생각은 매우 독창적이었다. 양자 이론이 등장하기 전에는 왜 물질 입자의 파동 양상이 어떤 실험에서도 드러나지 않았을까? 드 브로이는 물질 입자의 파장이 너무 작아 그 존재를 감지하기 위해 당시 사용 가능했던 것보다 더 민감한 장치가 필요했기 때문일 수 있다고 제안했다. 그는 그러한 파동의 행동과 파동이 보여주는 현상을 설명하는 물질파에 대한 수학적 이론을 전개했다.

드 브로이는 공간에서 자유롭게 움직이는 입자의 거동을 조사하는 것으로 시작했다. 질량이 "m_0"인 입자는 일정한 속도 "v"로 직선으로 이동한다. 이러한 입자의 에너지와 운동량에 대한 상대론적 표현은 다음과 같다:

$$E = \frac{m_0 c^2}{\sqrt{1-\frac{v^2}{c^2}}}; \qquad p = \frac{m_0 v}{\sqrt{1-\frac{v^2}{c^2}}} \tag{2.1}$$

여기서 p는 입자의 운동량, c는 진공에서 빛의 속도, m_0는 입자의 정지 질량, v는 일정한 입자의 속도이다.

드 브로이에 따르면 해당 평면파는 그러한 입자와 관련이 있다. 그러한 입자의 에너지와 운동량은 또한 아인슈타인이 광파 광자에 대해 얻은 에너지 관계와 관련되어야 한다. 따라서 입자 E의 에너지는 다음과 같다.

$$E = \frac{m_0 c^2}{\sqrt{1-\frac{v^2}{c^2}}} = h\nu \tag{2.2}$$

입자의 에너지와 운동량이 광자 및 빛의 파동에 대해 유지되는 동일한 관계에 의해 파동의 진동수 및 파장과 관련되어 있다고 가정함으로써 그러한 파동의 속도(V)는 다음과 같이 유도될 수 있다:

$$V = \nu\lambda \tag{2.3}$$

드브로이는 $E = h\nu$이므로 입자의 운동량과 입자와 관련된 파동의 진동수 및 속도가

$$E \approx pV \rightarrow p = \frac{E}{V} \tag{2.4}$$

일 수 있다고 가정했다.

그래서

$$p = \frac{h\nu}{V} \tag{2.5}$$

그리고 (2.3)식을 사용하여

$$p = \frac{h}{\lambda} \tag{2.6}$$

을 얻었다.

위의 관계를 드 브로이의 운동량-파동 관계라고 한다. 그것은 공간에서 자유롭게 움직이는 입자의 운동량을 입자와 관련된 파동의 파장과 관련시킨다.

(2.1)식에서 상대론적 방정식을 고려하면 입자와 관련된 파동의 속도는

$$\frac{p}{E} = \frac{v}{c^2};\quad \text{그리고}\quad \frac{p}{E} = \frac{(h/\lambda)}{h\nu} = \frac{1}{V} \tag{2.7}$$

이고, 그래서

$$\frac{1}{V} = \frac{v}{c^2} \rightarrow V = \frac{c^2}{v} \tag{2.8}$$

이다.

여기서 'V'는 상대론적 방정식에서 구한 공간에서 자유롭게 움직이는 입자와 관련된 드 브로이파의 속도이다. 파동 마루는 입자보다 빠르게 움직이며 사실 매질(진공 포함)에서 빛의 속도보다 빠르게 움직일 수 있다. 드브로이의 파동의 이러한 특징은 상대성 이론과 상충하는가? 상대성 이론은 이 속도가 에너지 전달을 나타내는 한 'c'(c는 진공에서 빛의 속도)보다 큰 속도를 금지한다. 드 브로이의 파동은 에너지를 전달하지 않으며 입자의 에너지는 일정하게 유지된다. 따라서 상대성 이론과 충돌이 없다. 또한 입자가 정지하면 즉, $v = 0$이면 식(2.8)에 따라 파동의 속도는 무한대가 된다. 이러한 상황에서 정현파는 입자 주위의 정상파로 바뀐다. 그러나 입자보다 빠르게 움직이는 파동은 여전히 모순적이다. 나중에 4장에서 발전된 양자역학 이론이 이러한 모든 모순을 해결한다는 것을 보여줄 것이다(그림 2.1).

위의 유도는 양자역학 개발의 초기 개념을 보여준다. 입자의 운동량과 입자와 관련된 파동의 파장 사이의 관계를 도출함으로써 드 브로이는 파동 역학의 기초를 마련했다. 파동역학의 수학적 이론이 발전함에 따라 위의 이론은 입자와 관련된 전자기파보다는 확률파를 포함하고 입자와 관련

된 평면 정현파보다는 파속을 포함하도록 발전되었다. 아래 절에서는 상대론적 효과를 고려하지 않고 파속을 사용하여 드 브로이 관계를 유도하는 방법에 대해 설명한다. 아래 그림 2.2는 입자와 관련된 파동을 보여준다.

> To start with, was the following striking remark : in relativity theory, the frequency of a plane monochromatic wave is transformed as $\nu = \nu_0/\sqrt{1-\beta^2}$ whereas a clock's frequency is transformed according to a different formula : $\nu = \nu_0\sqrt{1-\beta^2}$ $(\beta = v/c)$. I then noticed that the 4-vector defined by the phase gradient of the plane monochromatic wave could be linked to the energy-momentum 4-vector of a particle by introducing h, in accordance with Planck's ideas, and by writing :
>
> $$W = h\nu \qquad p = h/\lambda \tag{1}$$
>
> where W is the energy at frequency ν, p the momentum, and λ the wavelength. I was thus led to represent the particle as constantly localized at a point of the plane monochromatic wave of energy W, momentum p, and moving along one of the rectilinear rays of the wave.
>
> However, and this is never recalled in the usual treatises on Wave Mechanics, I also noticed that if the particle is considered as containing a rest energy $M_0c^2 = h\nu_0$ it was natural to compare it to a small clock of frequency ν_0 so that when moving with velocity $v = \beta c$, its frequency different from that of the wave, is $\nu = \nu_0\sqrt{1-\beta^2}$. I had then easily shown that while moving in the wave, the particle had an internal vibration which was constantly in phase with that of the wave.

그림 2.1 파동 역학에 대한 드브로이의 원본 논문의 일부.

개념적 질문 1: 물질 입자에 파동이 관련되어 있다면 플랑크의 발견 이전에는 이러한 파동이 관찰되지 않은 이유는 무엇인가? 드 브로이의 관계를 사용하여 설명하라.

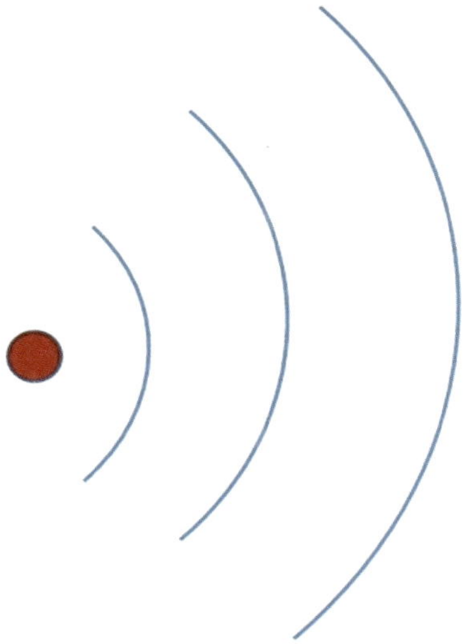

그림 2.2 입자와 관련된 파동을 나타내는 개략도. 이 그림은 입자와 관련된 파동의 시각화에 도움을 주기 위한 것이다.

파속: 입자는 공간에 잘 국소화되어 있고 파동이 공간을 통해 퍼진다. 그러므로 파동을 입자와 연관시키는 것은 입자가 공간 어딘가에 위치해야 하기 때문에 파동이 국소적이라는 것을 암시한다. 파동을 입자와 연관시키는 것은 개념적으로 매우 모순적이다. 이러한 논리적 어려움은 입자와 관련된 파동이 파속으로만 표현될 수 있다고 가정함으로써 제거될 수 있다. 파속은 약간 다른 파장의 파동군으로 구성되며, 해당 위상과 진폭은 공간의 작은 영역에서만 보강 간섭한다. 해당 영역 외부에서는 상쇄 간섭의 결과로 0으로 빠르게 감소하는 진폭을 생성한다. 그림 2.3은 그러한 파속을 보여준다.

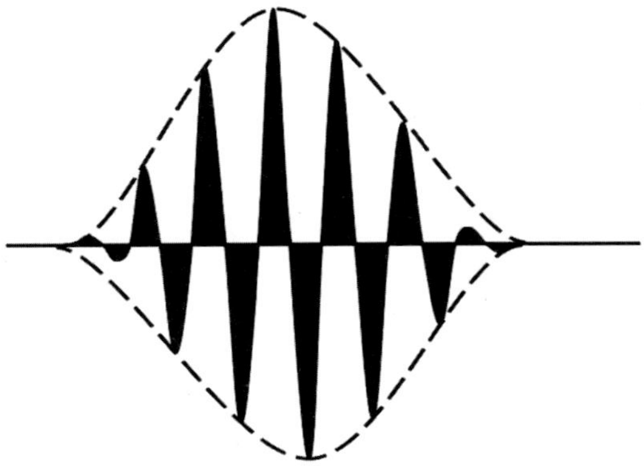

그림 2.3 중첩된 파동으로 구성된 파속. 이 이미지는 하오청 인(Haocheng Yin)이 제작했다.

보강 간섭 영역은 입자의 위치와 일치하지만 반대로 입자는 상쇄 간섭 영역에 존재하지 않는다. 따라서 파속은 단일 입자의 거동을 설명하는 데 사용할 수 있다. 파속의 움직임은 모든 다른 파장의 위상 변화로 인해 발생한다. 파속 위치 변경은 파속 위치 변경으로 이어지는 상쇄 및 보강 간섭 조건의 변경으로 인해 발생한다. 파속의 개별 파동이 이동하는 속도를 위상 속도라고 한다.

드 브로이의 관계는 파속을 입자와 연결하여 얻을 수 있다. 공간에서 파군이 움직이는 속도를 파속의 "군 속도"라고 한다. 다음처럼 입자의 속도와 같다:

$$v_g = \frac{d\omega}{dk} = \frac{p}{m} \tag{2.9}$$

여기에서 p는 입자의 운동량이다.

$$E = h\nu = \hbar\,\omega \rightarrow \frac{d\omega}{dk} = \frac{1}{\hbar}\frac{dE}{dk} = v_g \tag{2.10}$$

이므로 고전적으로 입자의 에너지는

$$E = \frac{p^2}{2m} \rightarrow \frac{dE}{dk} = \frac{p}{m}\frac{dp}{dk} \tag{2.11}$$

이다.

위의 식을 사용하여 다음을 유도할 수 있다:

$$\frac{p}{m} = \frac{1}{\hbar}\frac{p}{m}\frac{dp}{dk} \tag{2.12}$$

따라서 위의 식을 적분하면 다음과 같은 식을 얻을 수 있다:

$$p = \hbar k = \frac{h}{\lambda} \tag{2.13}$$

이 방정식은 드 브로이의 관계식이다. 적분 상수는 단순히 파속으로 입자의 움직임을 설명하는 방법에서 0으로 설정된다. 파장은 파속의 평균 파장이다. 자유 입자의 에너지에 대한 고전적인 표현은 다음과 같다.

$$E = \frac{p^2}{2m} = \frac{(mv_g)^2}{2m} = \frac{1}{2}mv_g^2 \tag{2.14}$$

따라서 파속의 군 속도는 입자가 자유 공간에서 이동하는 속도이다.

개념적 질문 2: 파속은 서로 다른 파장의 중첩된 파동으로 구성된다. 파속의 파장은 얼마인가?

개념적 질문 3: 입자는 공간에 국소되어 있는 반면 파동은 공간에 퍼져나간다. 따라서 입자와 관련된 파동은 모순이다. 파속을 사용하여 이 문제를 어떻게 해결할 수 있는지 설명하라.

문제

2.1 8×10^6 m/s의 속도로 움직이는 전자와 관련된 파동과 20×10^3 m/s의 속도로 움직이는 공과 관련된 파동의 파장을 구하라?
공의 질량은 2kg이라고 하자. 이 파장을 비교하고 공과 관련된 파동을 관찰할 수 없는 이유를 설명하라.

2.2 광자는 40×10^5 m/s의 속도로 움직이는 전자와 같은 운동량을 갖는다. 광자의 파장을 구하라. 광자와 전자의 운동 에너지를 비교하라.

2.3 전자의 파동폭(Δx)이 시간이 지남에 따라 퍼진다는 것을 고려하라. 시간에 따른 그 폭은 다음 관계식으로 지정된다.

$$\Delta x = \Delta x_0\sqrt{1 + \frac{\hbar^2 t^2}{m^2(\Delta x_0)^4}}$$

파속이 원래 폭의 두 배로 확장되는 데 필요한 시간을 구하여라?

2.2 전자 회절

물질 입자와 관련된 파동이 있다는 드 브로이의 가설은 1927년 클린턴 데이비슨(Clinton Davisson)과 레스터 저머(Lester Germer)에 의해 실험적으로 확인되었다. 그들은 전자와 같은 물질 입자가 회절 및 간섭 현상을 나타내는 것을 증명했다. 파동-입자 이중성에 대한 이 실험적 검증은 파동 역학의 발전을 향한 중요한 단계였다.

일반적으로 파동이 파의 파장과 비슷한 너비의 슬릿이나 장애물을 통과할 때, 파는 슬릿의 모서리 주위로 휘어진다. 이러한 빛의 휨을 회절이라고 한다. 빛의 휘어짐은 파동의 간섭이 일으킨다. 이 간섭은 반사 스크린에 부딪히는 파동의 세기의 최대값과 최소값을 관찰할 수 있다. 전자기파, 음파, 수면파 등 모든 종류의 파동은 회절 현상을 일으킨다. 아래 그림 2.4는 이 회절 현상을 보다 자세히 설명한다. 데이비슨과 저머의 실험에서 조정 가능한 에너지 전자빔이 니켈 결정 표면에 충돌할때 산란된 전자에 대한 전류가 특정 산란 각도에서 측정되었다. 니켈 결정의 평면 표면은 회절격자와 유사한 방식으로 일정한 간격의 산란 표면으로 구성된다. 한 평면 표면에서 산란하는 파동은 결정체에서 "더 깊은" 2차 결정면의 파동과 보강 또는 소멸 간섭을 일으킬 수 있다. 그들의 실험 설정은 아래 그림에 있다. 전자와 관련된 파동은 회절을 나타내고 광자와 직접 유사한 방식으로 간섭 패턴을 생성한다.

결정의 주기적인 구조는 3차원 회절 격자 역할을 하며 최대 반사 각도는 브래그의 법칙으로 알려진 보강 간섭에 대한 브래그의 조건이다:

$$n\lambda = d\sin(\theta) \tag{2.15}$$

여기서 λ는 파장, d는 결정면 사이의 간격, θ는 산란각이다.

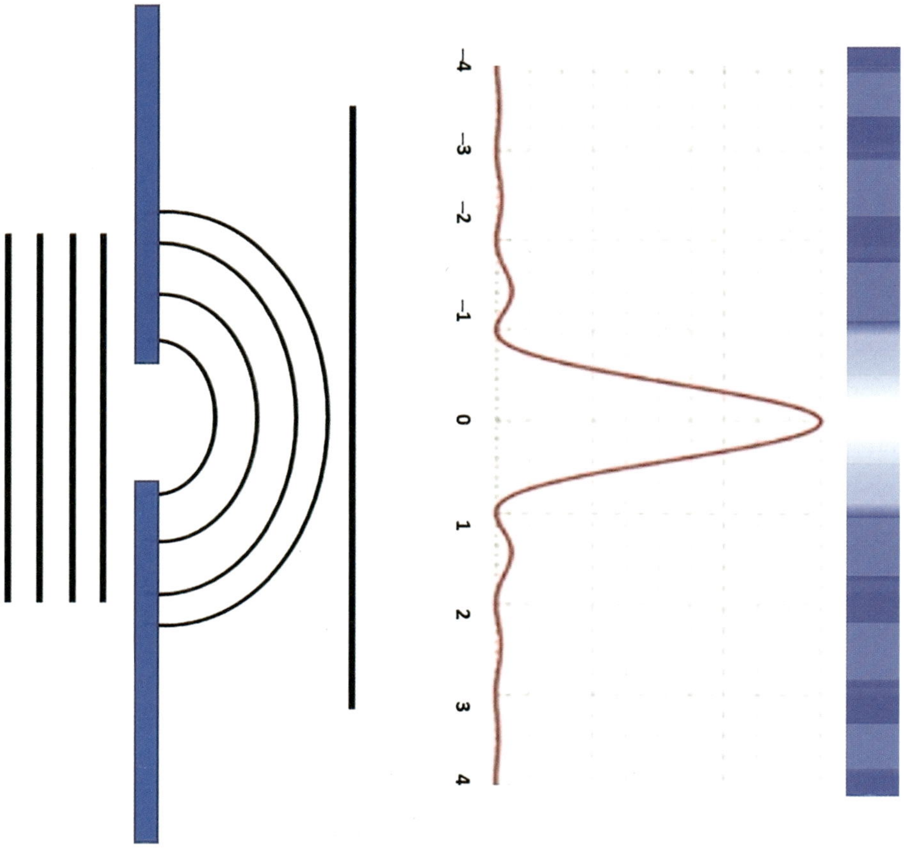

그림 2.4 파가 작은 스릿 주위에서 휘어지는 파동의 회절을 보여주는 개략도. 대응하는 최대값과 최소값은 파동의 세기의 폭을 보여준다.

전자와 관련된 파동은 회절에 의하여 간섭 패턴을 생성한다. 파의 세기는 특정 산란 각도에서 최대가 된다. 위 식에서 $n=1$, 니켈 원자 평면 사이의 간격 $d=2.15$A(옹그스트롬), 50°에서 회절하는 파의 파장은 0.190nm이다. 니켈 결정에서 전자 빔의 입사 운동 에너지가 54eV(또는 54V)일 경우 드 브로이 관계를 적용하면 전자기파의 파장은 다음과 같이 유도할 수 있다:

$$\lambda = \frac{h}{\sqrt{2mE}} \tag{2.16}$$

이 측정된 파장은 니켈의 경우 0.167 nm였으며 이것은 브래그의 법칙(식 2.15)에서 얻은 파장과 거의 같다. 따라서 데이비슨과 저머의 실험은 전자가 반사되는 각도가 X선 회절에서 나타나는 패턴과 일치함을 보여 전자와 관련된 물질파의 존재를 확인했다. X선은 회절과 간섭 효과를 나타내는 전자기파이기 때문에 양자역학의 발전의 단계에서 매우 중요하게 쓰였다. 데이비슨과 저머는 이 발견으로 1937년 노벨상을 받았다.

> **개념적 질문 4**: 데이비슨과 저머는 전자와 관련된 파동이 있다는 발견을 어떻게 확인했는가를 설명하라.

문제

2.4 전자빔에 대한 드브로이의 공식은 대략

$$\lambda(\text{Å}) = \sqrt{150/V}$$

와 같이 쓸 수 있음을 보여라.

여기서 V는 전자를 가속하기 위해 가하는 전위차이다.

2.5 전자를 가속하기 위해 가해진 전위차가 106V일 때 $\theta=28°$의 각도로 산란된 니켈 결정에 입사하는 전자빔의 파장을 구하여라.

2.3 이중 슬릿 실험

18세기 토마스 영(Thomas Young)의 이중 슬릿 실험은 빛의 파동 이론을 확증했다. 빛은 이중 슬릿을 통과할 때 두 개로 갈라지는 파동으로 구성되어 있으며, 이 두 파동이 보강적, 상쇄적으로 간섭하여 간섭 현상을 일으키는 것으로 나타났다. 따라서 간섭을 받은 빛의 세기는 화면에서 관찰했을 때 세기의 최대값과 최소값 등으로 나누어진다. 아래 그림 2.5는 빛의 간섭 현상을 나타낸다.

전자와 관련된 물질파가 있다면 전자가 이중 슬릿을 통과할 때 간섭 현상을 나타내야 한다. 따라서 영의 전자 실험을 수행하려면 전자의 물질파와 관련된 간섭 현상을 보여야 한다.

전자의 물질파의 존재는 1961년에 클라우스 욘손(Clauss Jonsson)에 의해 더욱 확인되었다. 그는 전자가 이중 슬릿을 통과할 때 간섭 현상을 보이는 것을 최초로 증명한 실험자였다. 1974년 피에르 조르지오(Pier Giorgio), 지안 프랑코 미시롤리(GianFranco Missiroli) 및 줄리오 퍼즐(Giulio Puzzi)도 단일 슬릿을 통과하는 전자가 회절을 나타낸다는 것을 증명했다. 그들은 또한 이중 슬릿 실험 동안 단일 전자가 각 슬릿을 한 번에 하나씩 통과하도록 전자빔의 세기가 감소할

그림 2.5 이중 슬릿을 통해 들어오는 파동의 간섭.

때 단일 전자가 자체 간섭한다는 것을 입증했다. 1989년 히타치의 아키라 토노무라(Akira Tonomura)가 이끄는 팀은 이중 슬릿 실험을 수행했다. 이 실험을 위해 각 전자는 한 번에 하나씩 단일 슬릿을 통과하여 "점"으로 단일 입자로 검출기의 화면에 도달했다. 그런 다음 각 전자 이동에 대해 각 점의 위치가 기록된다. 각 전자가 슬릿을 단독으로 통과하기 때문에 한 전자가 다른 전자와 간섭할 수 있는 방법이 없다.

화면에 나타나는 점은 전자가 화면에서 감지될 때 전자가 입자처럼 행동한다는 것을 의미한다. 그러나 각 전자는 다른 위치에서 화면에 도달한다. 더 많은 전자가 화면에 부딪힌 후 화면에 간섭 패턴이 나타나고 최대값과 최소값이 관찰된다. 화면에서 가장 높은 농도의 전자가 충돌하는 영역을 최대값이라고 하고 가장 적은 수의 전자가 도달하는 영역을 최소값이라고 한다.

이러한 명확하고 구별되는 영역의 존재는 각 전자가 자체 간섭하여 이러한 간섭 패턴을 생성했음을 보여준다. 이 실험은 양자역학적 특징을 아주 꼭 맡게 설명하는데 도움이 되고 고전물리학과 비교하여 양자역학의 독특한 성질을 보여준다는 점에서 괄목할 만하다. 아래 그림은 이러한 전자에 대한 간섭 현상을 나타낸 것이다(그림 2.6, 2.7).

위의 그림은 최대값과 최소값이 명확하게 구별되는 영역으로 간섭 패턴을 명확하게 보여준다. 처음 화면에 몇 개의 전자만 충돌할 땐 간섭 패턴을 식별하기가 어렵다. 전자의 수가 증가할수록 간섭 패턴이 더 명확하게 나타난다. 전자에 의해 생성되는 간섭 패턴에 대해 몇 가지 질문을 할 수 있다. 한 번에 하나의 전자만 슬릿을 통과한 경우 화면의 다른 위치에 도달하는 이유는 무엇일까?

고전 물리학에 따르면 각 전자가 단일 슬릿을 통과하여 화면에 점이나 입자로 도달하면 전자가 충돌하는 화면의 두 위치서만 관찰되어야 한다. 우리는 이 두 지점을 관찰하지 않고 오히려 전자의

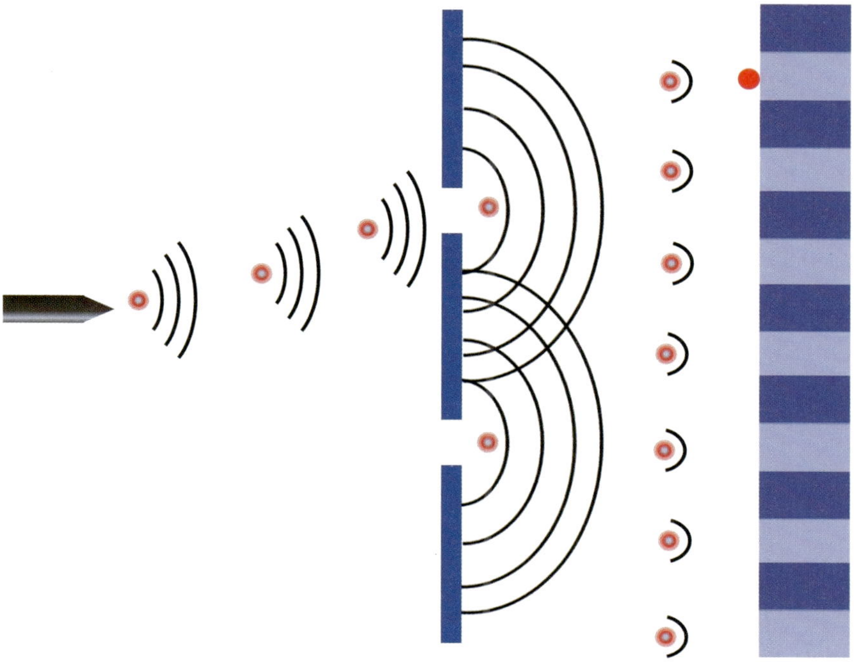

그림 2.6 위의 개략도는 전자기파의 간섭 패턴을 보여준다. 최대값(밝은 색) 영역은 전자가 가장 많이 도달할 수 있는(화면에 부딪힘) 영역이다. 전자는 이 영역에 도달하여 간섭 패턴을 형성한다.

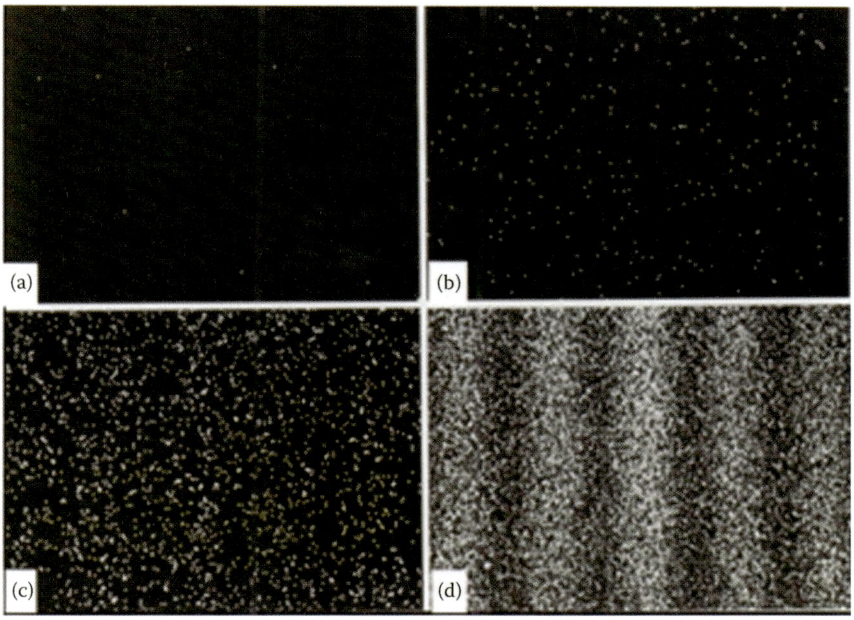

그림 2.7 위의 4개 이미지는 히다치 웹사이트 http://www.hitachi.com/rd/portal-/highlight/quantum/doubleslit/index.html에서 히다치의 허가를 받아 가져온 것이다. (이 이미지들은 A. Tonomura et al. American Journal of Physics, Vol. 57, No. 117, 1989에서 가져온 것이다.) 이 이미지는 전자 파동의 추론을 보여준다. 전자의 간섭 패턴은 점차적으로 (a)-(d)를 형성한다.

확산 분포를 관찰한다. 각 전자는 자체 간섭을 일으키기 때문입니다. 이 간섭은 전자 분포의 확산을 유발한다. 전자가 자신과 간섭하는 메커니즘은 무엇인가? 전자가 파동처럼 스스로 간섭한다면 왜 화면에 점(입자)으로 충돌할까? 그 지점에서 파동 성질은 어떻게 될까?

이중 슬릿 실험과 파동의 간섭을 조금 더 자세히 이해하려면 고전 물리학의 결론을 검토하는 것이 좋다.

그림 2.5에서 슬릿 1로 들어가는 파동에서 그 파동을 설명하는 수학적 함수는 다음과 같다.

$$f_1(r, t) = A_1 e^{i(k_1 r - \omega t + \phi_1)} \tag{2.17}$$

여기서 A_1은 파동의 진폭이고 ω는 각진동수, k_1은 파동 벡터이다. 마찬가지로 슬릿 2를 통해 들어오는 파동도 다음과 같이 설명할 수 있다.

$$f_2(r, t) = A_2 e^{i(k_2 r - \omega t + \phi_2)} \tag{2.18}$$

두 파동의 해당 세기는 위 함수의 절대값의 제곱이므로 다음과 같다:

$$I_1 = |A_1|^2, \quad I_2 = |A_2|^2 \tag{2.19}$$

슬릿 1과 슬릿 2에 들어가면 이 두 파동은 서로 중첩된다.

$$f(r, t) = A_1 e^{i(k_1 r - \omega t + \phi_1)} + A_2 e^{i(k_2 r - \omega t + \phi_2)} \tag{2.20}$$

결과적으로 세기는 다음과 같이 합산된다:

$$I_{12} = |f(r, t)|^2 = |A_1|^2 + |A_2|^2 + 2A_1 A_2 \cos\theta \tag{2.21}$$

여기에서

$$\theta = (k_1 - k_2) \cdot r + (\phi_1 - \phi_2) \tag{2.22}$$

그러므로

$$I_{12} \neq I_1 + I_2 \tag{2.23}$$

총 세기는 다음과 같은 경우 보강 간섭의 최대값에 도달한다:

$$\theta = 0, \ \pm 2\pi, \ \pm 4\pi, \ \ldots\ldots \tag{2.24}$$

그리고 다음과 같은 경우 상쇄 간섭의 최소값에 도달한다.

$$\theta = \pm\pi, \ \pm 3\pi, \ \pm 5\pi, \ \ldots\ldots \tag{2.25}$$

식 (2.21)의 세 번째 항을 "간섭항"이라 부르며 화면에 극대와 극소의 패턴을 생성한다. 위의 방정식에서 이 항을 제거하면 간섭이 사라지고 그림 2.8과 같이 두 개의 강렬한 지점이 관찰된다.

이러한 이해를 바탕으로 양자역학적 간섭에 대한 이해로 넘어가 보자. 각 전자가 주어진 시간에 슬릿 1 또는 슬릿 2를 통해 들어가도록 전자총이 전자를 방출하는 그림 2.6을 고려하라. 물질파와 관련된 전자의 파동함수는 복잡한 함수이며 식(2.17)의 함수와 매우 유사하다. 전자의 파동 함수는 다음과 같이 설명할 수 있다.

$$\psi_1(r, t) = B_1 e^{i(k_1 r - \omega t + \phi_1)} \tag{2.26}$$

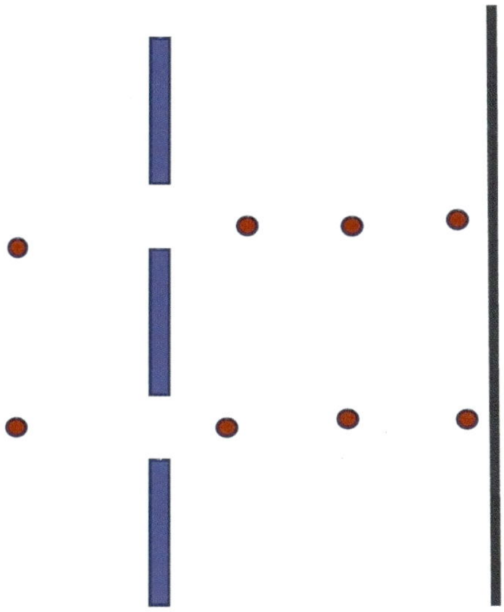

▌그림 2.8 그림은 파 대신 입자가 이중 슬릿을 통과하도록 하면 화면에 두 강한 점이 관찰된다는 것을 보여준다.

앞 방정식은 슬릿 1을 통해 들어오는 전자의 파동 함수를 설명한다. 여기서 B_1은 전자의 물질파 세기의 진폭이 아니라 "확률 진폭"이라고 한다. 입자의 물질파는 "확률파"라고도 할 수 있다. 파동 함수의 절대제곱,

$$P_1(r) = |\psi_1(r, t)|^2 \tag{2.27}$$

은 '확률밀도'라고 하며,

$P_1(r)dr$은 슬릿-1에 들어가는 전자가 r과 $r+dr$ 사이에서 발견될 확률이다.

슬릿 2를 통해 들어오는 전자의 파동 함수는 다음과 같다:

$$\psi_2(r, t) = B_2 e^{i(k_2 r - \omega t + \phi_2)} \tag{2.28}$$

여기에서

$$P_2(r) = |\psi_2(r, t)|^2 \tag{2.29}$$

는 대응되는 확률밀도이다.

$P_2(r)dr$은 슬릿-2로 들어가는 전자가 r과 $r+dr$ 사이에서 발견될 확률이다.

슬릿 1 또는 슬릿 2를 통해 들어간 전자의 확률 밀도는 다음과 같다:

$$|\psi_1|^2 = |B_1|^2, \quad |\psi_2|^2 = |B_2|^2 \tag{2.30}$$

전자의 확률 밀도라고도 하는 확률 분포는 이러한 확률 밀도의 합이어야 한다. 따라서:

$$|\psi_1|^2 + |\psi_2|^2 = P_{12} \tag{2.31}$$

그러나 이러한 방식으로 확률 밀도가 합산되면 확률 분포의 간섭이 관찰되지 않는다. 이러한 시나리오에서는 간섭 패턴이 없는 화면에서 두 개의 지점만 관찰된다. 이것은 입자에 대해 위에서 설명한 것과 동일한 패턴이다.

전자가 들어간 구체적인 슬릿은 알려져 있지 않기 때문에 이중 슬릿을 통해 들어가는 전자의 파동함수는 위의 함수들의 합이 된다. 중첩 파동 함수는 다음과 같다.

$$\Psi(r) = \psi_1(r) + \psi_2(r) \tag{2.32}$$

그리고 전자의 확률 밀도는 다음 관계에 의해 정의된 파동과 동일한 방식으로 합산된다.

$$|\Psi(r)|^2 = |\psi_1 + \psi_2|^2 = |B_1|^2 + |B_2|^2 + 2\,|B_1||B_2|\cos\theta \tag{2.33}$$

식 (2.33)은 전자의 스크린상의 확률 분포를 나타내며, 세 번째 항은 식 (2.21)의 간섭항과 매우 유사하다. 이 항은 전자가 화면에 도착할 위치에 대한 불확실성의 원인이 된다. 전자의 확률 분포는 이 항의 결과로 최대와 최소의 간섭 패턴을 갖는다. 전자는 입자나 점으로 화면에 도착하지만 화면의 확률 분포는 파동의 세기 분포 패턴과 유사하게 동작한다.

개념적 질문 5: 중첩된 빛의 파동의 세기와 입자와 관련된 중첩된 확률파의 확률 밀도 사이의 수학적 유사성을 설명하라.

개념적 질문 6: 물질파동은 확률파동과 같은가? 설명하라.

문제

2.6 식(2.20)을 이용하여 식(2.21)을 유도하라. 동일한 매질을 통해 이동하는 단색파의 경우 위상 인자 식 (2.22)의 공간 의존성이 사라지는지 확인하라.

2.7 위에서 논의한 모든 실험에 대한 간략한 설명을 해석과 함께 기술하라.

2.4 불확정성 원리

이러한 물질의 파동 특성에 대한 논의를 마친 후에는 양자역학의 가장 기본적인 원리인 불확정성 원리에 접근하는 것이 적절하다. 이 원리에 따르면 양자역학계의 변수가 어느정도 정확하게 결정되더라도 실제 크기에 대한 근본적인 불확실성은 항상 남아 있다. 양자계에 관한 절대적인 결정론적 정보를 얻는 것은 불가능하다. 이 원리는 주어진 양자 변수 값의 결정에 대한 절대적인 한계를 제공한다.

예를 들어 이중 슬릿 실험을 고려하자. 그림 2.9와 같이 전자가 슬릿(전자의 위치)을 통과하는지 여부를 결정하기 위해 전자에 빛이나 다른 복사선을 비추는 검출기를 슬릿 1에 배치한다.

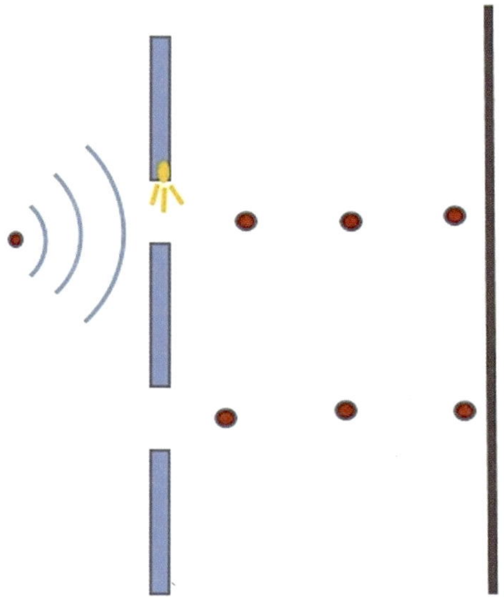

그림 2.9 위의 개략도는 검출기가 슬릿 중 하나에 배치될 때 간섭 패턴이 사라지는 것을 보여준다. 대신 두 개의 밝은 점이 관찰된다.

빛은 광자로 구성되어 있기 때문에 슬릿 1을 통과하는 전자에 빛을 비추면 광자와 전자의 충돌로 인해 전자가 경로에서 멀어진다. 광원의 광자는 산란되어 전자 검출로 등록될 수 있다. 전자가 광자로부터 받는 충돌은 운동량을 변경하게 한다. 이렇게 변경된 운동량은 정확히 알 수 없고 불확실하다. 그러나 전자의 위치는 확실해진다. 산란된 광자는 슬릿 1을 통해 들어오는 전자의 위치에 대한 정보를 제공한다. 양자계의 위치가 가장 불확실한 경우 운동량이 가장 큰 불확실성을 갖는 것이 자연의 기본 규칙이다. 전자와 관련된 파동의 운동량과 파장은 드 브로이의 관계에 의해 관련되기 때문에 운동량이 불확실해지면 파장은 무시할 수 있게 된다. 따라서 위치가 결정된 모든 전자는 관련 확률파가 없기 때문에 직선 경로를 따르고 거의 동일한 지점에서 화면을 친다. 전자기파의 간섭은 관찰할 수 없으므로 대신 그림 2.8과 같이 화면에 두 개의 강렬한 점이 관찰된다. 수학적으로 식(2.32)에서 파동 함수는 더 이상 중첩된 파동함수가 아니라 단일 함수인 $\psi_1(x)$가 된다. 왜냐하면 우리는 전자의 정확한 위치를 확실히 알고 있기 때문이다.

위치의 확실성이 운동량을 불확실하게 만드는 이유는 무엇인가? 이것은 주로 자연의 기본 원리 때문이다. 이러한 불확실성을 수학적으로 설명하는 것을 불확실성 원리라고 한다.

2.4.1 불확정성 원리

불확정성 원리에 따르면 양자계의 위치 변수와 운동량 변수는 동시에 결정할 수 없다. 그러한 변수를 측정하기 위해 측정이 수행되면 값의 불확실성이 관찰된다. 양자계의 위치와 운동량 사이의 불확실성을 설명하는 관계는 다음과 같다.

$$\Delta x \, \Delta p_x \geq \frac{\hbar}{2} \tag{2.34}$$

여기서 Δx는 입자 위치의 불확실성(표준 편차라고도 함)이고 Δp는 입자 운동량의 불확실성이다. 위치 및 운동량 불확실성을 설명하는 이 방법은 수학적으로 약식적인 불확정성 원리를 설명하는 방법이다. 3장에서는 불확정성 원리의 수학적 적절한 유도가 설명될 것이다.

이제 이 원리를 위의 이중 슬릿 실험에 적용해 보자. 검출기를 슬릿 1에 배치하면 입자가 슬릿 1 또는 슬릿 2에 들어왔을 때 검출되기 때문에 입자의 정확한 위치를 알 수 있다. 그 결과 위치의 불확실성은 무시할 수 있게 된다($\Delta x \approx 0$). 불확정성 원리에서 위치의 불확정도를 무시할 수 있으면 운동량의 불확정도는 무한대가 된다(식 2.34). 드 브로이 관계에 따르면 운동량이 불확실하면 입자와 관련된 파장은 무시할 수 있다. "입자의 운동량을 모르면 파장을 알 수 없다"고 말하는 것과 같다. 물리학에서 물리량을 측정할 수 없다면 그 양이 존재하는지조차 말할 수 없다. 이는 전자와 관련된 확률파가 없음을 의미한다. 그 결과 확률파의 간섭은 관찰되지 않는다. 아래는 파인만(Richard Feynman) 강의의 인용문이다. 파인만에 따르면 불확정성 원리는 양자역학에서 매우 중요하다. 이 원리가 없다면 양자역학은 무너질 것이다.

> 불확정성 원리는 양자역학을 "보호"한다. 하이젠베르크는 운동량과 위치를 동시에 더 정확하게 측정할 수 있다면 양자역학이 붕괴될 것이라는 점을 이해하고 그것이불가능하다고 제안했다.
>
> **리처드 파인만**
> 파인만 물리학 강의

위의 불확실성 관계는 공간의 다른 두 차원으로 확장될 수 있으며 다음과 같이 설명할 수 있다.

$$\Delta y \, \Delta p_y \geq \frac{\hbar}{2} \tag{2.35}$$

$$\Delta z \, \Delta p_z \geq \frac{\hbar}{2} \tag{2.36}$$

비슷한 방식으로 양자계의 에너지가 측정되면 에너지 값(ΔE)과 이 측정이 발생하는 시간(Δt)의 불확실성은 다음 관계를 따라야 한다.

$$\Delta E \, \Delta t \geq \frac{\hbar}{2} \tag{2.37}$$

그러나 시간은 동적 변수가 아니므로 시간의 불확실성은 계가 변경되는 데 걸리는 시간을 나타낸다. 단순히 "P" 지점을 지나가는 짧은 펄스인 파속을 고려하라. 파속은 서로 다른 진동수의 파동으로 구성되어 있으므로 파속의 에너지 범위는 ΔE이다. 파속은 시간이 지남에 따라 확산되기 때문에 "P" 지점을 통과하는 데 걸리는 시간은 시간 Δt만큼 불확실하다. 따라서 불확정성 관계에 따르면:

$$\Delta t \approx \frac{\hbar}{2\Delta E} \tag{2.38}$$

다른 예로, 2준위 원자를 고려하자. 2준위는 바닥 상태와 여기 상태이고 전자는 여기 상태에 있다. 섭동으로 인해 전자는 여기 상태에서 바닥 상태로 전이된다. 여기서 ΔE는 전자가 바닥 상태로 전이할 때의 정확한 에너지 값의 불확실성을 나타내고 Δt는 전자가 바닥 상태로 전이하는 순간인 시간의 불확실성을 나타낸다. 이 두 변수는 불확실성 관계로 관련되어 있다. 더 정확하게는 전자의 에너지가 바닥 상태로 전이될 때 알려져 있지만 바닥 상태가 되는 시간은 덜 정확하게 알려져 있다.

2.4.2 불확정성 원리의 간단한 증명

진동수 범위, $\Delta\omega$ 파수 범위 Δk, 폭 $\Delta\nu$으로 구성된 파속을 고려하자. Δx는 파수의 폭 또는 너비이다. 파속의 너비와 파수 범위 사이의 고전적인 관계는 다음과 같다.

$$\Delta x\,\Delta k \geq \frac{1}{2} \tag{2.39}$$

이것은 그 파속이 양자 입자를 나타내는 경우 공간에서 좁은 파속이 넓은 범위의 파수를 나타내고 그 반대의 경우도 마찬가지임을 의미한다. 그때 드 브로이의 관계에 따르면

$$\Delta k = \frac{\Delta p}{\hbar} \tag{2.40}$$

이다.

식 (2.39)에 식 (2.40)을 대입하면 다음이 유도된다.

$$\Delta x\,\Delta p \geq \frac{\hbar}{2} \tag{2.41}$$

위에서 설명한 파속의 개념을 적용하면 이중 슬릿 실험을 보다 자세히 이해할 수 있다. 이중 슬릿 실험에서 입자의 위치가 확실해지면 파속의 폭이 거의 무시할 수 있음을 의미하므로 운동량의 범위는 의미가 없게 된다. 그러한 경우 양자 입자는 파속으로 설명될 수 없다. 고전적인 입자로만 설명할 수 있다.

마찬가지로 에너지 시간 불확실성 관계는 시간 Δt가 특정 지점을 통과하는 데 필요한 진동수 범위 $\Delta\omega$의 파속을 고려하여 얻을 수 있다. 이 시간과 진동수 범위 사이의 고전적인 관계는 다음과 같다.

$$\Delta\omega\,\Delta t \geq \frac{1}{2} \tag{2.42}$$

그러한 파속이 양자 입자인 경우 에너지 및 진동수 범위는 다음 관계를 따른다:

$$\Delta E = \hbar\,\Delta\omega \tag{2.43}$$

식 (2.42)에 식 (2.43)을 대입하면 다음을 얻는다.

$$\Delta E\,\Delta t \geq \frac{\hbar}{2} \tag{2.44}$$

예제 2.1

파속으로 표현되는 양자 입자를 고려하라. 파속이 시공간적으로 이동함에 따라 그 폭은 (Δx)로 퍼진다. 그 운동량은 어떻게 될까?

파속의 운동량(p)과 파속의 폭은 불확실성 관계

$$\Delta x \, \Delta p \geq \frac{\hbar}{2}$$

와 관련이 있다.

파속의 평균 운동량은 시간에 따라 일정하게 유지된다. 그러나 운동량의 범위(Δp)는 시간이 지남에 따라 계속 변한다. 파속의 폭이 커지면 운동량 범위가 좁아지고 그 반대의 경우도 마찬가지이다. 파속은 시간이 지남에 따라 확산되지만 불확실성 관계는 항상 유지된다.

2.5 측정

고전 물리학에서 측정은 계의 속성에 대한 정보를 얻는 유일한 방법이다. 예를 들어, 테이블의 길이를 알기 위해 미터 자를 사용할 수 있다. 이 막대 자를 사용하여 테이블이 다른 테이블에 비해 얼마나 작거나 큰지 알 수 있다. 그래서 이 미터 자(측정 장치)는 테이블에 대한 지식을 얻는 데 도움이 되며, 이는 단순히 테이블에 대한 우리의 실재가 된다. 테이블 길이 측정의 오류는 무시할 수 있으며 테이블 길이는 미터 자와 무관하다. 미터 자를 사용하든 테이블의 치수를 측정하는 다른 방법을 사용하든 치수의 크기는 동일하게 유지되므로 실재가 된다. 미터 자를 사용하여 테이블의 길이를 측정하는 행위가 테이블의 길이를 변경한다면? 측정 전과 테이블의 길이가 다르다면? 그렇다면 테이블의 실재는 어떻게 될까요? 이 수수께끼는 양자역학의 예측 불가능성을 이해하는 데 도움이 된다. 예를 들어, 앞 절에서 논의된 이중 슬릿 실험을 고려하라. 그 실험에 따르면, 전자는 그것과 관련된 확률파를 가지고 있다. 전자가 이중 슬릿을 통과할 때 확률파가 간섭하여 고전파의 간섭과 유사한 방식으로 화면에 최대값과 최소값을 생성한다.

이제 전자가 통과하는 슬릿을 결정하기 위해 슬릿 중 하나에 검출기를 배치하면 전자와 검출기 간의 상호 작용이 전자의 확률파를 파괴한다. 확률파가 없으면 전자는 고전 입자처럼 화면에 도달하므로 간섭이 관찰되지 않는다. 따라서 전자를 관찰하는 행위는 전자의 행동을 변화시킨다. 우리가 그것을 관찰하기 위해 검출기를 사용한다면 그것은 고전적인 입자처럼 행동한다. 이러한 검출기를 사용하지 않으면 전자는 화면에 확률파의 간섭을 일으켜 양자 입자처럼 행동한다.

다시 말해, 슬릿 중 하나에 검출기를 배치함으로써 검출기와 전자 사이의 상호작용으로 인해 검출기가 고전적인 입자처럼 행동하고 결정론적 경로를 따르게 한다. 그렇지 않으면 화면에 도착하는 위치가 불확실하다. 그것은 최대값 해당 영역 중 한 부분에 도달할 것이다. 그렇다면 전자의 실체는 무엇인가? 결정론적 경로를 따르는 고전적 입자인가, 아니면 그 경로가 결정론적이지 않은 화면의 어느 곳에나 도달할 수 있는 양자 입자인가? 측정 행위가 전자에 대한 우리의 실재를 바꾸는 것인가? 전자와 검출기 사이의 상호 작용이 문제인지 궁금해 할 수 있다면 그때 전자와의 상호 작용을 거의 무시할 수 있는 검출기를 구축하여 어떤 식으로든 전자를 방해하지 않고 여전히 전자가 통과한는 슬릿을 감지하는지 확인할 수 있을까를 걱정할 것이다. 이러한 장치에 대한 제한은 불확정성 원리에 의해 설정된다. 그것에 따르면 전자를 방해하지 않고 감지할 수 있는 감지기를 구축할 방법이 없다. 측정의 불확도는 불확정성 원리에 따라 결정된다. 따라서 불확정성 원리는 결정론의 한계를 설정한다. 지금까지 아무도 불확정성의 원리에 의해 설정된 한계를 성공적으로 극복하지 못했다. 아마도 불확정성의 원리는 자연의 가장 근본적인 원리를 설명한다고 말할 수 있을 것이다. 이것이 바로 양자역학이 성공적인 이론이 된 이유일 수 있다. 그것이 고전 물리학에서는 불가능하다고 여겨졌던 방식으로 물질과 빛의 속성을 기술할 수 있었다.

따라서 양자계의 행동은 환경에 독립적이지 않다. 양자계가 놓여있는 환경의 영향으로 인해 특정 방식으로 행동한다. 이중 슬릿 실험의 경우 슬릿에 검출기를 추가하여 환경을 바꾸면 양자 입자가 고전 입자로 변환된다. 유사하게, 흑체 내부의 복사가 주변과 평형을 이룰 때 복사의 방출 및 흡수는 전자기파가 아닌 "에너지 양자"로 알려진 개별 에너지 양자로 발생한다. 전자기 복사가 금속판과 상호 작용할 때 광전 효과에 대한 부분에서 위에서 설명한 것처럼 금속판에 흡수되는 광자 빔으로 변환된다. 콤프턴 산란에서 X선과 자유 전자 사이의 상호 작용은 X선을 X선 광자라고 하는 입자처럼 행동하도록 유도한다. 그 결과 전자가 튀어나오고 X선 광자 에너지가 변화된다. 데이비슨과 저머 실험의 경우 자유 전자와 결정내 원자 간의 상호 작용으로 전자가 파동처럼 행동하여 회절과 간섭이 관찰된다. 양자계의 속성을 결정하기 위한 모든 측정 행위는 장치와 양자계 간의 상호 작용으로 이어질 것이다. 이 상호 작용은 양자계의 정확한 행동을 예측하는 것이 불가능하게 하는 방식으로 양자계의 속성을 변경한다. 예를 들어, 전자가 파동으로 행동하는지 입자로 행동하는지 여부는 "입자와 같은" 또는 "파동과 같은" 특성을 나타내는 경향이 있는 환경과의 상호 작용에 따라 다르다. 고전물리학에서는 입자의 초기 위치와 운동량을 정확하게 알면 입자의 미래 위치와 운동량을 예측할 수 있다. 장치와 계 간의 상호 작용은 계의 속성을 변경하게 하지 않는다. 양자 이론은 양자계의 정확한 거동을 예측하는 것이 불가능하고 환경과 양자계 간의 상호 작용이 계의 특정 거동이나 특성만을 이끌어 낸다는 것을 보여준다. 이제 간단한 질문을 해보자. 전자의 실체는 무엇인가? 입자인가 파동인가? 둘 다 동시인가? 환경과의 상호 작용으로 인해 존재하게 되어있는가? 이 장에서 논의된 위의 모든 실험에서 양자 수준에서 양자계는 자체적으로 개별 속성

그림 2.10 이 그림은 파동-입자 이중성의 유추이며 가능한 이중 상태에서 토끼와 오리(착시 이미지)를 보여준다. 때로는 토끼와 때로는 오리가 관찰된다. 그것은 끊임없이 관점을 한 곳에서 다른 곳으로 바꾼다. (이미지는 Wikimedia Commons, Credit: J. Jastrow에서 가져왔다.)

(예: 파동 또는 입자)을 갖지 않는다. 특정 행동을 나타내는 것은 환경과의 상호 작용이다. 따라서 전자는 동시에 파동이자 입자일 수 있거나 파동과 입자 거동 사이에서 계속 전환할 수 있다. 양자역학에서 전자가 파동-입자 계에서 입자 또는 파동 계로 어떻게 전이하는지 관찰할 수 없기 때문에 양자역학에 대한 많은 해석이 발생했다. 이 모든 해석 중 가장 오래된 해석이 코펜하겐 해석으로 가장 많이 사용된다. 이 해석에 따르면 양자계의 특정 속성을 나타내는 것은 측정 행위이다. 양자 파동 함수의 붕괴로 이어지는 측정 행위 중에 구체적인 무언가가 발생한다. 전자는 측정 전에는 파동이면서 입자이며, 측정 후에는 파동 또는 입자로 나타난다. 그러나 이 주제에 대한 논쟁은 오늘날까지 계속되고 있다. 1970년대와 80년대에는 이 문제를 해결하기 위해 벨 부등식의 위반을 확인하는 실험이 수행되었다. 코펜하겐 해석이 옳았음에도 불구하고 양자역학계의 근본적인 비결정론적 행동은 더 깊은 수준에서 이 근본적인 실재에 대해 우리를 놀라게 하는 것 같다. 일부 과학자들은 양자역학의 수학적 공식주의를 고수하는 경향이 있다. 또 다른 사람들은 계속해서 답을 찾고 있으며 언젠가는 그러한 모든 문제가 완전한 이론으로 해결될 것이라고 믿는다(그림 2.10).

3 양자 이론의 공식

3.1 서론

지난 두 장에서 우리는 양자역학 이론의 공식화로 이어진 초기 아이디어에 대해 논의했다. 이 장에서는 양자역학 이론의 수학적 공식에 대해 논의하고 고전역학 이론과 양자역학의 차이점을 제시한다.

고전역학에서 모든 역학계의 이론적 모델을 개발하는 첫 번째 단계는 동역학적 변수를 식별하는 것이다. 일반적으로 동역학적 변수는 역학계의 배위를 완전히 기술할 수 있고 힘의 작용에 따라 변화될 수 있는 변수 집합(예: 위치, 속도, 운동량, 가속도 및 에너지 등)이다. 따라서 이러한 변수를 식별하고 계에 작용하는 모든 힘과 초기 조건을 기반으로 변수를 시간의 함수로 지정하고 운동을 미분 방정식 또는 역학 방정식 형태의 관계로 공식화한다. 그런 다음 이러한 미분 방정식은 종종 근사 분석 및 계산 방법으로 풀리어 해당 변수의 상태에 대한 복잡한 정보 집합을 얻는다. 이러한 함수로 얻어진 동력학적 변수에서 계의 상태에 대한 정보를 미래 시간에 대해 얻을 수 있다.

양자역학접근 방식은 물리적 계를 기술하고, 동력학적 변수를 식별하고, 계의 파동 함수에 대한 미분 방정식의 형태로 동력학적 방정식을 공식화하고, 파동 함수를 결정하기 위해 그러한 방정식을 풂으로써 이론적 모델이 구축된다는 점에서 고전역학 접근 방식과 매우 유사하다. 특정 미래 시간의 양자역학계에 대한 정보는 파동 함수에서 파생될 수 있다. 그러나 계의 모든 동력학적 변수를 정확하게 측정할 수 있는 고전역학과 달리 양자역학에서는 가장 정확한 장치로도 계의 모든 동력학적 변수를 동시에 정확하게 측정할 수 없다. 양자역학적 변수와 관련된 이러한 불확정성은 우주 자체의 본성 때문이다. 양자역학의 불확정성을 설명하는 데 사용되는 수학은 고전역학의 수학적 접근 방식과 다른 양자역학의 수학적 접근을 제공한다. 따라서 이 두 접근 방식의 주요 차이점은, 동력학적 변수 간의 연결, 파동 함수 및 불확정성등, 동력학적 변수를 정의하는 수학적 접근 방식이다. 이러한 접근 방식은 다음 절에서 설명한다.

3.2 양자역학계의 기술: 모델의 기본 가정

3.2.1 가정 1: 관측량의 정의

고유 각운동량인 스핀과 직접적으로 관련된 자기 모멘트를 나타내는 전자계인 스핀-1/2 계를 생각하자. 수학적으로 전자의 자기 모멘트는 다음과 같다.

$$\hat{\mu} = -\left(\frac{e}{m_e c}\right)\hat{S} \tag{3.1}$$

여기서 $\hat{\mu}$=전자의 자기 모멘트, e=전자 전하, m_e=전자의 질량, c=빛의 속도 이다. $\hat{S}$(모자를 쓴 S)는 전자의 스핀 또는 고유 각운동량으로 정의된다. 스핀($\hat{S}$)은 실험적으로 측정할 수 있는 관측량이다. 양자역학에서 실험적으로 측정할 수 있는 관측 가능한 모든 역학 변수는 선형 에르미트 연산자로 기술된다. 연산자는 고전역학에서 시간의 함수로 기술되는 동력학적 변수와 구별하기 위해 모자를 쓴 기호로 표시된다. 연산자에 대한 추가 논의는 3.3절에서 다룬다. 전자의 스핀은 x, y, z축을 따라 성분을 가지며, 이러한 스핀 성분은 연산자로서 $\hat{S}_x$, $\hat{S}_y$, $\hat{S}_z$로 표시된다.

3.2.2 관측량의 측정과 연관된 불확정성

단순화를 위해 전자 스핀의 Z 성분인 $\hat{S}_z$만 측정된다고 가정하자. 이를 위해 많은 전자로 구성된 시료를 채취하고, 시료의 스핀을 측정하기 위해 스핀 측정 장치를 사용한다. 단일 전자 대신 전자 시료에서 측정이 수행되는 이유는 무엇일까? 통계적으로 정확한 시료가 필요하다. 전체 전자 시료에서 동일한 스핀 값을 측정해야 한다. 전자 스핀의 Z 성분을 측정하기 위해 N 개의 전자로 구성된 전체 시료의 측정을 수행하면 전자 중 일부는 스핀 업 $\left(+\frac{\hbar}{2}\right)$ 값을 얻고 일부는 스핀 다운 $\left(-\frac{\hbar}{2}\right)$ 값을 얻는다. $\hbar$는 플랑크 상수이다. 이것은 Z 성분의 측정이 명확한 값을 산출하지 않는다는 것을 의미한다. 따라서 전자의 스핀은 그와 관련된 불확정성을 갖는다. 이것은 모든 동력학적 변수에 대한 측정 결과가 항상 명확한 고전계와 다르다. 일반적으로 동일한 조건에서 준비된 전자 시료의 경우 측정 결과는 모든 전자에서 스핀 값을 하나만 산출한다. 양자역학계의 이러한 특수 기능은 고전역학과는 다른 수학적 접근 방식을 필요로 한다. 다음 절에서는 측정 결과의 상태 및 불확정성의 개념에 대해 설명한다.

3.2.3 가정 2: 관측량과 관련된 상태의 정의

양자역학에서는 관측량을 정의할 뿐만 아니라 이와 관련된 상태도 정의해야 한다. 관측량의 상태란 무엇을 의미하는가? 관측량의 양자 상태는 단순히 실험적으로 관측할 수 있는 관측량의 다른 값과 관련된다. 앞서 논의한 바와 같이 전자의 스핀을 시료에 대해 측정하면 두 가지 다른 값이 얻어진다. 이 값은 측정이 수행되기 전에 전자가 어떤 상태에 있는지에 따라 다르다. 양자역학계의 모든 관측량은 고유 상태와 고유 상태의 선형 중첩 또는 단순히 "상태 중첩"이라고 하는 두 가지 유형의 관측 가능한 상태로 존재할 수 있다.

두 개의 스핀 값은 두 개의 스핀 고유 상태와 연결되며 그것을 간단히 "상태"라고 한다. 스핀의 Z 성분의 스핀업 및 스핀다운 상태는 케트라고 하는 벡터 공간의 두 벡터로 나타내며 다음 기호로 표시된다.

$$\text{z-축 위를 향하는 스핀 업 상태} = |\uparrow\rangle_z \tag{3.2}$$

$$\text{z-축 아래를 향하는 스핀 다운 상태} = |\downarrow\rangle_z \tag{3.3}$$

공간은 단순히 사물과 사건이 방향과 위치를 갖는 차원이다. 유사하게, 벡터 공간은 벡터가 선형 대수학의 규칙을 따르는 대상으로 차원을 포함한다. 양자역학에서 관측의 상태는 단순히 벡터 공간의 벡터로 정의된다. 벡터 공간의 차원은 고려 중인 양자역학계의 특성에 따라 다르다. 이러한 벡터는 유한 또는 무한 차원 공간에 있을 수 있다. 예를 들어, 앞에서 언급한 계에서 전자의 스핀은 두 자유도(스핀 업 및 스핀 다운 방향)를 갖는다. 따라서 벡터로 표현되는 계의 상태는 2차원(2D)

벡터 공간에 있다. 이 벡터 공간은 이러한 벡터가 곱해진 스칼라 값이 실수 또는 복소수가 될 수 있기 때문에 복소수 벡터 공간이다. 계의 상태는 다음과 같이 관측의 고유 상태로 정의할 수 있다.

$$|\Psi\rangle = |\uparrow\rangle_z \tag{3.4}$$

계의 상태는 다음과 같이 고유 상태의 선형 중첩으로도 설명될 수도 있다:

$$|\Psi\rangle = c_\uparrow|\uparrow\rangle_z + c_\downarrow|\downarrow\rangle_z \tag{3.5}$$

여기에서 $c_\uparrow$ 및 $c_\downarrow$ 는 복소수이다. 이 계수의 의미는 나중에 논의한다.

3.2.4 가정 3: 관측량의 측정

계가 관측량 상태의 선형 중첩 상태에 있을 때 실험에서 관측된 관측량의 가능한 다른 값의 수는 양자역학계가 관측량을 측정할 때 점프 할 수 있는 상태의 수와 같다. 따라서 양자역학계에서 측정 전에 각 전자가 상태의 선형 중첩(식 3.5)으로 준비되는 N개의 전자로 구성된 시료에서 그 계의 스핀 측정 결과는 두 가지 다른 값을 산출한다. 스핀의 단일 값을 관측하는 대신 두 개의 다른 값이 관측된다. 그러나 측정 전에 관측량의 한 고유 상태(식 3.4)로 준비된 양자역학계에서 측정을 수행하면 측정 결과는 동일한 그 관측량값을 산출한다. 예를 들어, 시료의 전자가 측정 전 스핀의 Z 성분의 스핀업 고유 상태에 있는 경우 그 시료의 모든 전자에서 스핀업 값만 측정된다. 그 스핀의 Z 성분 값에는 불확정성이 없다. 이제 스핀이 Z 성분의 스핀업 고유 상태에 있는 전자에서 스핀의 X 성분이 측정되면 스핀의 X 성분은 두 가지 다른 값이 시료에서 측정된다. 이때 불확정성은 스핀의 X-성분에 있다. 따라서 구성 요소 중 하나에서 불확정성이 제거되면 다른 구성 요소에서 발생한다. 따라서 모든 스핀 성분을 동시에 정확하게 측정할 수는 없다(그림 3.1). 고전적으로는 모든 스핀 성분은 동시에 측정할 경우 명확한 값을 제공한다. 양자역학적으로, 계의 모든 관측량은 동시에 정확하게 측정할 수 없다. 불확정성은 양자역학계에 내재되어 있으며, 이것이 고전역학과 비교할 때 양자역학의 특징이다. 양자역학계에 불확정성이 있는 이유는 무엇인가? 그 원인은 무엇인가? 이러한 질문에 대한 답은 아직 알려지지 않았지만 우리가 알고 있는 것은 양자역학계의 기본 특성이 고전계의 기본 특성과 매우 다르다는 것이다. 계가 비결정적일 때 우리는 확률에 의존한다. 따라서 양자역학의 수학적 형식 구조는 확률을 포함한다. 양자역학에 대한 보다 자세한 수학적 접근은 다음 절에서 논의된다.

개념적 질문 1: 스핀의 Z 성분이 스핀업 상태로 준비된 N 개의 동일한 입자로 구성된 양자역학계를 고려하라. Z 성분을 측정할 때 얼마나 많은 스핀의 다른 값이 관측되는가? 이유를 설명하라.

3.3 수학적 기초

3.3.1 상태 벡터

앞에서 정의된 상태 벡터는 케트 벡터 또는 케트라고도 한다. 전자의 전체 스핀 상태는 스핀 연산자의 Z-성분의 케트 중 하나로 표현되거나 다음과 같이 둘 이상의 케트의 선형 중첩으로 표현될 수 있다.

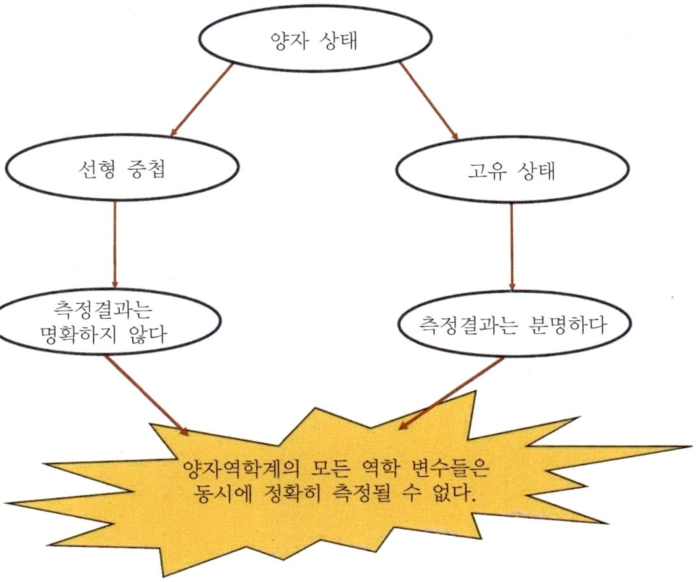

그림 3.1 다른 양자 상태를 보여주는 개략도

$$|\Psi\rangle = |\uparrow\rangle_z \tag{3.4}$$

$$|\Psi\rangle = c_\uparrow|\uparrow\rangle_z + c_\downarrow|\downarrow\rangle_z \tag{3.5}$$

여기서 $c_\uparrow$ 및 $c_\downarrow$는 복소수이다. 특정 범위("x"는 연속 변수)의 모든 값을 취할 수 있는 관측 가능한 $\hat{x}$에 해당하는 케트 $|x\rangle$가 있는 경우 상태 벡터는 적분으로 표현될 수 있다.

$$|\Psi\rangle = \int_{-\infty}^{\infty} |x\rangle\langle x|\Psi\rangle\, dx$$

앞의 표현식을 얻는 방법은 나중에 보여주겠다. 단순화를 위해 수학적 기초를 더 잘 이해하기 위해 2D 벡터 공간에 해당하는 스핀 벡터(이산 변수)와 같은 이산 변수로 초점을 제한한다. 나중에 더 복잡하고 일반화된 계를 탐색할 것이다.

3.3.2 케트와 브라 공간

앞서 정의한 2차원 벡터 공간은 케트 공간이이다. 그러나 모든 케트 공간에는 브라 벡터 또는 브라라고 하는 그 벡터의 복소 켤레인 벡터로 구성된 브라 공간도 있으며 이러한 벡터 공간을 "이중 공간" 또는 브라 공간이라고도 한다. 이것은 모든 케트($|\uparrow\rangle_z$)에 대해 단순히 케트의 복소 켤레인 해당 브라($\langle\uparrow|_z$)가 있음을 의미한다.

$$(|\uparrow\rangle_z)^* = \langle\uparrow|_z \tag{3.7}$$

$$(|\Psi\rangle)^* = \langle\Psi| \tag{3.8}$$

스핀업 및 스핀다운 상태는 스핀 연산자 $\hat{S}_z$의 고유케트라고 한다.

3.3.3 케트와 브라의 곱셈 규칙

3.3.3.1 내적

일반적으로 케트와 브라의 곱은 다음과 같이 복소수이다.

$$(\langle\psi|)(|\varphi\rangle) = \langle\psi|\varphi\rangle = \text{복소수(Complex number)} \tag{3.9}$$

브라가 왼쪽에 있고 케트가 오른쪽에 있는 이 케트와 브라의 곱을 내적이라 정의한다.

케트와 브라 자체의 내적은 다음과 같은 부등식 또는 놈을 따릅니다.

$$\langle\varphi|\varphi\rangle \geq 0 \tag{3.10}$$

여기서 등호는 $|\varphi\rangle$가 0 케트인 경우에만 성립한다.

3.3.3.2 외적

오른쪽에 브라가 있고 왼쪽에 케트가 있는 케트와 브라의 곱을 외적이라고 하며 다음과 같이 표시한다.

$$(|\psi\rangle)(\langle\psi|) = |\psi\rangle\langle\psi| = \text{연산자(operator)} \tag{3.11}$$

외적은 단순히 숫자가 아니라 연산자라는 점에서 내적과 근본적으로 다르다. 연산자에 대해서는 조금 뒤에 다루겠지만, 당분간 외적은 복소수가 아닌 것으로 간주하자.

3.3.3.3 직교성

두 케트 $|\varphi\rangle$ 및 $|\psi\rangle$의 내적이 0이면, 즉

$$\langle\varphi|\psi\rangle = 0 \tag{3.12}$$

이면 서로 직교한다고 말한다. 이것은 복소 켤레

$$\langle\psi|\varphi\rangle = 0 \tag{3.13}$$

도 역시 직교임을 의미한다. 앞의 예에서 스핀업 및 스핀다운 케트는 내적이 0이므로 직교한다.

$$\langle\uparrow|\downarrow\rangle_z = 0 \tag{3.14}$$

3.3.3.4 규격화

모든 케트는 다음 관계를 사용하여 규격화할 수 있다.

케트 $|\psi\rangle$을 고려하자. 그 규격화된 케트 $|\tilde{\psi}\rangle$은 다음과 같이 쓸 수 있다.

$$|\tilde{\psi}\rangle = \left(\frac{1}{\sqrt{\langle\psi|\psi\rangle}}\right)|\psi\rangle \tag{3.15}$$

이 성질과 함께

$$\langle\tilde{\psi}|\tilde{\psi}\rangle = 1 \tag{3.16}$$

을 얻는다. 그리고 $\sqrt{\langle\psi|\psi\rangle}$는 케트 $|\psi\rangle$의 노름으로 알려져 있다. 앞 관계를 상태 벡터의 **규격화**라고 한다.

스핀업 및 스핀다운 케트도 각각 규격화되며 그것의 내적은 1이다.

$$\langle\uparrow|\uparrow\rangle_z = \langle\downarrow|\downarrow\rangle_z = 1 \tag{3.17}$$

전에 논의한 것과 함께, 그것들은 또한 직교 및 규격화되어 고유케트가 직교규격화되었음을 의미한다. 이러한 벡터는 2D 벡터 공간의 기저 케트라고도 한다. 따라서 S_z의 고유케트는 유클리드 공간에서 서로 직교하는 단위 벡터 세트가 기저 벡터로 사용되는 것과 유사한 방식으로 벡터 공간에서 기저 케트로 사용될 수 있다.

이러한 케트가 직교하는 이유는 무엇이며 이것이 의미하는 바는 무엇인가?

관측량의 측정의 결과가 다른 결과를 산출하는 것이 확실한 경우 각 결과와 관련된 상태는 구별 가능하므로 직교한다. 앞의 예에서 스핀 측정은 두 개의 다른 값으로 이어지므로 각 값과 관련된 상태는 구별 가능하므로 직교한다. 측정의 두 가지 다른 결과에 해당하는 에르미트 연산자의 두 고유 벡터는 항상 직교한다.

예제 3.1

상태벡터 $|\alpha\rangle = \frac{1}{\sqrt{2}}|0\rangle - \frac{i}{\sqrt{2}}|1\rangle$ 과 $|\beta\rangle = \frac{1}{\sqrt{2}}|0\rangle + \frac{i}{\sqrt{2}}|1\rangle$를 고려하자. 여기에서 $|0\rangle$과 $|1\rangle$는 2차원 힐버트 간에서 직교 규격화된 기저 벡터이다. 이 벡터의 켤레 복소수를 결정하라. 또한 내적을 계산하라.

$$(|\alpha\rangle)^* = \langle\alpha| = \frac{1}{\sqrt{2}}\langle 0| + \frac{i}{\sqrt{2}}\langle 1| \tag{3.18}$$

$$(|\beta\rangle)^* = \langle\beta| = \frac{1}{\sqrt{2}}\langle 0| - \frac{i}{\sqrt{2}}\langle 1| \tag{3:19}$$

$$\langle\alpha|\alpha\rangle = \frac{1}{2} + \frac{1}{2} = 1 \tag{3:20}$$

$$\langle\beta|\beta\rangle = \frac{1}{2} + \frac{1}{2} = 1 \tag{3:21}$$

예제 3.2

상태 벡터 $|\Psi\rangle = a|\uparrow\rangle + b|\downarrow\rangle$를 고려하라. 여기서 a와 b는 복소수이다. 규격화된 상태 벡터를 구하여라.

식 (3.15)를 사용하면 규격화된 상태 벡터는 다음과 같이 표현할 수 있다.

$$|\tilde{\psi}\rangle = \frac{a}{\sqrt{a^2+b^2}}|\uparrow\rangle + \frac{b}{\sqrt{a^2+b^2}}|\downarrow\rangle \tag{3.22}$$

규격화되었는가를 확인하라.

$$\langle\tilde{\psi}|\tilde{\psi}\rangle = \left(\frac{a^*}{\sqrt{a^2+b^2}}\langle\uparrow| + \frac{b^*}{\sqrt{a^2+b^2}}\langle\downarrow|\right) * \left(\frac{a}{\sqrt{a^2+b^2}}|\uparrow\rangle + \frac{b}{\sqrt{a^2+b^2}}|\downarrow\rangle\right) \tag{3.23}$$

$$\langle\tilde{\psi}|\tilde{\psi}\rangle = \frac{a^2}{a^2+b^2} + \frac{b^2}{a^2+b^2} = 1 \tag{3.24}$$

3.3.4 연산자

연산자는 한 케트를 다른 케트로 변환하는 명령으로 정의된다. 예를 들어, 케트 $|\psi\rangle$은 연산자 $\hat{T}$에 의해 다른 케트로 변환된다. 이 모자를 씌운 기호를 사용하는 이유는 고전역학의 물리적 변수 표기법과 구별하기 위한 것이다.

$$\hat{T}\,|\psi\rangle = |\bar{\psi}\rangle \tag{3.25}$$

만약에

$$\hat{T}\,|\psi\rangle = \varepsilon|\psi\rangle \tag{3.26}$$

에서 ε는 실수이고, $\hat{T}$는 에르미트 연산자이면, ε는 고유값이고, $|\psi\rangle$는 연산자 $\hat{T}$의 고유케트 또는 고유 상태라 부른다. 이러한 연산자는 자신의 복소 켤레와 같으므로 $\hat{T} = \hat{T}^*$를 만족한다.

관측 가능한 모든 동력학적 변수는 에르미트 연산자로 표현되며 이러한 연산자는 물리적 값이 아니다. 그것들은 수학적 실체이며 관측량의 평균을 계산하는 데 사용된다.

다음과 같이 복소 켤레가 연산자의 음수인 경우 연산자를 반-에르미트(또는 스큐 에르미트)라고 한다.

$$\hat{M} = -\hat{M}^* \tag{3.27}$$

이 연산자의 고유값은 실수가 아닌 복소수이다.

3.3.5 기저 케트

z축을 따르는 전자의 고유 각운동량 또는 스핀을 측정하고 다음과 같이 기술할 수 있는 에르미트 연산자 $\hat{S}_z$를 고려하자.

$$\hat{S}_z|\uparrow\rangle_z = +\frac{\hbar}{2}\;|\uparrow\rangle_z \tag{3.28}$$

$$\hat{S}_z|\downarrow\rangle_z = -\frac{\hbar}{2}\;|\downarrow\rangle_z \tag{3.29}$$

고유값 $\pm\frac{\hbar}{2}$는 S_z의 관측량이고 실수이다. 관측 가능한 변수의 고유값은 실수여야 한다. 실험에서 관측 가능한 모든 측정값은 실수이기 때문이다. 앞에서 논의한 바와 같이 연산자는 케트와 브라의 외적(outer product)으로 쓸 수 있다. S_z는 스핀업 및 스핀다운 케트와 브라의 외적으로 쓸 수 있다(그림 3.2).

$$\hat{S}_z = \frac{\hbar}{2}\;\left[(|\uparrow\rangle\langle\uparrow|_z) - (|\downarrow\rangle\langle\downarrow|_z)\right] \tag{3.30}$$

$\hat{S}_z$는 에르미트 연산자이므로 고유값은 실수이고 고유 케트는 직교한다. 이 고유 케트를 기저 케트로 사용할 수 있는가?

3.3.6 완전성

이러한 고유 케트를 기저 케트로 사용하려면 완전 세트를 형성해야 한다. 수학적으로, 이것은 모든 고유케트의 외적 자체가 합산되면 1임을 의미한다. 왼쪽에 있는 단위 연산자는 항등 연산자이다. 고유케트의 외적 자체가 연산자이기 때문이다. 따라서, 함께 결합된 모든 고유케트의 모든 연산자는 항등 연산자를 이루어야 한다. 이 진술을 설명하는 수학 방정식은 다음과 같다.

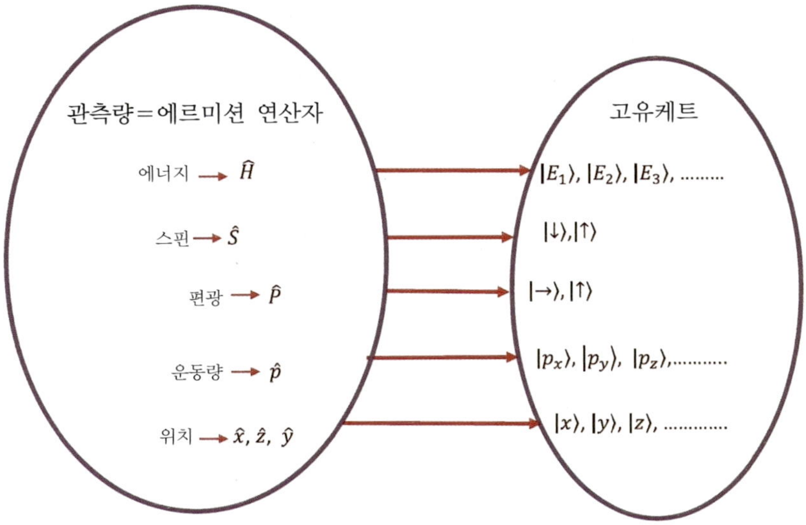

그림 3.2 그림은 몇 가지 관측량의 에르미트 연산자와 해당 고유값을 보여준다.

$$1 = |\uparrow\rangle_z\langle\uparrow| + |\downarrow\rangle_z\langle\downarrow| \tag{3.31}$$

앞의 방정식은 **완전성 관계** 또는 **닫힘**이라 한다.

유클리드 공간에서 기저 벡터는 단위 크기를 갖을 수 있다. 유사하게, 벡터 공간에서 기저 케트와 그 자체의 내적은 1이고, 다른 기저 케트의 복소수 켤레와 기저 케트와의 내적은 0 이다.(식 3.13) 이를 직교 기저 케트라고 한다. 따라서 이러한 고유 케트는 기저 케트로 사용될 수 있으며 2D 벡터 공간에서 완전 세트를 이룬다. 직교하며 벡터 공간에서 완전 세트를 이루는 모든 벡터는 기저 벡터로 사용할 수 있다. 이러한 기저 벡터 개념의 주요점은 벡터 공간의 임의의 벡터 세트가 동일한 벡터 공간의 기저 벡터가 될 수 있다는 것이다.

완전성 관계에 대한 자세한 설명은 나중에 설명하겠다. 식 (3.5)로 돌아가면,

$$|\Psi\rangle = c_\uparrow|\uparrow\rangle_z + c_\downarrow\langle\downarrow|_z$$

완전성 관계식 (3.31)에서 앞의 식을 얻기 위하여 식 (3.31)에 $|\Psi\rangle$을 곱한다.

$$|\Psi\rangle = |\uparrow\rangle_z\langle\uparrow|\Psi\rangle_z + |\downarrow\rangle_z\langle\downarrow|\Psi\rangle_z \tag{3.32}$$

그러면

$$|\Psi\rangle = c_\uparrow|\uparrow\rangle_z + c_\downarrow|\downarrow\rangle_z \tag{3.33}$$

을 얻는다.

여기에서

$$\langle\uparrow|\Psi\rangle_z = c_\uparrow \tag{3.34}$$

$$\langle\downarrow|\Psi\rangle_z = c_\downarrow \tag{3.35}$$

이다.

따라서 $c_\uparrow$ 는 단순히 스핀업 브라와 상태 벡터의 내적한 값이며 복소수 계수이다. 이 예제에서는 이러한 계수의 수학적 형식을 설명한다.

표 3.1 유클리드 공간과 벡터 공간의 비교

복소수 벡터 공간	유클리드 공간
1. 기저 벡터는 직교한다. 그러한 벡터는 2 또는 그 이상의 (무한) 차원 벡터 공간에 있다.	2D(차원) 또는 3D 직각 좌표계의 단위 벡터인 기저 벡터는 직교한다. 이러한 기저 벡터는 2차원 또는 그 이상(유한)의 차원 공간에 있다.
2. 임의의 벡터는 기저 벡터를 사용하여 나타낼 수 있다.	임의의 벡터는 기저 벡터를 사용하여 나타낼 수 있다.
3. 기저 벡터는 닫힘 속성을 만족한다.	닫힘 속성이 없다.

지금까지 벡터 공간의 기저 벡터는 유클리드 공간의 기저 벡터와 유사한 속성을 가지고 있음이 입증되었다. 비교는 다음 표 3.1에 나와 있다.

그러나 계수 $c_\uparrow$과 $c_\downarrow$의 물리적 의미는 무엇인가?

앞의 상태 벡터(3.5 식)의 브라에 케트를 곱하면 다음을 얻는다.

$$\langle\Psi|*(|\Psi\rangle = |\uparrow\rangle_z\langle\uparrow|_z\Psi\rangle + |\downarrow\rangle_z\langle\downarrow|_z\Psi\rangle) \tag{3.36}$$

표기법은 다음과 같이 단순화할 수 있다.

$$|\uparrow\rangle_z = |\uparrow\rangle \tag{3.37}$$

$$|\downarrow\rangle_z = |\downarrow\rangle \tag{3.38}$$

그러면 다음 방정식을 얻는다.

$$\langle\Psi|\Psi\rangle = \langle\Psi|\uparrow\rangle\langle\uparrow|\Psi\rangle + \langle\Psi|\downarrow\rangle\langle\downarrow|\Psi\rangle \tag{3.39}$$

이것은 다음과 식이 된다.

$$\langle\Psi|\Psi\rangle = c_\uparrow^* c_\uparrow + c_\downarrow^* c_\downarrow \tag{3.40}$$

여기에서

$$c_\uparrow = \langle\uparrow|\Psi\rangle \tag{3.41}$$

$$c_\downarrow = \langle\downarrow|\Psi\rangle \tag{3.42}$$

이다.

상태 벡터는 규격화된 상태여야 하므로 다음을 의미한다.

$$\langle\Psi|\Psi\rangle = 1 \tag{3.43}$$

그러므로,

$$1 = c_\uparrow^* c_\uparrow + c_\downarrow^* c_\downarrow \tag{3.44}$$

또는

$$1 = |c_\uparrow|^2 + |c_\downarrow|^2 \tag{3.45}$$

이다.

이러한 계수의 물리적 의미를 조사하는 것이 다음 단계이다. 지금까지 우리는 양자역학계의 비결정론으로 인한 확률에 대해 논의하지 않았다. 이제 이러한 계수가 확률을 설명할 수 있는지 살펴보자. 이러한 계수는 복소수이며 이 숫자의 절대값의 제곱을 더한 것은 확률 법칙에 따라 1이 되어야 한다. 또 다른 예는 스핀업 또는 스핀다운 상태에 해당하는 각 계수인데, 이 숫자는 계의

상태에 대해 무엇인가를 나타내야 할 것이다. 양자역학에 따르면, 관측량의 측정이 양자역학계에서 수행될 때 계는 관측량의 고유 상태 중 하나로 붕괴되며 그 계수의 절대값의 제곱은 단순히 그 관측량을 측정할 산출 확률이다. 예를 들어, 전자의 스핀을 측정하기 위해 측정을 수행할 때 전자 상태가 스핀-업 상태로 붕괴되어, 스핀 측정이 스핀-업 값을 산출할 확률은 계수의 절대 제곱 $|c_\uparrow|^2$ 으로 주어진다. 따라서 계수의 절대 제곱은 다음과 같이 설명할 수 있다.

$|c_\uparrow|^2$ = 전자의 상태가 스핀업 준위으로 붕괴되어 스핀 측정이 스핀업 값을 산출할 확률

$|c_\downarrow|^2$ = 전자의 상태가 스핀다운 준위으로 붕괴되어 스핀 측정이 스핀다운 값을 산출할 확률

(참고: 여기에서 스핀은 Z축을 따라 측정된다.)

닫힘 속성(완전성)으로 인해 확률은 두 확률의 합이 1이 되어야 한다(식 3.43). 또 다른 흥미로운 관측은 스핀 측정시 전자가 스핀의 고유 상태 중 하나로 붕괴되어 영원히 그 상태를 유지한다는 것이다. 그후 모든 측정은 동일한 고유값을 계속해서 산출한다. 상태의 선형 중첩에서 고유 상태로의 이러한 스핀 상태의 전환은 스핀 상태의 붕괴로도 알려져 있다. 측정은 중첩 상태의 붕괴를 유발한다.

모든 전자가 동일한 상태 중첩으로 준비되어 있는 N개의 전자 시료를 고려하자(식 3.5). 스핀의 Z-성분 측정은 이 시료에서 수행된다. 측정 시 전자의 절반($N/2$)은 스핀-업 값을 갖고 나머지 절반은 스핀-다운 값을 갖는다. 이는 $|c_\uparrow|^2 = (1/2)$ 및 $|c_\downarrow|^2 = (1/2)$ 및 초기 상태 벡터가 다음과 같다는 것을 암시한다.

$$|\Psi\rangle = c_\uparrow|\uparrow\rangle_z + c_\downarrow|\downarrow\rangle_z = \frac{1}{\sqrt{2}}|\uparrow\rangle_z + \frac{1}{\sqrt{2}}|\downarrow\rangle_z \tag{3.46}$$

측정 후 상태 벡터의 붕괴로 인해 전자의 절반은 이제 스핀업 상태 $|\uparrow\rangle_z$에 있고 나머지 절반은 스핀다운 상태 $|\downarrow\rangle_z$에 있다.

그러면 이러한 계수는 이론적으로 어떻게 결정될까?

이 질문은 이 장의 다음 절에서 다룰 것이다.

> **개념적 질문 2**: 총 에너지 고유 벡터가 $|0\rangle$ 및 $|1\rangle$이고 해당 에너지 고유값이 E_0 및 E_1인 2-상태 계인 입자를 고려하자. 이들 에너지 고유벡터의 상태를 중첩하여 준비한 N개의 입자의 시료에 대해 계의 총에너지를 측정할 때, 측정된 입자의 절반(N/2)이 E_0이고 나머지 절반의 측정된 입자 에너지는 E_1이다. 이 정보를 사용하여 계의 초기 상태 벡터를 구축하라. 입자의 절반 대신에 입자 측정 에너지의 75%가 E_0이고 나머지 입자 측정 에너지의 25%가 E_1이면 그 경우 초기 상태 벡터를 구축하라(그림 3.3).

3.3.6.1 이산 스펙트럼

앞 절 연산자에 대한 논의에서 연산자 $\hat{S}_z$의 고유값은 구별되며 각 고유값은 연산자의 유일한 고유벡터와 연결되었다. 이러한 고유값을 비축퇴 고유값이라고 한다. 이제 우리는 2-준위 계를 무한

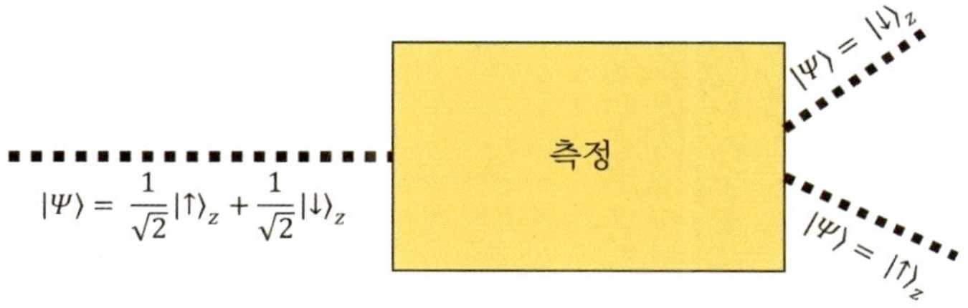

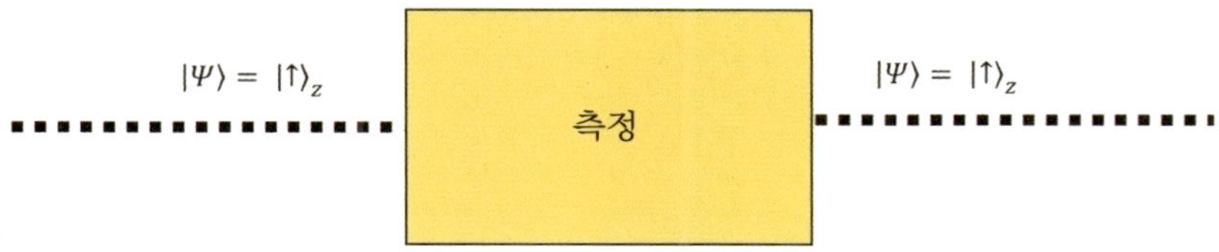

그림 3.3 위의 개략도는 측정이 수행될 때 스핀 Z 상태의 상태 벡터의 붕괴를 보여준다. 위의 중첩 상태에서 N개의 입자가 준비되면, 입자의 스핀의 Z성분을 측정 할때 그 중 절반의 상태는 스핀업 상태로 붕괴되고, 나머지 절반의 상태는 스핀다운 상태로 붕괴된다. 그러나 N 입자가 스핀업 고유 상태로 준비되었다면 측정시 같은 상태를 유지한다.

준위계로 일반화할 것이다. 연산자 $\widehat{A}$에서 고유값 $\{a_1, a_2, a_3, \cdots\}$ 이 모두 다르고 각각이 유일한 고유벡터 $\{|A_1\rangle, |A_2\rangle, |A_3\rangle, \cdots\cdots\}$과 연관될 때 그 고유값은 비축퇴 고유값을 갖는 불연속적 스펙트럼을 형성한다. 이 모든 고유 벡터는 완전 직교 벡터 세트를 형성하고 기저 벡터로 사용할 수 있다.

그리고,

$$1 = \sum_n |A_n\rangle\langle A_n| \tag{3.47}$$

이 성립한다.

따라서 모든 계의 상태 벡터는 다음과 같이 고유 벡터의 선형 중첩으로 기술될 수 있다.

$$|\Psi\rangle = \sum_n |A_n\rangle\langle A_n|\Psi| \tag{3.48}$$

$$\langle A_n|\Psi\rangle = c_n$$

내적은 복소수이므로 상태 벡터는 다음과 같다.

$$|\Psi\rangle = \sum_n c_n|A_n\rangle \tag{3.49}$$

따라서 A가 측정될 때 값을 측정할 확률은 다음과 같다.

$$P(a_n) = |c_n|^2 = |\langle A_n|\Psi\rangle|^2 \tag{3.50}$$

그러나 이것이 항상 사실은 아니다. 모든 연산자 $\widehat{A}$에 대해 두 개 이상의 고유 벡터가 동일한 고유값과 연관될 수 있다. 이러한 고유값을 축퇴 고유값이라고 하며 다음과 같이 설명할 수 있다.

$$\hat{A}|A_n^i\rangle = a_n|A_n^i\rangle, \quad i = 1, 2, 3 \ldots d_n \tag{3.51}$$

여기서 d_n =축퇴도이고 각 고유 벡터들은 직교한다.

이러한 고유 벡터의 관점에서 계의 상태 벡터는 다음과 같이 쓸 수 있다.

$$|\Psi\rangle = \sum_n \sum_i^{d_n} c_n^i |A_n^i\rangle \tag{3.52}$$

이 경우 확률은 다음과 같다.

$$P(a_n) = \sum_{i=1}^{d_n} |c_n^i|^2 = \sum_{i=1}^{d_n} |\langle A_n^i|\Psi\rangle|^2 \tag{3.53}$$

축퇴 상태는 더 복잡하며 단순성을 위해 비축퇴 상태만 고려한다.

3.3.6.2 연속 스펙트럼

연산자 $\hat{A}$의 고유값이 비축퇴 연속값 집합을 형성하면 그 스펙트럼을 연속 스펙트럼이라고 한다. $\hat{A}$의 고유벡터는 다음과 같이 설명할 수 있다.

$$\hat{A}|A_\alpha\rangle = \alpha|A_\alpha\rangle \tag{3.54}$$

여기서 α = 연속 변수인 고유값이다. 고유 벡터가 다음과 같은 연속적인 직교 고유 벡터 세트을 이룬다 하자.

$$1 = \int d\alpha |A_\alpha\rangle\langle A_\alpha| \tag{3.55}$$

상태 벡터는 이제 다음과 같이 쓸 수 있다.

$$|\Psi\rangle = \int d\alpha |A_\alpha\rangle\langle A_\alpha|\Psi\rangle \tag{3.56}$$

앞의 내적은 연속된 복소수의 집합이므로 내적은 함수가 된다. 그러므로,

$$\langle A_\alpha|\Psi\rangle = c(\alpha) \tag{3.57}$$

이 계수는 고유 함수라고도 한다.

α는 연속 변수이므로 α와 $\alpha + d\alpha$ 사이에 포함된 고유값을 측정할 확률은 다음과 같다.

$$dP(\alpha) = \rho(\alpha)d\alpha \tag{3.58}$$

여기에서

$$\rho(\alpha) = |c(\alpha)|^2 = |\langle A_\alpha|\Psi\rangle|^2 \tag{3.59}$$

은 확률 밀도라고 한다. 이 개념에 대한 자세한 내용은 다음 절에서 다룬다.

문제

3.1 다음 상태 벡터 $|\Psi\rangle = C|\uparrow\rangle + \sin(\theta)|\downarrow\rangle$, $|\varphi\rangle = Ce^{-i\gamma}|\uparrow\rangle + \cos(\theta)|\downarrow\rangle$을 고려하라. 상태 벡터의 규격화 조건을 사용하여 계수 C를 구하라.

3.2 다음 상태 $|\Psi\rangle = \frac{1}{\sqrt{2}}(|0\rangle + |1\rangle)$, $|\varphi\rangle = \frac{1}{\sqrt{2}}(|0\rangle - |1\rangle)$가 직교함을 보여라. 이러한 상태를 기저 상태로 사용하고 완전성을 만족함을 보여라.

3.3 $\hat{A}$와 $\hat{B}$가 두 에르미트 연산자라고 가정하자. 이 연산자들의 합도 에르미트 연산자임을 보여라. 또한 이 연산자의 곱은 다음 경우에만 에르미션임을 보여라.

$\hat{A}\hat{B} - \hat{B}\hat{A} = 0.$

3.4 에르미트 연산자 $\hat{P} = i\hbar\ (d/d\phi)$의 고유함수와 고유값을 구하라. 여기서 ϕ는 2차원의 일반적인 극좌표이다.

3.4 파동 함수

이 절에서는 파동 함수에 관한 문제를 다룰 것이다. 예를 들어 파동 함수란 무엇인가? 언제, 왜 사용되며, 양자역학계에 대한 어떤 정보를 얻을 수 있을까? 이러한 질문에 답하기 위해 이제 고유 함수 및 고유 벡터와의 관계, 힐베르트 공간, 복소수 함수 및 몇 가지 새로운 표기법과 같은 새로운 개념에 초점을 둔다.

3.4.1 함수 공간과 힐베르트 공간

지금까지 우리는 양자계의 상태가 벡터 공간의 벡터이고 관측 가능한 것은 연산자로 기술된다는 것에 대해 논의했다. 벡터 공간의 벡터는 간단한 함수의 다항식이다. 이 절에서 우리는 유사한 라인을 따라 계속한다. 그러나 이제 성분이 실제 변수의 복소수 함수 값을 갖고 닫힌 간격에서 정의되며 제곱 적분이 가능한 벡터 공간을 소개한다. 이 공간을 수학자들이 L_2라고 부르는 벡터 공간이다. 이전 벡터 공간과 구별하기 위해 함수 공간으로 이름을 지정한다. 무한 차원 함수 공간은 힐베르트 공간으로 알려져 있다. 일반적으로 모든 계의 양자역학상태는 힐버트 공간에서 설명된다.

연속 변수인 위치 관측량 x와 해당 연산자를 $\hat{x}$, 그리고 $|x_i\rangle$를 고유 벡터라고 가정하자. 그러면,

$$\hat{x}|x_i\rangle = x_i|x_i\rangle \tag{3.60}$$

여기서 x_i=위치 변수의 고유값이다. 고유 벡터는 다음과 같은 완전한 직교 기저 세트를 형성한다.

$$1 = \int dx|x\rangle\langle x| \tag{3.61}$$

상태 벡터는 다음과 같이 쓸 수 있다.

$$|\Psi\rangle = \int dx|x\rangle\langle x|\Psi\rangle \tag{3.62}$$

$$\langle x'|\Psi\rangle = \int dx\langle x'|x\rangle\langle x|\Psi\rangle = \int dx\delta(x - x')\langle x|\Psi\rangle \tag{3.63}$$

여기서 $\delta(x - x')$는 다음과 같이 정의되며 디랙 델타 함수라고 한다.

$$\int_{-\infty}^{\infty} f(x)\delta(x - x')dx = f(x')$$

그래서

$$\langle x'|\Psi\rangle = \Psi(x') \tag{3.64}$$

또는

$$\langle x|\Psi\rangle = \Psi(x) \tag{3.65}$$

앞의 내적은 연속 변수의 함수이며 파동 함수라고도 한다. 파동 함수의 의미를 더 이해하려면 $\hat{H}$를 해밀토니안이라고도 하는 계의 에너지 연산자로 간주한다. 즉,

$$\hat{H}|E_n\rangle = E_n|E_n\rangle \tag{3.66}$$

여기서 $|E_n\rangle$은 이산 완전 직교 규격화 집합을 형성하는 계의 에너지 고유 벡터이다. 즉,

$$1 = \sum_n |E_n\rangle\langle E_n| \tag{3.67}$$

상태 벡터는 다음과 같이 쓸 수 있다.

$$|\Psi\rangle = \sum_n |E_n\rangle|\langle E_n|\Psi\rangle \tag{3.68}$$

파동 함수의 관점에서 앞의 상태 벡터를 쓰기 위해 연속 위치 변수의 기저 벡터와 내적을 취한다.

$$\langle x|\Psi\rangle = \sum_n \langle x|E_n\rangle\langle E_n|\Psi\rangle \tag{3.69}$$

여기에서

$$\langle x|E_n\rangle = u_{E_n}(x) \tag{3.70}$$

를 에너지 고유치라 부르고

$$\langle E_n|\Psi\rangle = c_n \tag{3.71}$$

$$\Psi(x) = \sum_n c_n u_{E_n}(x) \tag{3.72}$$

는 전개 계수(복소수)이다. 그래서

앞의 식은 계의 파동 함수로, 이는 단순히 계의 에너지 고유 함수의 선형 중첩이다. 고유 함수의 사용을 추가로 설명하기 위해 에너지 상태가 2차원 함수 공간에서 설명되는 입자를 고려하자. 입자에는 두 가지 에너지 준위가 있다. 계의 에너지 연산자는 해밀턴 연산자 $\hat{H}$이며 에너지 고유 함수는 다음과 같다.

$$\hat{H}\, u_{E_1}(x) = E_1\, u_{E_1}(x) \tag{3.73}$$

$$\hat{H}\, u_{E_2}(x) = E_2\, u_{E_2}(x) \tag{3.74}$$

계의 상태 벡터는 다음과 같이 설명된다.

$$|\Psi\rangle = c_1|E_1\rangle + c_2|E_2\rangle \tag{3.75}$$

파동 함수는 다음과 같이 주어진다.

$$\Psi(x) = c_1\, u_{E_1}(x) + c_2\, u_{E_2}(x) \tag{3.76}$$

계수 c_1 및 c_2는 스핀 상태 계수 $c_\downarrow$ 및 $c_\uparrow$와 유사한 의미를 갖는다.

정확히는, $|c_1|^2$는 입자의 상태가 에너지 준위 1로 붕괴되어 에너지 측정값 E_1을 산출할 확률이다. $|c_2|^2$는 입자의 상태가 에너지 준위 2로 붕괴되어 에너지 측정값 E_2를 산출할 확률이다.

앞에서 설명한 것처럼 상태 벡터 대신 계의 상태는 이제 연속 실 변수 'x'의 함수인 파동 함수라는 복잡한 함수로 설명된다. 모든 상태 벡터에는 해당 파동 함수가 있다. 따라서,

$$|\Psi\rangle \Leftrightarrow \Psi(x) \tag{3.77}$$

이 파동 함수는 단순히 에너지 고유 함수 또는 에너지 고유 함수의 선형 중첩일 수 있다. 3차원 좌표계에서 파동 함수는 다음과 같이 나타낼 수 있다:

$$|\Psi\rangle \Leftrightarrow \Psi(x,y,z) \tag{3.78}$$

왜 그러한 함수를 파동 함수라고 하는지 궁금할 것이다. 파동을 나타내는가? 파동 함수는 전자기파와 같은 실제 파동을 나타내지 않지만, 이 함수는 공간에서 확률파(경우에 따라 변화하는)로 시각화할 수 있지만 이 시각화는 주로 단일 입자 양자계에서 나타낸다. 대신 서로 상호 작용하는 많은 입자를 고려하면 이 시각화가 어려워진다. 이러한 함수를 파동 함수라고 부르는 또 다른 이유는 슈뢰딩거 방정식을 이해하면 명확해진다.

3.4.2 고유함수

앞에서 다룬 고유 함수는 다음과 같은 속성을 가졌다.

3.4.2.1 직교

이 함수는 다음과 같은 의미에서 상호 직교한다.

$$\int u^*_{E_1}(x)u_{E_2}(x)dx = 0 \tag{3.79}$$

일반적으로 관측량의 두 다른 상태에 해당하는 고유 함수의 직교 조건을 다음과 같이 설명할 수 있다.

$$\int u^*_n(x)u_m(x)dx = 0 \tag{3.80}$$

3.4.2.2 규격화

이러한 고유 함수는 다음과 같이 규격화 조건을 충족해야 한다.

$$\int u_{E_1}^*(x)u_{E_1}(x)dx = 1 \tag{3.81}$$

$$\int u_n^*(x)u_n(x)dx = 1 \tag{3.82}$$

이 두 속성을 결합하여 계의 관측량의 고유 함수가 다음과 같이 **직교 규격화 조건**을 만족한다고 말할 수 있다.

$$\int u_n^*(x)u_m(x)dx = \delta_{mn} \tag{3.83}$$

여기에서 δ_{mn}은 크로네커 델타 함수라고 하며 다음과 같이 정의된다:

$$\begin{aligned} \delta_{mn} &= 1 \ (\text{for } m = n) \\ &= 0 \ (\text{for } m \neq n) \end{aligned} \tag{3.84}$$

3.4.2.3 완전성

이러한 고유 함수는 다른 함수 $f(x)$가 다음과 같이 이 함수들의 선형 조합으로 표현될 수 있다는 점에서 완전 세트를 형성한다.

$$f(x) = \sum_{n=1}^{\infty} c_n \ u_n(x) \tag{3.85}$$

이제 이 함수 $f(x)$를 알면 다음과 같이 고유 함수의 직교규격화 조건을 사용하여 계수 c_n을 찾을 수 있다:

$$\int u_m(x)^* f(x)dx = \sum_{n=1}^{\infty} c_n \int u_m(x)^* u_n(x)dx = \sum_{n=1}^{\infty} c_n \delta_{mn} \tag{3.86}$$

그러므로

$$c_n = \int u_n(x)^* f(x)dx \tag{3.87}$$

앞의 방정식에서 볼 수 있듯이 이러한 계수는 고유 함수의 형태와 일부 함수 $f(x)$에 따라 달라지며, 이는 이러한 계수가 고려 중인 계의 물리적 조건에 따라 달라진다는 것을 의미한다. 계의 물리적 조건을 기반으로 이러한 계수를 찾기 위해 다음 장에서 몇 가지 예를 다룰 것이다.

3.4.3 확률 밀도

파동 함수의 물리적 의미를 이해하려면 확률 밀도의 의미를 이해해야 한다.

파동 함수가 $\Psi(x)$인 입자의 확률 밀도는 다음과 같다.

$$|\Psi(x)|^2 = \text{확률밀도} \tag{3.88}$$

확률 밀도는 단순히 위치 측정이 수행될 때 위치 "x"에서 입자를 찾을 확률을 제공한다. 이러한 이유로 파동 함수는 확률 함수라고도 한다.

전자가 x와 $x+dx$(무한 간격) 사이에 있을 확률은 다음과 같다:

$$|\Psi(x)|^2 dx \tag{3.89}$$

또한 전자가 위치 x_a와 x_b(유한 간격) 사이에 있을 확률은 다음과 같다:

$$P_{ab} = \int_{x_a}^{x_b} |\Psi(x)|^2 dx \tag{3.90}$$

이것은 파동 함수에 대한 보른(Born)의 통계적 해석이라고도 한다. 즉, 파동함수를 이용하면 특정 위치에서 입자가 발견될 확률을 확률적으로 예측할 수 있는데, 이는 정확한 정보가 아닌 단순히 통계적인 정보일 뿐이다. 따라서 양자역학적으로 입자의 위치를 측정하기 전에는 정확히 예측할 수 없다.

입자는 어딘가에 있어야 하므로 우주 공간에 대해 앞의 적분을 취하면 우주 어딘가에서 입자를 찾을 확률은 다음과 같이 1이어야 한다.

$$1 = \int_{-\infty}^{\infty} |\Psi(x)|^2 dx \tag{3.91}$$

이 방정식을 계 또는 입자의 파동 함수에 대한 규격화 조건이라고 한다.

또한 다음 표기법을 사용하여 확률 밀도를 설명할 수 있다. (그림 3.4).

$$\rho(x) = |\Psi(x)|^2 \tag{3.92}$$

개념적 질문 3: 입자의 확률 밀도 대 위치 그래프를 보여주는 그림 3.4를 고려하라. 영역 a, b 및 c가 표시되었다. 어느 영역에서 입자를 찾을 확률이 최대 그리고 최소가 될까?

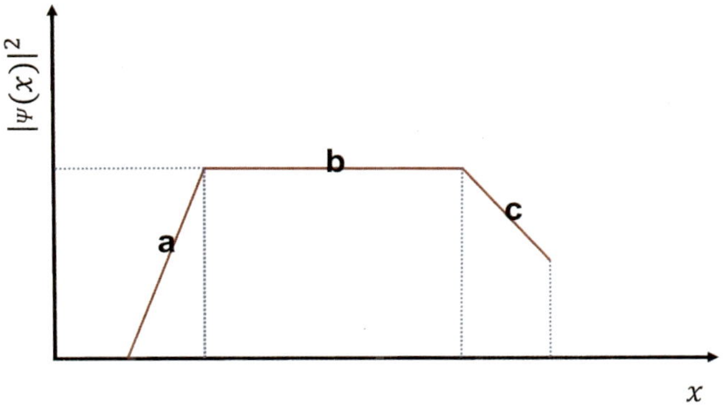

그림 3.4 이 그림은 파동 함수의 확률 밀도를 보여준다.

파동 함수의 의미를 더 이해하려면 다음 파동 함수를 고려하라:

$$\Psi(x) = c_1\, u_{E_1}(x) + c_2\, u_{E_2}(x) \tag{3.93}$$

이 파동 함수의 확률 밀도는 다음과 같이 표현될 수 있다.

$$|\Psi(x)|^2 = |c_1|^2|u_{E_1}(x)|^2 + |c_2|^2|u_{E_2}(x)|^2 + c_1c_2^*u_{E_1}(x)u_{E_2}(x)^* + c_1^*c_2u_{E_1}(x)^*u_{E_2}(x) \quad (3.94)$$

이 방정식은 다음을 의미한다.

$$|\Psi(x)|^2 = P_1(x) + P_2(x) + c_1c_2^*u_{E_1}(x)u_{E_2}(x)^* + c_2c_1^*u_{E_2}(x)u_{E_1}(x)^* \quad (3.95)$$

앞의 방정식의 처음 두 항은 입자가 에너지 준위 1과 에너지 준위 2일 때의 확률 밀도이고, 마지막 두 항은 간섭 항이라고 하며 입자의 공간내 위치에 대한 양자역학적 불확정성에 기여한다.

계수와 복소 고유함수의 결합된 의미는 무엇인가?

고유 함수와 함께 계수는 입자가 특정 에너지 준위에 있을 때 공간에서 입자의 위치에 대한 확률 밀도를 준다. 이미 논의한 바와 같이 이러한 계수는 계의 고유 함수와 초기 파동 함수에 따라 달라진다.

이에 대한 비유는 책장에서 책을 찾는 행동과 유사하다. 책이 어떤 행에 있는지 알면 해당 행에서 책을 쉽게 찾을 수 있다. 이 비유에서 책은 입자를 대신한다. 책이 위치한 행에 대한 정보는 복소계수로 표현되고, 책이 행에서 위치하는 정보는 고유함수로 주어진다. 따라서 파동 함수에는 계에 대한 완전한 정보가 있다. 그러나 파동 함수에서는 확률적 정보만 추출할 수 있다.

파동 함수의 용도는 무엇인가?

파동 함수는 많은 용도가 있다. 파동 함수를 사용하면 입자의 위치를 결정할 수 있을 뿐만 아니라 계에서 더 많은 관측량의 항목을 결정할 수 있다. 고전역학에서 위치는 가장 중요한 관측 대상이다. 계의 관측 가능한 위치를 사용하여 계의 속도, 운동량, 에너지 등과 같은 다른 모든 관측 가능한 항목을 결정한다. 마찬가지로 양자역학에서 파동 함수는 가장 중요한 함수이다. 파동 함수를 결정함으로써 계의 다른 모든 관측량들을 계산할 수 있다. 파동 함수는 위치, 운동량, 에너지 등과 같은 관측량의 평균 또는 기대 값을 결정하는 데 사용된다. 파동 함수에는 계와 관련된 모든 가능한 정보가 포함되어 있다.

3.4.4 관측량의 기대값

관측량의 기대값은 동일한 초기 상태에서 계의 앙상블이라고 하는 동일한 계를 다수 준비하고 측정을 수행하여 얻은 관측량의 평균값이다. 하나의 동일한 계에서 반복 측정의 평균이 아니라 동일하게 준비된 계의 앙상블에 대해 이러한 측정을 수행하여 얻은 관측량의 평균 값을 해당 관측량의 기대 값이라고 한다. 예를 들어, 입자의 위치에 대한 기대값을 찾기 위해 동일한 초기 상태에서 이와 같은 동일한 입자(시료)를 다수 준비하고 이러한 시료에 대해 위치 측정을 수행한다. 수학적으로 입자 위치의 기대값은 다음과 같이 설명된다.

3.4.4.1 위치

파동함수가 식 (3.75)로 주어진 전자의 경우, 위치 x의 기대값은 다음 식과 같이 주어진다.

$$\langle x\rangle = \langle\Psi(x)|x|\Psi(x)\rangle = \int_{-\infty}^{\infty} x|\Psi(x)|^2dx \quad (3.96)$$

$$\langle x\rangle = \int_{-\infty}^{\infty} x\,\rho(x)dx \quad (3.97)$$

3.4.4.2 운동량

운동량 연산자는 다음과 같이 주어진다.

$$\hat{p} = -i\hbar \frac{\partial}{\partial x} \quad (3.98)$$

운동량의 기대값은 다음과 같다.

$$\langle p \rangle = m\frac{d\langle x \rangle}{dt} = \langle \Psi(x)|\hat{p}|\Psi(x)\rangle = -i\hbar \int_{-\infty}^{\infty} \Psi^* \frac{\partial \Psi}{\partial x} dx \quad (3.99)$$

3.4.4.3 운동 에너지

운동 에너지 연산자는 다음과 같이 주어진다.

$$T = -\frac{\hbar^2}{2m}\frac{\partial^2}{\partial x^2} \quad (3.100)$$

그 기대값은 다음 방정식과 같다.

$$\langle T \rangle = \langle \Psi(x)| -\frac{\hbar^2}{2m}\frac{\partial^2}{\partial x^2}|\Psi(x)\rangle = -\frac{\hbar^2}{2m}\int_{-\infty}^{\infty} \Psi^*(x)\frac{\partial^2 \Psi(x)}{\partial x^2}\, dx \quad (3.101)$$

이 절의 시작 부분에서 제기된 질문에 답하면서 파동 함수의 형태와 목적을 소개했다. 지금까지 양자역학계를 기술하는 공식에서 수학적 구조가 구축되었다. 다음 그림은 이러한 구조를 보여준다 (그림 3.5).

양자역학에서 관측량의 평균을 계산하는 이유는 무엇인가?

앞에서 논의한 바와 같이, 양자역학은 관측량의 측정과 관련된 불확정성을 가지고 있다. 따라서 파동 함수에서 가치 있는 정보를 얻는 유일한 방법은 통계적으로 정확한 관측량의 값을 평가하는 것이다.

그러면 계의 파동 함수는 어떻게 결정될까? 답은 슈뢰딩거 방정식을 푸는 것이다.

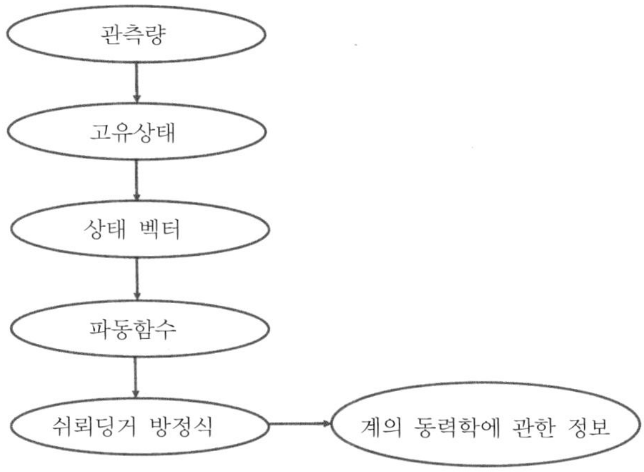

그림 3.5 이 개략도는 양자역학공식들의 구조를 설명한다. 첫 번째 단계로 관측량을 정의한 다음 상태 벡터 등을 정의해야 함을 보여준다.

상태 벡터의 시간 종속성은 지금까지 제외되었다. 양자역학계의 상태 벡터의 시간 의존성 또는 단순히 양자계의 역학을 설명하려면 슈뢰딩거 방정식의 해가 필요하다. 이 방정식은 다음 절에서 소개된다.

개념적 질문 4: 벡터 공간의 상태 벡터와 함수 공간의 파동 함수의 차이점을 설명하라.

예제 3.3

파동함수가

$$\Psi(x) = \begin{cases} \frac{1}{A}\sqrt{x} & 0 \le x \le a \\ 0, & \text{그 외에} \end{cases} \tag{3.102}$$

로 주어진 입자를 고려하자.

여기에서 "a"는 상수이다. 규격화 상수 A를 구하고 입자의 위치에 대한 기대값 $\langle x \rangle$를 계산하라.

규격화 조건 (3.91)식을 사용하여 다음을 얻는다.

$$1 = \int_{-\infty}^{\infty} |\Psi(x)|^2 dx = \int_{-\infty}^{0} |\Psi(x)|^2 dx + \int_{0}^{a} |\Psi(x)|^2 dx + \int_{a}^{\infty} |\Psi(x)|^2 dx \tag{3.103}$$

$$1 = \frac{1}{A^2}\int_0^a x\, dx$$

$$A = \frac{a}{\sqrt{2}} \tag{3.104}$$

$$\Psi(x) = \frac{\sqrt{2x}}{a} \tag{3.105}$$

$$\langle \hat{x} \rangle = \int_0^a x|\Psi(x)|^2\, dx = \frac{2}{a^2}\int_0^a x^2\, dx = \frac{2a}{3} \tag{3.106}$$

문제

3.5 입자의 파동 함수가 $\Psi(x) = Ae^{-kx^2}$로 주어졌다. 입자의 파동 함수를 규격화 시켜 계수 A를 구하여라. 또한 $\langle x \rangle$와 $\langle x^2 \rangle$를 구하여라.

3.6 3준위 원자의 해밀터니안 연산자는 다음과 같이 주어진다. $\hat{H} = e_1|1\rangle\langle 1| + e_2|2\rangle\langle 2| - e_3|3\rangle\langle 3|$. 이 해밀터니안 연산자의 고유값과 고유 벡터를 구하여라.

3.7 질량이 "m"인 입자의 파동 함수는 다음과 같다. $\Psi(x) = Ae^{-\gamma x}$, 여기에서 A =정규화 상수, k =상수이다. 적분 구간을 $-\infty$에서 ∞까지 로 잡을 수 있다. 규격화 상수를 구하고 또한 $\langle x \rangle$, $\langle T \rangle$ 및 $\langle p \rangle$를 구하여라.

3.8 상태 벡터 $|\psi\rangle$로 부터 운동량 공간의 파동 함수를 수학적으로 유도하라. 그러한 함수를 얻을 때 이어지는 모든 단계를 나타내 보여라.

3.9 2- 및 5-수준 원자의 해밀토니안을 결정하라. 에너지 고유값과 고유 벡터를 기술하라.

3.5 계의 동역학적 성질

3.5.1 시간 의존 슈뢰딩거 방정식

슈뢰딩거 방정식은 양자역학계의 물리적 상태 또는 파동 함수가 시간에 따라 어떻게 변하는지를 설명하는 역학 방정식이다. 초기 조건이 주어지면 고전역학의 운동 방정식과 마찬가지로 미래의 모든 시간에서 계의 상태 또는 파동 함수를 결정할 수 있다는 의미에서 결정론적 방정식이다. 또한 고전 파의 방정식과 유사한 수학적 형태를 가지고 있다.

상태 벡터 또는 상태 케트의 관점에서 슈뢰딩거 방정식은 다음과 같이 쓸 수 있다.

$$i\hbar\,\frac{\partial|\Psi,\,t\rangle}{\partial t}=\hat{H}|\Psi,\,t\rangle \tag{3.107}$$

케트 기호의 시간 종속성은 계의 상태를 동력학적으로 기술하고 시간의존 변화를 설명하기 위해 도입되었다. 그리고 $\hat{H}$는 계의 총 에너지를 나타내는 해밀토니안 연산자이다. 일차원 공간 좌표계의 경우 해밀토니안 연산자는 다음과 같이 쓸 수 있다.

$$\hat{H}=-\frac{\hbar^2}{2m}\frac{\partial^2}{\partial x^2}+\hat{V} \tag{3.108}$$

퍼텐셜 $\hat{V}$는 에르미션 연산자이다.

앞의 해밀토니안에서 파동 함수에 대한 슈뢰딩거 방정식은 다음과 같다.

$$i\hbar\,\frac{\partial\Psi(x,\,t)}{\partial t}=-\frac{\hbar^2}{2m}\frac{\partial^2\Psi(x,\,t)}{\partial x^2}+V(x)\Psi(x,\,t)=\hat{H}\Psi(x,\,t) \tag{3.109}$$

이 방정식은 파동함수에 대한 시간의존 슈뢰딩거 방정식이라고 한다. $V(x)$는 더 이상 에르미트 연산자가 아니고 실 함수이다.

스핀-1/2 계를 재고할 때 스핀-1/2 계에 대한 슈뢰딩거 방정식은 무엇인가? 주요 관심은 z축을 따라 정적이고 균일한 자기장과의 상호 작용으로 인해 전자의 스핀 상태가 시간에 따라 어떻게 변하는지 이해하는 것이다. 그러므로 이러한 계를 다루려면 상태 케트를 구하기 위해 슈뢰딩거 방정식을 푸는 데 중점을 두어야 한다. 전자와 자기장 사이의 상호 작용 퍼텐셜은 다음과 같이 연산자 형식으로 쓸 수 있다.

$$\hat{V}=\hat{\mu}.\hat{B} \tag{3.110}$$

여기서 $\hat{V}$는 에르미트 연산자, $\hat{\mu}$는 자기 모멘트 연산자, $\hat{B}$는 z축을 따른 자기장이다.

전자의 자기 모멘트는 스핀 S에 비례하며 다음과 같이 설명된다.

$$\hat{\mu}=-\left(\frac{e}{m_e c}\right)\hat{S} \tag{3.111}$$

$$\hat{B}=B_z k \tag{3.112}$$

$$\hat{V}=-\left(\frac{e}{m_e c}\right)\hat{S}.\,\hat{B} \tag{3.113}$$

우리는 주로 z축을 향하는 자기장과 전자의 상호 작용에 관심이 있으므로 해밀토니안의 상호 작용만 고려한다. 이러한 계에 대한 해밀토니안은 다음과 같이 간단히 주어진다.

$$\hat{H} = \hat{V} = -\left(\frac{eB_z}{m_e c}\right)\hat{S}_z \tag{3.114}$$

슈뢰딩거 방정식을 풀기 전에 스핀업 및 스핀다운 상태의 고유케트로된 해밀토니안 연산자를 사용하여 얻을 수 있는 것을 결정하는 것이 도움이 된다.

$$\hat{H}|\uparrow\rangle = -\frac{\hbar}{2}\left(\frac{eB_z}{m_e c}\right)\Big|\uparrow\rangle = -\frac{\hbar\,\omega}{2} \tag{3.115}$$

$$\hat{H}|\downarrow\rangle = \frac{\hbar}{2}\left(\frac{eB_z}{m_e c}\right)|\downarrow\rangle = \frac{\hbar\,\omega}{2} \tag{3.116}$$

여기서 ω는 뢰머(Larmor) 진동수로 알려져 있으며 다음과 같다.

$$\omega = \frac{eB_z}{m_e c} \tag{3.117}$$

해밀토니안 연산자는 스핀 연산자에 의존함으로 해밀토니안의 고유케트는 스핀 연산자의 고유케트와 동일하다. 스핀 고유케트는 전자가 정자기장과 상호 작용하는 동안 스핀 업 및 스핀 다운 상태에 있을 때 전자가 운반하는 에너지에 대한 정보를 얻는 데 사용할 수 있다.

앞의 슈뢰딩거 방정식을 어떻게 풀 수 있을까? 슈뢰딩거 방정식을 푸는 방법에는 여러 가지가 있다. 다음 절에서는 슈뢰딩거 방정식을 풀기 위한 두 가지 접근법, 즉 시간 진화 연산자와 변수 분리 접근법에 대해 논의할 것이다.

3.5.2 시간 진화 연산자

시간 "t"에서 계의 상태는 다음과 같이 정의된 시간 진화 연산자에 의해 초기 상태와 관련된다.

$$|\Psi, t\rangle = U(t, 0)|\Psi, 0\rangle \tag{3.118}$$

$U(t,\ 0)$은 시간 "t" 및 $t=0$에서 상태 벡터를 연결하는 시간 진화 연산자라고 한다. 이 시간 진화 연산자의 속성은 무엇인가?

확률 법칙에 따르면 계의 상태는 항상 규격화되어야 한다.

따라서,

$$\langle\Psi(t)|\Psi(t)\rangle = U^*(t, 0)U(t, 0)\langle\Psi(0)|\Psi(0)\rangle = 1 \tag{3.119}$$

그러므로

$$U^*(t, 0)U(t, 0) = 1 \tag{3.120}$$

이것은 시간 진화 연산자가 유나타리 연산자임을 보여준다. 이러한 연산자와 복소수 켤레의 곱은 확률 보존으로 인해 1 이어야 한다. 유니타리 연산자의 다른 속성은 이후 장에서 설명한다. 당분간은 유니타리 연산자를 적용하여 슈뢰딩거 방정식을 푼다.

유니타리 연산자의 관점에서 상태 벡터에 대한 슈뢰딩거 방정식은 다음과 같이 쓸 수 있다.

$$i\hbar\,\frac{\partial U(t, 0)}{\partial t} = \hat{H}U(t, 0) \tag{3.121}$$

앞의 방정식을 간단히 적분하면 다음과 같은 유니타리 연산자를 얻을 수 있다:

$$U(t, 0) = \exp\left(-\frac{i\hat{H}t}{\hbar}\right) \tag{3.122}$$

그래서

$$|\Psi, t\rangle = \exp\left(-\frac{i\hat{H}t}{\hbar}\right)|\Psi, 0\rangle \tag{3.123}$$

이므로

$$|\Psi, 0\rangle = c_\uparrow|\uparrow\rangle_z + c_\downarrow|\downarrow\rangle_z = c_\uparrow\ (t=0)|\uparrow\rangle + c_\downarrow(t=0)|\downarrow\rangle \tag{3.124}$$

해밀토니안 연산자는 시간에 독립적이며 시간 종속 상태 벡터는 다음과 같이 쓸 수 있다.

$$|\Psi, t\rangle = c_\uparrow(t)|\uparrow\rangle + c_\downarrow(t)|\downarrow\rangle \tag{3.125}$$

상태의 선형 중첩은 이제 시간 종속적이며 상태 벡터에 대한 모든 정보는 미래의 모든 시간에 대해 얻을 수 있다. 전개 계수 $c_\uparrow$ 및 $c_\downarrow$는 시간에 의존하며 다음과 같이 기술할 수 있다.

$$c_\uparrow(t) = c_\uparrow(0)e^{\frac{-i\omega t}{2}} \tag{3.126}$$

$$c_\downarrow(t) = c_\downarrow(0)e^{\frac{i\omega t}{2}} \tag{3.127}$$

(3.125)식은 다음과 같이 다시 쓸 수 있다.

$$|\Psi, t\rangle = c_\uparrow(0)e^{\frac{-i\omega t}{2}}|\uparrow\rangle + c_\downarrow(0)e^{\frac{i\omega t}{2}}|\downarrow\rangle \tag{3.128}$$

이 방법은 계의 양자 상태의 시간 진화가 관심 있고 계의 해밀토니안이 시간에 독립적 일때 잘 사용된다. 이러한 상태에서 파동 함수를 얻으려면 양자 상태를 파동 함수에 매핑하고 고유 상태를 고유 함수에 매핑하기만 하면 된다. 그러나 계의 파동 함수에 관심이 있을 경우 다음에 논의할 접근 방식이 가장 자주 사용된다.

개념적 질문 5: 식(3.123)에서 지수를 전개하라. 그리고 식(3.128)에서 상태 벡터를 유도하라.

3.5.3 변수의 분리: 시간 독립 슈뢰딩거 방정식

파동 함수에 대한 시간 종속 슈뢰딩거 방정식은 다음과 같다.

$$i\hbar\frac{\partial\Psi(x, t)}{\partial t} = -\frac{\hbar^2}{2m}\frac{\partial^2\Psi(x, t)}{\partial x^2} + V(x)\Psi(x, t) \tag{3.129}$$

앞의 식에서 $V(x)$는 시간과 무관하다. 이 경우 슈뢰딩거 방정식은 변수 분리법으로 풀 수 있다. 이 방법에서 파동 함수는 다음과 같이 공간 및 시간 함수의 곱으로 간단히 표현할 수 있다.

$$\Psi(x, t) = \psi(x)\varphi(t) \tag{3.130}$$

$\psi(x)$는 공간 좌표 "x"만의 함수이고 $\varphi(t)$는 시간 "t"만의 함수이다. 이러한 함수를 사용하면 슈뢰딩거 방정식은 다음과 같은 모양이 된다.

$$i\hbar\,\psi(x)\frac{d\varphi(t)}{dt} = -\frac{\hbar^2}{2m}\varphi(t)\frac{d^2\psi(x)}{dx^2} + V(x)\psi(x)\varphi(t) \tag{3.131}$$

앞 방정식을 $\psi(x)\varphi(t)$로 나누면

$$i\hbar\,\frac{1}{\varphi}\frac{d\varphi(t)}{dt} = -\frac{\hbar^2}{2m}\frac{1}{\psi}\frac{d^2\psi(x)}{dx^2} + V(x) \tag{3.132}$$

방정식의 좌변은 "t"만의 함수이고 우변은 "x"만의 함수이며 서로 독립적이다. 이것은 일정한 값이어야 함으로 방정식의 양변은 상수 값 E로 놓을 수 있다.

$$i\hbar\,\frac{1}{\varphi}\frac{d\varphi(t)}{dt} = E \tag{3.133}$$

$$i\hbar\,\frac{d\varphi(t)}{dt} = E\varphi \tag{3.134}$$

그리고

$$-\frac{\hbar^2}{2m}\frac{1}{\psi}\frac{d^2\psi(x)}{dx^2} + V(x) = E \tag{3.135}$$

$$-\frac{\hbar^2}{2m}\frac{d^2\psi(x)}{dx^2} + V(x)\psi = E\psi \tag{3.136}$$

을 얻는다.

앞의 방정식을 **시간 독립 슈뢰딩거 방정식**이라고 하며 2계 상미분 방정식이 된다. 퍼텐셜 함수가 시간에 독립적인 많은 계의 경우 변수 분리 방법을 적용하여 슈뢰딩거 방정식을 풀 수 있다. 앞의 방정식은 다음 장에서 논의할 경계 조건을 부과하여 풀 수 있다.

3.5.4 정상 상태

슈뢰딩거 방정식(3.134)의 시간 종속 부분의 해는 간단하며 다음과 같이 쓸 수 있다.

$$\varphi(t) = e^{-iEt/\hbar} \tag{3.137}$$

방정식(3.130)에서 파동 함수는 이제 다음과 같이 쓸 수 있다.

$$\Psi(x, t) = \psi(x)e^{-iEt/\hbar} \tag{3.138}$$

그리고 앞의 파동 함수의 경우 확률 밀도는 다음과 같다.

$$\rho(x, t) = |\Psi(x, t)|^2 = \psi(x)\psi(x)^* = \text{상수} \tag{3.139}$$

따라서 파동 함수의 확률 밀도는 시간과 무관하다. 이러한 양자 상태를 **정상 상태**라고 한다. 정상 상태라는 단어가 암시하듯이, 공간의 모든 지점에서 입자를 찾을 확률은 마치 입자가 정지해 있는 것처럼, 즉 "입자가 시간에 고정되어 있는 것처럼" 시간에 따라 일정하게 유지된다. 이러한 상태에서 입자의 에너지 측정은 정확한 값을 산출한다. 이러한 상태를 에너지 고유 상태 또는 결정 상태라고도 한다.

예제 3.4

다음 파동 함수의 확률 밀도를 결정하고 정상 상태인지 여부를 논하라.

$$\Psi(x, t) = Ae^{\frac{-i\omega t}{2}}\psi_1(x) \tag{3.140}$$

$$\Psi(x, t) = Ae^{\frac{-i\omega t}{2}}\psi_1(x) + Be^{\frac{i\omega t}{2}}\psi_2(x) \tag{3.141}$$

여기서 A와 B는 실 상수이다.

$$\rho(x, t) = |\Psi(x, t)|^2 = A^2\psi_1^2 = \text{상수} \tag{3.142}$$

$$\rho(x, t) = |\Psi(x, t)|^2 = A^2\psi_1^2 + B^2\psi_2^2 + AB\,(e^{-i\omega t} + e^{i\omega t}) \tag{3.143}$$

$$\rho(x, t) = |\Psi(x, t)|^2 = A^2\psi_1^2 + B^2\psi_2^2 + 2\,AB\,\cos(\omega t) \neq \text{상수} \tag{3.144}$$

식 (3.142)에서 파동 함수의 확률 밀도는 시간과 무관하다. 따라서 정상 상태인 반면 파동 함수 식(3.144)의 확률 밀도는 시간에 따라 달라진다. 따라서 정상 상태가 아니다.

문제

3.10 시간 $t=0$에서 2-상태 계의 파동 함수는 $\Psi(x, 0) = c_0u_0(x) + c_1u_1(x)$로 표시된다. 두 상태에서 계의 에너지가 E_0과 E_1이다. 유니타리 연산자를 적용하여 나중 "t"에서 파동 함수를 구하라. 상호작용 해밀토니안이 시간에 독립적이라고 가정할 수 있다. 또한 나중 "t"에서의 확률 밀도를 구하라. 마지막으로, 시간 $t=0$과 시간 "t"에서의 확률 밀도를 비교하라. 차이점이 있는가? 그렇다면 기술하라.

3.11 시간 $t=0$에서 입자의 가우스 파동함수는 $\Psi(x, 0) = Ae^{-\gamma x^2}$로 주어진다. 여기서 A와 γ는 양의 상수이다. 시간 $t=0$에서 $\hat{H}$의 기대값을 구하라.

3.12 이번 장에서는 슈뢰딩거 방정식을 풀기 위해 두 가지 접근 방식(시간 진화 연산자 및 변수 분리)을 논의했다. 이 두 가지 방법을 적용하여 양자계에 대한 어떤 정보를 추출하는지 설명하라.

3.13 정상 상태, 고유 상태 및 결정 상태 사이의 공통점은 무엇인가? 이러한 상태의 확률 밀도는 시간에 따라 어떻게 변하는가?

3.6 확률의 보존

고전역학에서 계의 운동량 및 에너지와 같은 물리적 변수는 계가 닫히고 고립될 때 보존된 양이며, 이는 이러한 변수가 시간적으로 일정하게 유지된다는 것을 의미한다. 양자역학에서 한 가지 중요한 양은 공간의 특정 영역에서 입자를 찾을 확률이다. 따라서 계의 확률이 보존된 양인지 여부를 찾아야 한다.

계의 확률밀도는 다음과 같다:

$$P = \int \psi^*(x, t)\psi(x, t)\, dx \tag{3.145}$$

확률이 보존되려면 다음이 필요하다:

$$\frac{\partial P}{\partial t} = \int \frac{\partial(\psi^*(x, t)\psi(x, t))}{\partial t}\, dx = 0 \tag{3.146}$$

이것을 증명할 수 있는지 알아보자.

$$\int \frac{\partial(\psi^*\psi)}{\partial t}\, dx = \int \frac{\partial \psi^*}{\partial t}\psi\, dx + \int \frac{\partial \psi}{\partial t}\psi^*\, dx \tag{3.147}$$

슈뢰딩거 방정식은 다음과 같다.

$$i\hbar \frac{\partial \psi(x, t)}{\partial t} = H\, \psi(x, t) \tag{3.148}$$

여기서 H는 계의 해밀토니안 연산자이다.

앞 식의 복소 켤레는 다음과 같다.

$$-i\hbar \frac{\partial \psi^*(x, t)}{\partial t} = H^*\psi^*(x, t) \tag{3.149}$$

따라서 식 (3.148)과 (3.149)를 식 (3.147)에 대입하면 다음을 얻는다.

$$\int \frac{\partial(\psi^*\psi)}{\partial t}\, dx = \frac{i}{\hbar}\int (\psi H^*\psi^* - \psi^* H\, \psi)\, dx \tag{3.150}$$

앞의 적분이 0이 되려면 다음이 필요하다.

$$H^*\psi^* = E\psi^*; \quad H\psi = E\psi \tag{3.151}$$

여기서 'E'은 실수($E = E^*$)이며, 이것은 H가 에르미션 연산자($H^* = H$)여야 함을 의미한다. 방정식(3.151)을 방정식(3.150)에 대입하면 다음을 얻는다.

$$\frac{\partial P}{\partial t} = \int \frac{\partial(\psi^*\psi)}{\partial t}\, dx = \frac{i}{\hbar}\int E(\psi\psi^* - \psi^*\psi)\, dx = 0 \tag{3.152}$$

$$P = \text{const.} \tag{3.153}$$

따라서 양자계의 확률이 보존되기 위해서는 계의 해밀토니안 연산자가 에르미션 연산자여야 한다.

문제

3.14 상태가

$$\Psi(x, t) = Ae^{\frac{-i\omega t}{2}}\psi_1(x) \tag{3.140}$$

$$\Psi\,(x, t) = Ae^{\frac{-i\omega t}{2}}\psi_1(x) + Be^{\frac{i\omega t}{2}}\psi_2(x) \tag{3.141}$$

로 주어졌다.

이러한 정상 및 비정상 상태에 해당하는 양자계의 확률은 보존량임을 보여라.

3.7 하이젠버그의 불확정성 원리

우리는 양자역학계와 관련된 "불확정성"이 양자역학과 고전역학을 매우 다르게 만든다는 것을 보여줌으로써 이 장을 시작했다. 이러한 불확정성을 설명하는 기본 원리를 하이젠버그의 불확정성 원리라고 한다. 이 원리는 양자역학의 핵심을 기술한다. 이 원리가 없다면 양자역학은 결정적이고 고전역학과 같을 것이다. 관측할 수 있는 모든 물리량은 예측할 수 없는 요동에 노출되어 그 값을 동시에 정확하게 결정할 수 없음을 알려준다. 이러한 불확실성은 본질적으로 계에 대한 정보 부족으로 인한 것이 아니다. 주식시장, 일기예보, 경제학과 같은 다른 분야도 계에 불확실성이 있지만 이러한 불확실성은 주로 정보 부족에 기인한다. 이 불확정성과 관련된 양자역학계의 문제는 기술적으로 진보된 장치를 만들어도 극복할 수 없다. 따라서 양자역학은 통계 이론이며 동일한 계의 앙상블에 대한 명확한 예측을 할 수 있지만 개별 계에 대한 명확한 예측은 할 수 없다.

다음 절에서는 하이젠베르크의 불확정성 원리의 수학적 기초를 논의한다. 계의 두 물리적 관측량 "M"과 "P"를 고려하자. 이러한 물리적 관측량은 연산자 $\widehat{M}$ 및 $\hat{P}$로 표시된다. 이러한 관측량은 측정 값에 불확실성이 있다. 이 값의 불확실성은 표준 편차 연산자를 사용하여 계산할 수 있으며 다음 형식으로 주어진다.

$$\Delta\hat{M} = \hat{M} - \langle\hat{M}\rangle \tag{3.154}$$

여기서 기대값은 고려 중인 물리적 상태에서의 값이다. 표준 편차 연산자의 제곱의 기대값을 관측량 "M"의 불확정도라고 하며 다음과 같다.

$$\langle(\Delta\hat{M})^2\rangle = \langle(\hat{M}^2 - 2\hat{M}\langle\hat{M}\rangle + \langle\hat{M}\rangle^2)\rangle = \langle\hat{M}^2\rangle - \langle\hat{M}\rangle^2 \tag{3.155}$$

유사하게 P에서는

$$\langle(\Delta P)^2\rangle = \langle\hat{P}^2\rangle - \langle\hat{P}\rangle^2 \tag{3.156}$$

이다.

하이젠버그의 불확정성 원리에 따르면

$$\langle(\Delta\hat{M})^2\rangle\langle(\Delta P)^2\rangle \;\geq \left(\frac{1}{2i}\langle[\hat{M}, \hat{P}]\rangle\right)^2 \tag{3.157}$$

여기서 $[\hat{M}, \hat{P}] = \hat{M}\hat{P} - \hat{P}\hat{M}$는 교환자 괄호이다. 이러한 불확정성은 관측량의 교환자에 따라 달라진다. 두 관측값의 교환자 괄호가 0이면 동시에 값을 측정하는 데 불확실성이 없다. 이러한 관측량은 동시 고유 함수를 가지며 호환 가능한 관측량이라고 한다. 교환자가 0이 아닌 관측량을 호환되지 않는 관측량이라고 한다. 예를 들어 위치와 운동량은 양립할 수 없는 관측량이며 불확실성 원리를 사용하면 위치 및 운동량 불확실성은 다음과 같다.

$$\langle(\Delta\hat{x})^2\rangle\langle(\Delta p)^2\rangle \geq \left(\frac{1}{2i}\langle[\hat{x}, \hat{p}]\rangle\right)^2 \tag{3.158}$$

$$[\hat{x}, \hat{p}] = i\hbar \tag{3.159}$$

그러므로

$$\langle(\Delta\hat{x})^2\rangle\langle(\Delta p)^2\rangle \geq \frac{\hbar^2}{4} \tag{3.160}$$

위치 및 운동량의 표준 편차 또는 불확실성을 다음과 같이 표시한다.

$$\sigma_x^2 = \langle(\Delta\hat{x})^2\rangle \text{ and } \sigma_p^2 = \langle(\Delta\hat{p})^2\rangle$$

이러한 표기법을 사용하는 불확정성 원리는 다음과 같이 쓸 수 있다.

$$\sigma_x^2\sigma_p^2 \geq \frac{\hbar^2}{4} \tag{3.161}$$

일부 책에서는 표준 편차 $\sigma_x = \Delta x$ 및 $\sigma_p = \Delta p$에 다음 표기법을 사용한다.

$$\Delta x \, \Delta p \geq \frac{\hbar}{2} \tag{3.162}$$

앞의 방정식은 위치 측정이 정확도 Δx로 이루어지고 운동량 측정이 정확도 Δp와 동시에 이루어지면 두 곱이 $(\hbar/2)$보다 작을 수 없음을 의미한다.

유사하게, 에너지 및 시간 불확실성 관계는 다음과 같이 주어진다.

$$\Delta E \Delta t \geq \frac{\hbar}{2} \tag{3.163}$$

역학량의 함수인 독립 변수와 다르게 시간 "t"는 관측량이 아니므로 Δt는 시간 측정의 오차가 아니라 계가 의미있게 변화되는 데 걸리는 시간이다. 에너지-시간 불확정성 관계를 이해하기 위하여 시간 간격 Δt 동안 복사장에서 에너지 양자를 흡수하는 원자를 고려하자. 원자로 전달된 에너지는 ΔE이고 이 에너지의 전달은 시간 간격 Δt 내에서 발생한다. 따라서, 전달된 에너지와 에너지가 전달되는 시간 간격의 곱은 항상 식(3.163)에 주어진 작은 수보다 클 것이다. 얼마나 많은 에너지가 원자로 전달되는지(ΔE) 정확하게 안다면 에너지 전달에 걸리는 시간(Δt)에 대해 불확실하다.

(3.162)식은 운동량과 위치의 다른 성분으로 일반화할 수 있다.

$$\Delta y \, \Delta p_y \geq \frac{\hbar}{2} \tag{3.164}$$

$$\Delta z \, \Delta p_z \geq \frac{\hbar}{2} \tag{3.165}$$

3.7.1 불확정성 원리의 증명

3.7.1.1 슈바르츠 부등식

유클리드 공간에서 두 벡터 "a"와 "b"는 슈바르츠 부등식이라고 하는 다음 부등식을 만족한다.

$$|a|^2|b|^2 \geq |a.\ b|^2 \tag{3.166}$$

유사하게, 복소 벡터 공간에서 두 벡터 $|\psi\rangle$, $|\phi\rangle$에 대한 슈바르츠 부등식은 다음과 같이 쓸 수 있다.

$$\langle\psi|\psi\rangle\langle\phi|\phi\rangle \geq \left|\langle\psi|\phi\rangle\right|^2 \tag{3.167}$$

이제 두 관측량 $\hat{A}$와 $\hat{B}$를 고려하자. 표준 편차(불확정도)의 연산자는 $\Delta\hat{A}$ & $\Delta\hat{B}$이다. 슈바르츠의 부등식을 사용하여 이러한 연산자의 곱은 다음과 같이 쓸 수 있다:

$$\langle(\Delta\hat{A})^2\rangle\langle(\Delta\hat{B})^2\rangle \geq |\langle\Delta\hat{A}.\Delta\hat{B}\rangle|^2 \tag{3.168}$$

관측량 $\hat{A}$ 및 $\hat{B}$에 대한 교환자는 다음과 같이 쓸 수 있다:

$$\begin{aligned}[\hat{A},\ \hat{B}\ ] &= \langle\psi|\hat{A}\,\hat{B}|\psi\rangle - \langle\psi|\hat{B}\,\hat{A}|\psi\rangle \\ &= \langle\hat{A}\hat{B}\rangle - \langle\hat{B}\hat{A}\rangle\end{aligned} \tag{3.169}$$

또한 $\hat{A}$와 $\hat{B}$의 반-교환자는 다음과 같이 쓸 수 있다:

$$\begin{aligned}\{\hat{A},\ \hat{B}\ \} &= \langle\psi|\hat{A}\,\hat{B}|\psi\rangle + \langle\psi|\hat{B}\,\hat{A}\ |\psi\rangle \\ &= \langle\hat{A}\hat{B}\rangle + \langle\hat{B}\hat{A}\rangle\end{aligned} \tag{3.170}$$

따라서 앞의 두 방정식을 더하면 다음을 얻는다.

$$\langle\hat{A}\hat{B}\rangle = \frac{[\hat{A},\ \hat{B}\ ]}{2} + \frac{\{\hat{A},\ \hat{B}\}}{2}. \tag{3.171}$$

유사하게, 앞 연산자의 표준 편차 연산자의 경우 곱은 다음과 같이 쓸 수 있다.

$$\langle\Delta\hat{A}.\Delta\hat{B}\rangle = \frac{[\Delta\hat{A},\ \Delta\hat{B}]}{2} + \frac{\{\Delta\hat{A},\ \Delta\hat{B}\}}{2} \tag{3.172}$$

반교환자를 소거하면 다음을 얻을 수 있다.

$$\langle\Delta\hat{A}.\Delta\hat{B}\rangle \geq \frac{[\Delta\hat{A},\ \Delta\hat{B}]}{2} \tag{3.173}$$

그리고

$$[\Delta\hat{A},\ \Delta\hat{B}] = [\hat{A},\ \hat{B}] \tag{3.174}$$

이므로 식(3.174)을 사용하여 앞의 표준 편차 연산자에 대한 슈바르츠 부등식 (3.168)식을 다음과 같이 나타낼 수 있다.

$$\langle(\Delta\hat{A})^2\rangle\langle(\Delta\hat{B})^2\rangle \geq \left|\frac{[\hat{A}, \hat{B}]}{2}\right|^2 \tag{3.175}$$

또는

$$\langle(\Delta\hat{A})^2\rangle\langle(\Delta\hat{B})^2\rangle \geq \left|\frac{[\hat{A}, \hat{B}]}{2i}\right|^2 \tag{3.176}$$

이 증명은 불확정성의 원리가 양자역학의 수학적 구조로부터 간단히 얻어질 수 있음을 보여준다.

> 불확정성 원리는 양자 이론이 다루는 다양한 양의 동시 값에 대한 가능한 지식의 불확정성의 정도를 나타낸다. 예를 들어 위치 측정만 또는 속도 측정만의 경우 정확성을 제한하지 않는다.
>
> **위너 하이젠버그**
> 양자론의 물리적 원리

3.7.2 원리의 응용

3.7.2.1 하이젠버그의 현미경

현미경의 분해능은 "서로 매우 가까이 위치한 점들을 구별하는 이미지를 생성하는 현미경의 능력"이다. 간단히 말해서 그것은 정확도를 나타낸다:

위치 결정에서,

$$\Delta x = \frac{\lambda}{\sin(\theta)} \tag{3.177}$$

여기서 λ는 렌즈에 입사하는 복사선의 파장이고 θ는 그림 3.6에서와 같이 위치 P에서 입자에 대응하는 반각이다.

현미경이 빛을 사용하여 위치 P에 있는 입자를 찾는 데 사용된다고 가정해 보자. 그림 3.6은 그러한 현미경을 명확하게 보여준다. P에 위치한 입자를 현미경으로 관측할 때 이 입자가 정확히 P에 있다는 결론을 내릴 수 없다. 왜냐하면 P 지점의 왼쪽이나 오른쪽에 약간 위치하더라도 이미지는 여전히 동일하게 나타날 것이기 때문이다. 방정식(3.177)과 같이 현미경의 분해능에 대한 제한 때문에 이미지가 동일하게 나타난다. 따라서 점 P에 대한 입자의 위치를 찾으려고 할 때 식(3.177)에 의해 주어진 위치의 불확실성에 항상 직면하게 된다. 우리는 점 P를 직경이 Δx인 점으로 관측할 것이다.

입자가 현미경의 시야에 들어오기 전에 운동량 $p_x = mv_x$를 갖고 x축을 따라 움직이게 하자. 현미경에서 점과 같은 입자를 본 후에는 빛과의 상호 작용으로 인해 운동량이 변화한다. 이 상호 작용은 단순히 빛의 광자와 입자 사이의 충돌이다. 이러한 충돌은 완벽한 탄성이 있는 두 볼 사이의 충돌에 비유될 수 있으며, 광자는 입자로 부터 차여 빗나가게 된다. 이 차임을 콤프턴 반동이라고 하며 산란된 광자의 방향이 현미경으로 들어오는 광선 다발 내에서 결정되지 않기 때문에 정확히 알 수 없다.

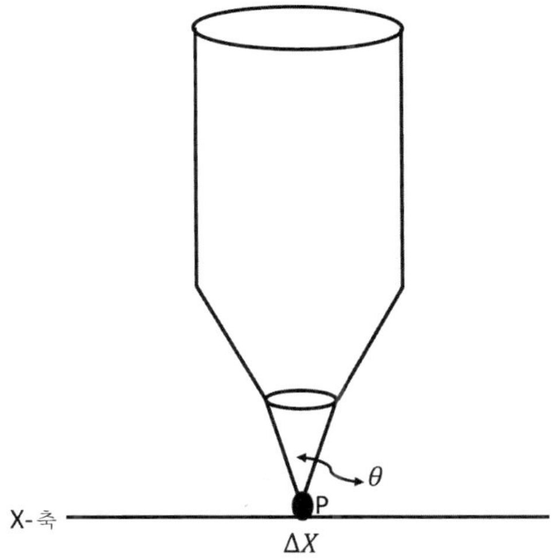

그림 3.6 이 개략도는 하이젠버그의 현미경을 보여준다.

x축을 따르는 입자의 변경된 운동량은 다음과 같다.

$$\Delta p_x = \frac{h}{\lambda}\sin(\theta) \tag{3.178}$$

변화된 운동량은 관측 후 입자 운동량의 불확정도이다. 따라서 이제 앞의 두 불확정도를 곱하면 다음을 얻는다.

$$\Delta x\, \Delta p_x = h \tag{3.179}$$

이 결과는 사용된 현미경과 입자를 조명하는 데 사용된 파장과 관계없이 항상 동일하다. 이 실험은 입자의 위치를 결정하려는 모든 시도가 운동량에 교란을 일으킬 것임을 분명히 보여준다. 따라서 입자의 운동량과 위치를 동시에 결정할 수 없다. 위치 및 운동량 측정의 이러한 불정확성은 기술적으로 발전된 장치가 부족하기 때문이 아니라 양자역학의 이론적 토대 때문이다. 하이젠버그의 불확실성은 측정에 대한 이론적 한계다.

3.7.2.2 원자의 궤도 정의

원자핵 주위를 도는 전자의 경로를 결정하려는 모든 시도는 어려움을 겪었다. 이것은 주로 불확정성 원리 때문이다. 전자의 경로를 결정하려면 특정 시간에 전자의 위치를 찾아야 하지만 전자의 위치를 정확하게 찾으려는 시도는 운동량을 크게 방해할 것이다. 현미경에 대해서 앞 절에서 논의한 바와 같이, 전자의 위치를 파악하려면 그러한 전자에 복사선을 조사해야 한다. 복사선과 전자 사이의 상호 작용은 전자가 경로를 벗어나 다음 궤도로 밀어지는 방식으로 운동량을 방해한다. 따라서 입자를 관측하는 데 사용되는 복사량은 전자를 다른 궤도로 보낼 뿐만 아니라 예측 및 제어할 수 없는 궤도로 보내기 때문에 현미경으로 관측하여 궤도에서 움직이는 입자를 추적하는 것은 불가능하다. 즉, 불확정성 원리에 따르면, 핵 주위를 움직이는 전자는 고전적인 견해와 달리 잘 정의된 경로가 없다.

문제

3.15 식(3.168)에서 표준편차 연산자 $(\Delta\hat{A})^2$과 $(\Delta\hat{B})^2$에 대한 슈바르츠 부등식에 대해서 설명한다. 이 연산자를 $\Delta\hat{A}$와 $\Delta\hat{B}$로 바꾸면 슈바르츠 부등식은 어떻게 되는가? 연산자 $\Delta\hat{A}$와 $\Delta\hat{B}$의 기대값을 구하라.

3.16 $[\Delta\hat{A},\ \Delta\hat{B}] = [\hat{A},\ \hat{B}]$을 증명하라.

3.17 사고 실험을 사용하여 위치-운동량 및 에너지-시간 불확실성 관계의 물리적 의미를 설명하라.

3.18 $[\hat{x}^2,\ \hat{p}^2]$를 계산하고 그 연산자에 대한 슈바르츠 부등식을 유도하라.

3.19 양자역학의 예측 불가능성과 주식 시장 예측 불가능성의 주요 차이점은 무엇인가? 설명하라.

3.20 그림 3.7과 3.8에 주어진 적절한 상자로 순서도를 채워라.

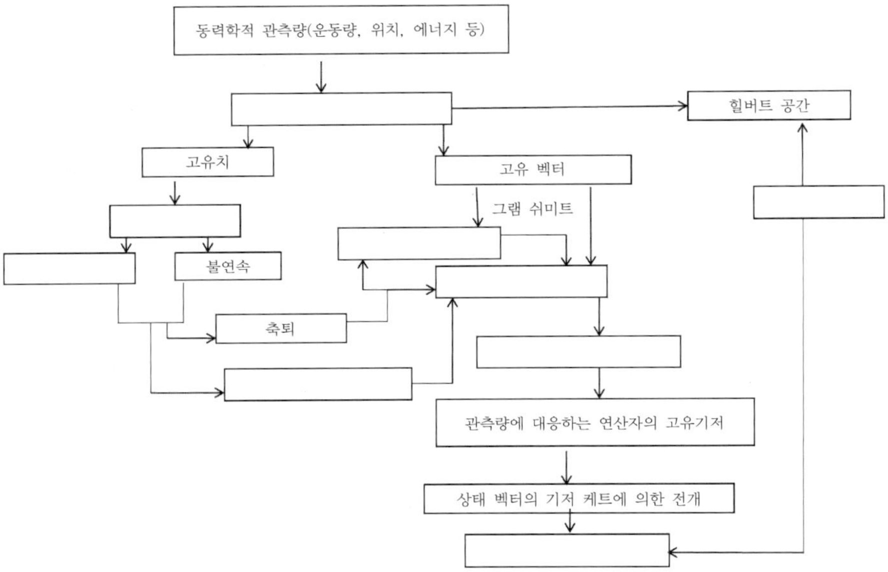

| 그림 3.7

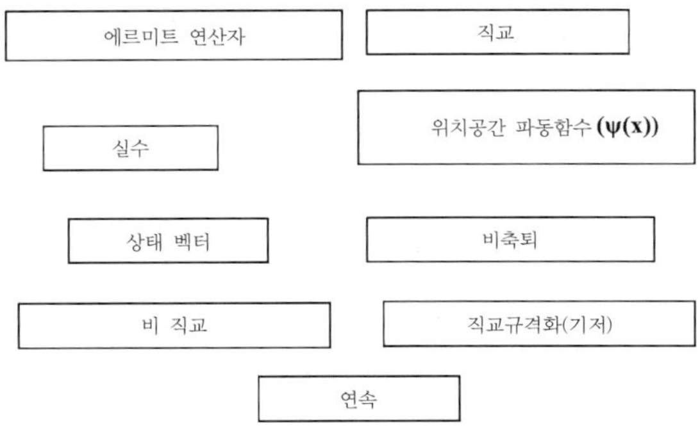

| 그림 3.8

3.8 행렬 역학

양자역학이론의 토대를 마련한 두 가지 동등한 수학적 이론은 파동 역학과 행렬 역학이다. 파동 역학은 입자와 파동에 대한 고전적 아이디어에 뿌리를 두고 있으므로 이해하기 더 쉬워 보인다. 동시에 양자 현상의 복잡성은 그러한 아이디어에 도전한다. 예를 들어, 양자 입자의 파동 함수는 입자와 관련된 확률 파동을 나타내며, 파동 함수의 절대 제곱은 입자의 확률 밀도를 제공하며 큰 의미가 있다. 그러나 파동 함수의 절대값인 확률 진폭은 그다지 중요하지 않다. 실험적으로 직접 확률 밀도만 결정할 수 있고 확률 진폭은 결정할 수 없다. 확률 진폭이 실험적으로 결정될 수 없다면 그 의미는 불합리해진다. 그러나 탄성파나 음파와 같은 파동의 경우 절대 진폭이 음의 세기를 결정하며 매우 중요하다. 양자 입자와 관련된 파동의 확률 진폭과 음파의 절대 진폭 사이의 이러한 대조는 혼란을 야기할 수 있다. 반면에 행렬 역학은 물리적 현상을 직접적으로 도식화 할수 있는 방법을 제공하지 않는다. 더 추상적이고 수학적으로 복잡하지만 오해의 가능성을 제거한다. 그러나 일부 문제의 경우 파동 역학이 더 쉬운 해를 제공하는 반면 어떤 문제의 경우 행렬 역학이 더 나은 접근 방식일 수 있다. 이 책에서 우리는 두 가지 방법을 동시에 사용할 경우의 혼동을 피하기위해 의도적으로 책 전체에 걸쳐 파동 역학을 사용했다. 여기에서는 학생들이 행렬 역학에 익숙해지도록 돕기 위해 행렬 역학에 대한 간략한 소개를 제공한다.

행렬이란 무엇인가?

행렬은 행과 열로 배열된 숫자 또는 기호의 직사각형 배열이다. 행렬의 크기는 포함된 행과 열의 수로 정의됩니다. n개의 행과 m개의 열이 있는 행렬을 $n \times m$ 행렬이라고 하고 그것을 행과 열을 차원이라고 한다. 따라서 $n \times m$ 행렬은 $n \times m$ 차원을 갖는다. 예를 들면

$$\begin{bmatrix} 0 & 1 \\ 1 & 0 \end{bmatrix} \tag{3.180}$$

는 2×2행렬이다. 행렬에서 각각의 수를 행렬원소라 부른다.

행이 하나인 행렬을 행 행렬이라고 하고 열이 하나인 행렬을 열 행렬이라고 한다. 벡터 공간의 벡터는 행렬로 나타낼 수 있다. 이제 이 장의 시작 부분에서 논의한 전자의 스핀 상태의 중첩 상태로 돌아가 보자.

$$|\Psi\rangle = c_{\uparrow}|\uparrow\rangle_z + c_{\downarrow}|\downarrow\rangle_z \tag{3.5}$$

이러한 상태 벡터를 행렬로 표현하는 방법은 무엇인가?

우리는 스핀업 및 스핀다운 벡터가 2D 벡터 공간에 있다는 것을 알고 있다. 따라서 스핀업 케트 벡터는 다음과 같이 나타낼 수 있다.

$$|\uparrow\rangle_z = \begin{bmatrix} 1 \\ 0 \end{bmatrix} \tag{3.181}$$

이것은 2D 열 행렬이며 스피너(멋진 이름!)라고도 한다.

유사하게

$$|\downarrow\rangle_z = \begin{bmatrix} 0 \\ 1 \end{bmatrix} \tag{3.182}$$

상태벡터는 다음과 같이 쓸 수 있다.

$$|\Psi\rangle = c_{\uparrow}\begin{bmatrix} 1 \\ 0 \end{bmatrix} + c_{\downarrow}\begin{bmatrix} 0 \\ 1 \end{bmatrix} \tag{3.183}$$

그러므로

$$|\Psi\rangle = \begin{bmatrix} c_{\uparrow} \\ c_{\downarrow} \end{bmatrix} \tag{3.184}$$

여기서 $|\downarrow\rangle_z$ & $|\uparrow\rangle_z$가 직교하는 것을 확인할 수 있다. 이 두 열 행렬의 행렬 곱을 시도하자. $|\Psi\rangle$ 벡터 공간에서 상태 벡터인 경우 $c_{\uparrow}$ 및 $c_{\downarrow}$는 각각은 이러한 벡터의 성분을 나타낸다. 벡터뿐만 아니라 연산자도 행렬로 나타낼 수 있다.

예를 들어, $\hat{S}_z$는 2×2 행렬로 나타낼 수 있다.

$$\hat{S}_z = \frac{\hbar}{2}\begin{bmatrix} 1 & 0 \\ 0 & -1 \end{bmatrix} \tag{3.185}$$

$$\hat{S}_z|\uparrow\rangle_z = \frac{\hbar}{2}\begin{bmatrix} 1 & 0 \\ 0 & -1 \end{bmatrix}\begin{bmatrix} 1 \\ 0 \end{bmatrix} = \frac{\hbar}{2}\begin{bmatrix} 1 \\ 0 \end{bmatrix} = \frac{\hbar}{2}|\uparrow\rangle_z \tag{3.186}$$

여기서 $+(\hbar/2)$는 스핀다운 케트 벡터에 해당하는 $\hat{S}_z$의 고유값이며, 연산자 $\hat{S}_z$의 고유 벡터라고도 한다. 스핀다운 케트 벡터에 대해 동일한 단계로 성립된다.

따라서 행렬 역학에서 상태 벡터와 연산자는 모두 행렬로 표현된다. 이 접근 방식을 사용하여 다차원 계를 표현하는 것이 더 쉬워진다.

스핀 벡터의 X 및 Y 성분은 다음 행렬로 나타낼 수 있다.

$$\hat{S}_x = \frac{\hbar}{2}\begin{bmatrix} 0 & 1 \\ 1 & 0 \end{bmatrix}, \quad \hat{S}_y = \frac{\hbar}{2}\begin{bmatrix} 0 & -i \\ i & 0 \end{bmatrix} \tag{3.187}$$

연산자의 고유벡터, $\hat{S}_x$과 $\hat{S}_y$는 다음과 같이 주어진다.

$$|\uparrow\rangle_x = \frac{1}{\sqrt{2}}\begin{bmatrix} 1 \\ 1 \end{bmatrix}, \quad |\downarrow\rangle_x = \frac{1}{\sqrt{2}}\begin{bmatrix} 1 \\ -1 \end{bmatrix} \tag{3.188}$$

$$|\uparrow\rangle_y = \frac{1}{\sqrt{2}}\begin{bmatrix} 1 \\ i \end{bmatrix}, \quad |\downarrow\rangle_y = \frac{1}{\sqrt{2}}\begin{bmatrix} 1 \\ -i \end{bmatrix} \tag{3.189}$$

우리는 행렬 역학의 개념을 더 이상 발전시키지 않고 여기서 논의를 끝낸다.

3.9 튜토리얼

3.9.1 스핀-1/2

목적

전자의 스핀을 이해하기 위하여 블로흐 벡터를 사용하여 균일한 자기장내에서 전자의 스핀이 시간에 따라 어떻게 변하는지 이해한다.

개념

- 입자의 고유 각운동량을 스핀이라고 한다. 그 관측량은 $\hat{S}_z$로 표시한다.
- 실험적으로 측정된 전자의 스핀 값은 $+\frac{\hbar}{2}$(spin-up) 및 $-\frac{\hbar}{2}$(spin-down)이다. 여기서 $\hbar$는 플랑크 상수이다.
- 전자는 스핀으로 인해 자기 모멘트를 가지며 그것은 $\hat{\mu} = -\left(\frac{e}{m_e c}\right)\hat{S}$으로 주어진다.
- 전자의 자기 모멘트와 외부 균일 정상 자기장 사이의 상호 작용은 뢰머 진동수($\omega = \frac{eB_z}{m_e c}$)라고 하는 진동수로 자기장 축을 중심으로 전자의 회전 세차를 유발한다.
- 블로흐 구는 입자의 회전 상태를 시각화하는 도구이다. 블로흐 구를 사용하여 전자 스핀의 중첩 상태는 다음과 같이 쓸 수 있다.

$$|\psi\rangle = \cos\frac{\theta}{2}\left|\uparrow\right\rangle + \sin\frac{\theta}{2}e^{i\varphi}|\downarrow\rangle.$$

질문 1 실험에서 N개의 전자빔이 균일한 자기장을 통과하게 하고 두 개의 서로 다른 스핀 값을 측정한다. 측정 전 전자의 상태에 대한 수학적 표현을 작성하라. 측정에서 전자의 절반은 $+\frac{\hbar}{2}$(스핀-업) 값을 산출하고 나머지 절반은 $-\frac{\hbar}{2}$(스핀-다운)을 산출한다. 측정 후 전자의 상태를 설명하라.

질문 2 실험에서 N개의 전자빔이 균일한 자기장을 통과하게 하고 5개의 서로 다른 스핀 값을 측정한다. 측정 전 전자의 상태에 대한 수학적 표현을 작성하라.

질문 3 실험에서 스핀의 한 값만 측정된다. 측정 전 전자의 상태에 대한 수학적 표현을 작성하라.

질문 4 균일한 자기장과 상호작용하는 전자에 대한 슈뢰딩거 방정식을 작성하라.

다음 시뮬레이션을 사용하여 다음 질문에 답하라. https://www.st-andrews.ac.uk/physics/quvis/simulations_html5/sims/blochsphere/blochsphere.html

질문 5 전자 스핀의 시간 종속 상태는 다음과 같이 쓸 수 있다.

$$|\Psi,\ t\rangle = c_{\uparrow}(0)e^{-\frac{i\omega t}{2}}\Big|\uparrow\rangle + c_{\downarrow}(0)e^{\frac{i\omega t}{2}}|\downarrow\rangle$$

이러한 상태는

$$|\Psi,\ t\rangle = c_{\uparrow}(0)e^{-\frac{i\omega t}{2}}\Big|\uparrow\rangle + c_{\downarrow}(0)e^{\frac{i\omega t}{2}}|\downarrow\rangle$$

과 같은 블록 상태로 동등하게 기록될 수 있음을 보여라

각도 φ는 상수인가 또는 시간 종속 변수인가? 뢰머 진동수로 그 각도를 결정하라.

질문 6 다음 시뮬레이션을 사용하라.
https://www.st-andrews.ac.uk/physics/quvis/simulations_html5/sims/bloch-timedev/bloch-timedev.html 그리고 윈도화면의 왼쪽에 표시된 여러 상태를 공부하라. 다음 질문에 답하라.

a. 뢰머 진동수는 모든 상태에서 동일한가? 그 이유는 무엇인가? 설명하라.
b. 정상 상태가 있는가? 설명하라.
c. 외부 자기장이 없을 때 전자는 계속 세차운동을 할까?
d. 스핀 고유 상태를 결정 상태라고 하고 스핀 고유 상태의 중첩 상태를 불확정 상태라고 하는 이유를 설명하라.

3.9.2 파동 함수

목적

고전 함수와 양자역학계 파동 함수의 차이점 이해하기.

개념

- 고전적으로 위치, 운동량 및 에너지와 같은 계의 동력학적 변수는 $x(t)$, $p(t)$ 및 $E(t)$와 같은 시간의 함수로 기술된다.
- 이러한 함수는 경계 조건을 사용하여 계의 동력학적 방정식을 풀어 결정한다.
- 양자역학적으로, 계의 동력학적 변수는 $\hat{x}$, $\hat{p}$ 및 $\widehat{H}$와 같은 연산자로 기술된다.
- 양자역학계의 슈뢰딩거 방정식은 역학 방정식이다. 이러한 방정식을 경계 조건을 사용하여 풀면 계의 파동 함수가 결정된다.
- 이러한 파동 함수를 사용하여 양자역학계의 역학 변수의 평균을 결정한다.

질문 1 x축을 따라 움직이는 질량 "m"의 입자를 고려하면 입자에 작용하는 힘은 다음과 같이 주어진다.

$$F = m\,a$$

입자의 가속도는 일정하고 경계 조건은 $t=0$, $x(0)=0$, $v(0)=0$이다.
입자의 위치, 운동량 및 총 에너지 함수를 결정하라. 이 모든 변수가 시간의 함수임을 보여라.

질문 2 1차원 퍼텐셜 $V(x)$의 영향을 받는 질량 "m"의 양자역학적 입자를 고려하자. 그것은 두 개의 개별 에너지 준위로 구성된다. 에너지 고유값은 E_1 및 E_2이고 ϕ_1 및 ϕ_2는 에너지 고유 벡터이다. 그러한 계의 상태 벡터를 설명하라. 전개 계수의 의미를 설명하라.

기저 벡터는 무엇인가? 이러한 기저 벡터에 대한 완전성 관계를 기술하라.

질문 3 앞 방정식의 상태 벡터에서 그 계에 대한 파동 함수로 이어지는 수학적 단계를 작성하라. 에너지 고유 함수를 기술하라.

질문 4 파동함수의 의미를 설명하라. 양자역학계에서 파동 함수의 용도는 무엇인가?

질문 5 파동 함수를 사용하여 그 계에 대한 시간 종속 슈뢰딩거 방정식을 작성하라.

질문 6 앞의 방정식을 풀기 위해 어떤 방법을 사용하겠는가? 그 방법을 기술하라.

질문 7 시간 독립 슈뢰딩거 방정식을 작성하라. 시간 독립 파동 함수를 기술하라.

질문 8 양자 입자의 위치, 운동량 및 에너지와 같은 동력학 변수에 대한 정보를 얻으려면 어떻게 해야 하는가?

질문 9 양자역학계의 위치와 같은 동력학적 변수의 기대값으로 무엇을 이해하는가? 파동 함수를 사용하여 앞의 양자역학계의 위치 변수의 기대값에 대한 수학식을 작성하라.

질문 10 에너지 고유 상태 중 하나에서 처음 시작된 경우 앞의 양자역학계의 나중 시간 "t"에서 파동 함수를 작성하라.

질문 11 초기에 선형 중첩 상태에서 시작했다면 앞의 양자역학계의 나중에 시간 "t"에서 파동 함수를 작성하라.

질문 12 입자의 다음 파동함수 $\Psi(x) = c_1\varphi_1(x) + c_2\varphi_2(x)$를 고려하자.
입자 에너지의 기대값을 결정하라.

질문 13 입자의 다음 파동함수 $\Psi(x) = \varphi_1(x)$를 고려하자. 입자 에너지의 기대값을 결정하라.
12번 질문의 에너지 기대값과 이 입자의 에너지 기대값에 차이가 있는가?

질문 14 양자역학적 접근과 고전역학적 접근의 차이점을 생각나는 대로 기술하라.

4 양자 이론 공식의 응용-I

4.1 서론

이 장에서는 양자역학 이론 공식의 여러 응용에 대해 논의한다. 시간 독립 슈뢰딩거 방정식은 자유 입자, 무한 사각 퍼텐셜 우물내의 입자, 계단 퍼텐셜, 퍼텐셜 장벽 및 유한 사각 퍼텐셜 우물과 같은 간단한 양자계를 이해하는 데 적용된다.

4.2 자유 입자

이 절에서는 가장 단순한 경우인 자유 입자부터 시작한다. 양자역학 공식의 가장 기본적인 적용이다. 자유 입자는 입자에 힘이 작용하지 않으므로 입자와 환경 사이에 상호 작용이 없음을 의미한다. 간단하게 하기 위해 1차원 계만 고려한다. x축을 따라 움직이는 질량 "m"인 입자를 고려하자. 입자에 작용하는 힘이 없으므로 입자의 퍼텐셜 에너지 함수는 다음과 같이 0이다.

$$V(x) = 0 \tag{4.1}$$

입자의 해밀토니안 연산자는

$$\hat{H} = -\frac{\hbar^2}{2m}\frac{d^2}{dx^2} \tag{4.2}$$

이다.

입자의 총 에너지는 운동 에너지이며 양(+)이다. 입자의 에너지를 제한하는 경계가 없으므로 임의의 양수 값을 가질 수 있다. 이러한 에너지 값은 불연속적인 것이 아니고 연속적이다. 입자 운동에서 어떤 측면에 관심이 있을까?

고려해야 할 첫 번째 문제는 입자의 운동과 운동의 속성을 결정하는 것이다.

고전역학에 따르면 자유 입자는 직선을 따라 일정한 속도로 움직인다. 운동 에너지와 운동량은 시간에 따라 일정하다. 핵심 질문은 자유 양자 입자가 비슷한 방식으로 행동하는지 여부이다. 양자 입자의 운동을 결정하려면 파동 함수를 얻기 위해 자유 입자에 대해 슈뢰딩거 방정식을 풀어야 한다. 입자의 확률 밀도가 시간에 따라 어떻게 변하는지 연구함으로써 운동을 이해할 수 있을 것이다. 파동 함수를 사용하여 입자의 평균 에너지와 운동량을 계산할 수 있다.

입자의 파동함수는 다음과 같이 기술된다.

$$\langle x|\Psi\rangle = \Psi(x) \tag{4.3}$$

변수 분리 방법을 사용하여 입자의 슈뢰딩거 방정식을 공간 부분에 대해 풀고 시간 종속 함수를 포함하여 입자의 시간 종속 파동 함수를 구할 수 있다.

입자의 쉬뢰딩거 방정식은

$$\hat{H}\Psi(x) = E\Psi(x) \tag{4.4}$$

$$\frac{d^2\Psi(x)}{dx^2} = -k^2\,\Psi(x), \quad k^2 = \frac{2mE}{\hbar^2}\& \quad k = \mp\frac{\sqrt{2mE}}{\hbar} \tag{4.5}$$

이다.

앞의 방정식은 시간에 무관한 고전파의 방정식과 동일하다. 이것이 또한 슈뢰딩거 방정식에 대한 "파동 방정식"이라는 용어를 사용하게 한다. 앞 방정식의 해는 다음과 같다.

$$\Psi(x) = \alpha e^{ikx} + \beta e^{-ikx} \tag{4.6}$$

여기에서 α와 β는 임의의 상수이다.

앞 방정식에서 두 개의 고유 함수는 αe^{ikx} 및 βe^{-ikx} 이며, 이는 입자의 주어진 에너지 "E" 값의 운동량에서 또는 파동 벡터 "k"의 두 가지 가능한 방향에서의 함수이다. 양의 지수항은 오른쪽으로 이동하는 평면파를 나타내고, 음의 지수는 왼쪽으로 이동하는 평면파를 나타낸다. 따라서 입자의 파동 함수는 오른쪽과 왼쪽으로 움직이는 파동의 중첩이다.

시간 종속 파동 함수는 단순히 그 파동 함수에 인수 $\exp(-iEt/\hbar)$를 곱하여 얻을 수 있다.

$$\Psi(x, t) = \alpha e^{i(kx - \frac{E}{\hbar}t)} + \beta e^{-i(kx + \frac{E}{\hbar}t)} \tag{4.7}$$

앞의 파동 함수는 시공간에 따라 이동하는 평면파의 중첩을 나타낸다. 이 파동 함수에서 흥미로운 점은 입자와 관련된 평면파를 나타낸다는 것이다. 이것은 2장에서 논의한 것처럼 드 브로이가 양자 입자와 관련된 드 브로이 파동으로 예측했다. 그에 따르면, 양자역학적 입자는 공간에서 이동할 때 그와 관련된 파동을 가지고 있다. 이러한 파동의 운동량, 에너지 및 파장은 다음과 같이 정의된다.

$$p = \hbar k, \quad E = \frac{\hbar^2 k^2}{2m} = \frac{p^2}{2m}, \quad \lambda = \frac{2\pi}{|k|} \tag{4.8}$$

앞에서 보인 바와 같이 자유 양자 입자와 관련된 파동의 에너지는 고전 자유 입자의 에너지와 동일하다.

다음 단계는 입자의 파동 함수가 규격화 가능한지 여부를 결정하는 것이다. 단순화를 위해 오른쪽으로만 움직이는 입자와 파동 함수를 다음과 같이 고려한다.

$$\Psi(x, t) = \alpha e^{i(kx - \frac{E}{\hbar}t)} \tag{4.9}$$

입자의 확률 밀도는 시간이 지남에 따라 일정하게 유지되기 때문에 이러한 파동 함수를 "정상 상태" 파동 함수라고 한다. 앞의 파동 함수의 규격화는 다음과 같다.

$$\int_{-\infty}^{\infty} \Psi(x, t)\Psi(x, t)^*\, dx = |\alpha|^2 \int_{-\infty}^{\infty} dx = \infty \tag{4.10}$$

따라서 파동 함수는 규격화할 수 없다. 입자의 파동함수는 물리적으로 나타낼 수 없지만 그것이 입자의 파동함수가 무의미한 것은 아니다. 파동 함수를 이해하기 위해 위치 공간 파동 함수는 다음과 같이 운동량 공간 파동 함수 형식으로 표현된다. 모든 위치 공간 파동 함수는 운동량 공간 파동 함수의 위치 공간 파동 함수로의 역 푸리에 변환인 다음 방정식에 의해 운동량 공간 파동 함수 형식과 관련된다.

$$\Psi(x,t)=\frac{1}{\sqrt{2\pi}}\int_{-\infty}^{\infty}\varnothing(k)e^{i(kx-\frac{Et}{\hbar})}dk \quad (4.11)$$

이 파동 함수는 k의 해당 값과 관련된 k 및 에너지 범위($E=\frac{\hbar^2k^2}{2m}$)에 대해 규격화될 수 있다. 이러한 파동 함수는 평면파라기보다는 파속이라 설명한다. 파속은 진폭과 위상이 약간 변하는 파장의 파동 군으로 구성되어 공간의 작은 영역에서 보강 간섭을 일으키고 이 영역 외부에서는 상쇄 간섭으로 인해 0으로 감소하는 진폭을 생성한다.

(4.11)식에서 시간 종속성을 제거하면 다음 파동 함수가 얻어진다.

$$\Psi(x,0)=\frac{1}{\sqrt{2\pi}}\int_{-\infty}^{\infty}\varnothing(k)e^{i(kx)}\,dk \quad (4.12)$$

이 식의 푸리에 변환은 다음과 같다.

$$\varnothing(k)=\frac{1}{\sqrt{2\pi}}\int_{-\infty}^{\infty}\Psi(x,0)e^{-i(kx)}\,dx \quad (4.13)$$

따라서 $\varnothing(k)$의 형태를 도출하기 위해서는 자유 양자 입자의 초기 파동함수를 알아야 한다. 초기 파동 함수 $\Psi(x,0)$는 실제 양자 입자를 나타내기 위해 물리적으로 실현 가능한 것이어야 한다. 따라서 이러한 함수는 규격화할 수 있어야 한다.

예제 4.1 가우스 파속

초기 파동 함수가 가우스 함수이고 다음과 같이 주어진 자유 입자를 고려하자.

$$\Psi(x,0)=\alpha e^{-\gamma x^2} \quad (4.14)$$

α와 γ는 상수이고 γ는 양의 실수이다. 이 초기 파동 함수는 규격화할 수 있어야 한다.

앞의 함수의 규격화는 다음과 같다.

$$1=|\alpha|^2\int_{-\infty}^{\infty}e^{-2\gamma x^2}\,dx \quad (4.15)$$

$$1=|\alpha|^2\sqrt{\frac{\pi}{2\gamma}}\rightarrow\alpha=\left(\frac{2\gamma}{\pi}\right)^{1/4} \quad (4.16)$$

따라서 초기 파동 함수는 규격화할 수 있다. 입자에 대한 $\Psi(x,t)$를 결정할 필요가 있다. 따라서 운동량–공간 파동 함수는 식(4.13)을 적용하여 결정된다.

$$\varnothing(k)=\frac{1}{\sqrt{2\pi}}\int_{-\infty}^{\infty}\alpha e^{-\gamma x^2}e^{-i(kx)}dx=\frac{\alpha}{\sqrt{2\pi}}\sqrt{\frac{\pi}{\gamma}}e^{-k^2/4\gamma} \quad (4.17)$$

따라서 x 공간의 가우스 함수는 k 공간의 가우스 함수로 이어진다. 가우스 함수는 x 공간과 k 공간 사이에 고유한 대칭을 갖는다. 시간 "t" 시점에서 입자의 파동 함수는 이제 다음과 같이 쓸 수 있다:

$$\Psi(x,t) = \frac{1}{\sqrt{2\pi}}\left(\frac{2\gamma}{\pi}\right)^{1/4}\sqrt{\frac{\pi}{\gamma}}\int_{-\infty}^{\infty} e^{-k^2/4\gamma} e^{i(kx-\hbar\frac{k^2}{2m}t)}dk = \left(\frac{2\gamma}{\pi}\right)^{1/4}\frac{e^{-\gamma x^2/(1+i(\frac{2\hbar\gamma t}{m}))}}{\sqrt{1+i\left(\frac{2\hbar\gamma t}{m}\right)}} \quad (4.18)$$

따라서 위의 파동 함수의 확률 밀도는 $a = \frac{2\hbar\gamma t}{m}$로 놓고 다음과 같이 단순화할 수 있다.

$$|\Psi(x,t)|^2 = \left(\frac{2\gamma}{\pi}\right)^{1/2}\frac{e^{-2\gamma x^2/(1+a^2)}}{\sqrt{1+a^2}} \quad (4.19)$$

임의의 시간 $t>0$에서 위의 확률 밀도 함수 식(4.19)의 그래프는 퍼지는 가우스 함수이다. 이것은 무엇을 의미 하는가? 시간이 지남에 따라 입자의 확률 밀도가 공간에 퍼진다는 것을 의미한다. 이것은 또한 시간이 지남에 따라 입자가 비국소화되어 여러 공간 점으로 확산됨을 의미한다. 그림 4.1은 그러한 변화를 보여준다.

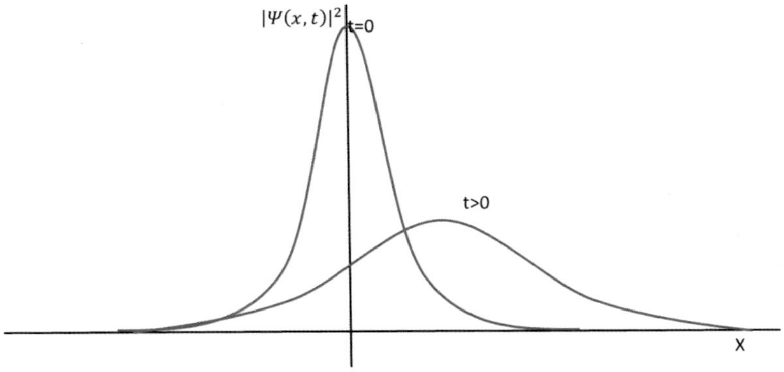

그림 4.1 이 그림은 가우스 함수인 파동 함수를 갖는 자유 입자의 다른 시간에서의 확률 밀도 분포를 보여준다.

> **개념적 질문 1**: 스핀-1/2의 상태 벡터는 이산 스핀 상태의 선형 중첩으로 설명된다. 여기서 자유 입자는 이산 에너지 상태를 갖지 않는다. 중첩의 원리는 자유 입자에 대해 여전히 유효한가? 이전 방정식 중 중첩의 원리가 적용되는 방정식은 어느 것인가?

자유 고전 입자는 일정한 속도로 움직인다. 양자 입자 또는 파속의 속도는 얼마인가?

이 질문에 답하려면 파속을 구성하는 요소를 이해하는 것이 중요하다. 그것은 중첩되고 공간의 다른 지점에서 보강적이고 소멸적인 간섭을 받는 개별 파동으로 구성된다. 따라서 이 파속에는 개별 파동의 속도와 중첩된 파동의 속도라는 두 가지 속도가 관련되어 있다. 개별 파동의 속도를 "위상 속도"라고 하며 다음 관계로 설명된다.

$$v_p = \frac{\omega}{k} \quad (4.20)$$

그리고

$$E = \hbar\omega = \frac{\hbar^2 k^2}{2m} \tag{4.21}$$

이므로

$$v_p = \frac{\omega}{k} = \frac{E}{\hbar k} = \frac{\hbar k}{2m} = \frac{p}{2m} \tag{4.22}$$

을 얻는다. 개별 파동은 입자의 고전적인 속도($v_{classical} = \frac{p}{m}$)의 절반으로 움직이는 것처럼 보입니다.

중첩된 파동 또는 군으로 함께 움직이는 파동의 속도를 군 속도라고 한다. 다음 관계식으로 주어진다.

$$v_g = \frac{\partial\omega}{\partial k} \tag{4.23}$$

그리고

$$E = \hbar\omega \tag{4.24}$$

이므로

$$\frac{\partial E}{\partial k} = \hbar\frac{\partial\omega}{\partial k} \tag{4.25}$$

를 얻는다.

$E = \frac{\hbar^2 k^2}{2m}$을 대입하면 앞의 방정식에서 다음과 같은 군 속도를 얻는다.

$$v_g = \frac{\partial\omega}{\partial k} = \frac{\hbar k}{m} = \frac{p}{m} \tag{4.26}$$

그래서

$$v_g = \frac{p}{m} = v_{classical} = 2v_p \tag{4.27}$$

표 4.1 고전 및 양자역학 입자의 차이점 요약

자유 고전 입자	자유 양자역학적 입자
공간의 특정 위치를 차지하는 점 같은 물체. 그것은 모든 부분이 같은 방향과 같은 속도로 움직이는 방식으로 움직인다. 단순히 공간의 점으로 표시된다.	입자는 평면파와 관련된 대상이다. 중첩된 평면파로 구성된 파속으로 간단히 표시된다.
$v_{classical} = \sqrt{\frac{2E}{m}}$로 주어진 속도로 국소화된 대상으로 공간에서 움직인다.	위상 및 군 속도라고 하는 두 가지 속도가 관련되어 있다. 위상 속도는 입자의 고전 속도의 절반이지만 군 속도는 고전 속도와 같다.
자유 입자는 공간과 시간에서 계속 움직인다. 힘이 작용하지 않으면 운동 상태가 일정하게 유지된다.	입자에 작용하는 힘이 없더라도 입자의 확률 밀도는 시간에 따라 변한다. 이것은 순전히 양자 속성이다.
절대 퍼지지 않는다. 이러한 입자의 위치는 언제든지 확실하게 결정할 수 있다.	시간이 지나면서 퍼진다. 위치의 불확실성은 시간에 따라 변한다.
그 에너지와 운동량은 시간이 지남에 따라 일정하다.	에너지와 운동량은 시간에 따라 일정하지 않지만 평균 에너지와 운동량은 시간에 따라 일정하다.

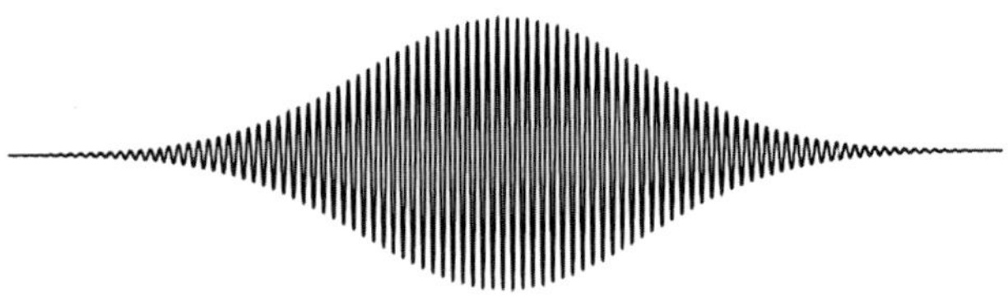

광자 파속의 기발한 묘사.
규격화된 파속의 모든 모양에 대해 해밀토니안의 기대값, 즉 광자의 에너지 $\hbar\omega$로 표시될 수 있다. 여기서 $\hbar$는 플랑크 상수를 2π로 나눈 값이고 ω는 광자의 파동 벡터와 연관된 각진동수이다.

| 그림 4.2 NIST의 허가를 받은 https://www.nist.gov/image-21163 웹사이트의 광자파속 이미지. 광자는 양자 입자이며 파속으로 나타낼 수 있다. 파속 내부의 잔물결은 위상 속도로 이동하고 파속(광자)은 군 속도로 이동한다.

파군 또는 단순히 파속(양자역학적 입자)은 기존의 자유 입자와 동일한 속도로 이동한다(표 4.1 및 그림 4.2).

> **개념적 질문 2**: 자유 입자의 상태는 정상 상태인가 비정상 상태인가?

문제

4.1 자유 입자는 다음 방정식으로 설명되는 초기 파동 함수를 갖는다.

$$\Psi(x, 0) = \alpha e^{-\gamma\frac{|x|}{2}}$$

여기서 γ와 α는 양의 실수 상수이다. 파동 함수를 규격화하고 위에서 언급한 방법을 사용하여 $\Psi(x, t)$를 구하라. $\langle x \rangle$, $\langle p \rangle$, $\langle x^2 \rangle$, $\langle p^2 \rangle$를 계산하라. 불확정성의 원리는 항상 참임을 보여라.

4.2 식(4.18)에서 적분을 계산하고 다른 시간에 확률 밀도를 그려라. 확률 밀도 플롯에서 관찰한 내용을 설명하라.

4.3 1차원 자유 입자에 대한 슈뢰딩거 방정식의 해는 오른쪽과 왼쪽으로 이동하는 진행파로 구성된다. 3차원에서 자유 입자를 고려하고 그러한 입자에 대한 슈뢰딩거 방정식을 작성하라. 슈뢰딩거의 해를 예측하라.

4.4 "시간에 따른 파속의 확산"이라는 문구에서 무엇을 이해하는가? 설명하라. 설명하기 위해 그림을 그려라.

4.3 무한 사각 우물

앞 절에서 양자 자유 입자는 공간과 시간을 이동하는 파속으로 설명되었다. 그러한 입자는 힘을 받지 않는다. 이 절에서는 힘의 영향을 받는 양자 입자에 대해 설명한다.

퍼텐셜 에너지 함수가 다음과 같은 경우를 고려하자.

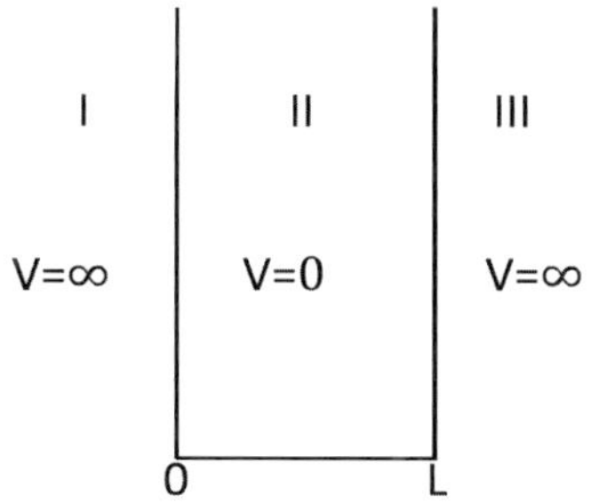

그림 4.3 무한 사각 퍼텐셜 우물

$$V(x) = \begin{cases} 0, & 0 \le x \le L \quad (\text{영역 II}) \\ \infty, & \text{그 외에} \quad (\text{영역 I과 III}) \end{cases} \tag{4.28}$$

I 및 III 영역의 무한 퍼텐셜 에너지 함수는 입자를 II 영역(우물)에 가둔다. 입자는 우물의 두 끝($x=0$, $x=L$) 사이에서 앞뒤로 되 튄다. 존재하는 것으로 알지만 이와 같은 실제 퍼텐셜은 없다. 그러나 알려진 일부 모델은 이 퍼테셜 에너지 함수를 대략적으로 나타낼 수 있다. 왜 우리는 그러한 이상적이거나 비현실적인 계를 연구해야 하는가? 그러한 이상적인 계의 수학적 단순성은 독자가 일반적으로 더 잘 이해할 수 있도록 양자 행동에 포함된 개념을 설명한다. 이러한 개념은 보다 현실적인 계를 고려할 때 이해하기 어려울 수 있다.

4.2절에서 자유 입자에는 평면파(확률파라고도 함)가 관련되어 있다는 것이 논의되었다. 그러한 입자를 경계 내에 가두는 경우 입자의 평면파는 어떻게 될까? 그것은 입자와 관련된 정상파를 일으킬 것이다. 위에서 언급한 계(그림 4.3)에 대해 슈뢰딩거 방정식을 풀면 동일한 결론이 도출될 수 있는가를 알아보는 것은 유익하다.

I 및 III 영역 에서는 퍼텐셜이 무한하므로 슈뢰딩거 방정식의 해가 없다. II 영역에서 퍼텐셜은 0이다. 3장에서 논의한 변수 분리 방식을 적용하면 앞의 경계 조건에 대한 시간 독립 슈뢰딩거 방정식을 풀 수 있다. 무한 사각 우물의 입자에 대한 시간 독립적인 슈뢰딩거 방정식은 다음과 같이 정의된다.

$$-\frac{\hbar^2}{2m}\frac{d^2\psi(x)}{dx^2} = E\psi$$

이것은 다음과 같이 쓸 수 있다.

$$\frac{d^2\psi(x)}{dx^2} = -k^2\psi(x),\ k^2 = \frac{2mE}{\hbar^2} \tag{4.29}$$

우물 내부의 퍼텐셜은 0이므로 입자의 에너지는 운동 에너지가 되고, $E \ge 0$이다.

앞 방정식의 일반해는 다음과 같다.

$$\psi(x) = A\sin kx + B\cos kx \tag{4.30}$$

퍼텐셜 함수($V(x)=0$)는 $0 \le x \le L$ 영역에서 유한하다. 그러나 $x<0$ 및 $x>L$의 경우 무한하다. 이러한 경우 퍼텐셜은 $x=0$ 및 $x=L$(경계)에 "단단한 벽"이 있다고 말한다. 따라서 파동 함수는 $x \geq L$ 및 $x \leq 0$에서 0이어야 한다. 파동 함수(ψ')의 미분은 $x \to 0$, $x \to L$에서 유한하다. 따라서 ψ'는 경계에서 불연속적이다.

이 조건으로부터 다음이 얻어진다.

$$\psi(x=0) = \psi(x=L) = 0 \tag{4.31}$$

$$\psi(x=0) = 0 = A \sin k(0) + B \cos k(0) \tag{4.32}$$

방정식(4.32)이 참이 되려면 $B=0$이어야 한다. 따라서,

$$\psi(x) = A \sin kx \tag{4.33}$$

경계에서 $\psi(x=L) = 0 = A \sin kL$. 이를 만족시키려면 $\sin kL = 0$이어야 하므로 다음을 얻는다.

$$kL = \pi, 2\pi, 3\pi, \ldots \tag{4.34}$$

그래서

$$k_n = \frac{n\pi}{L}, \text{ 여기에서 } n=1, 2, 3, 4 \ldots \tag{4.35}$$

숫자 "n"의 0과 음수 값에 대해 의문을 가질 수 있다. 이러한 모든 특징은 A의 값에 묻힐 수 있다. 그러나 상수 A의 값은 아직 결정되지 않았다. 이 상수는 파동 함수에 대한 규격화 조건을 사용하여 결정할 수 있다.

$$\int_0^L |\psi|^2 dx = \int_0^L |A|^2 \sin^2 kx \, dx = 1, \; |A|^2 = \frac{2}{L}.$$

그래서

$$\psi_n(x) = \sqrt{\frac{2}{L}} \sin\left(\frac{n\pi}{L}x\right) \tag{4.36}$$

분명히 알 수 있듯이 "n"은 양수 값을 가질 수 있다. 따라서 이 계에 대한 슈뢰딩거 방정식은 무수한 해를 갖는다. 이러한 정상 상태 에너지 고유 함수는 사인파이며 그림 4.4에 묘사된 정상파와 유사하다. 각 해는 에너지 고유값에 해당한다. 입자는 다음과 같이 불연속적인 에너지 값을 갖는다.

$$k_n^2 = \frac{2mE_n}{\hbar^2} = \left(\frac{n\pi}{L}\right)^2$$

$$E_n = \frac{n^2 \pi^2 \hbar^2}{2\,mL^2} \tag{4.37}$$

에너지의 이산화는 이 간단한 계에서 나오는 첫 번째 양자 특징이다. 이 계에서 다른 양자 특징을 식별할 수 있을까? (그림 4.4)

단순 유추: 무한 사각 우물을 무한히 높은 2차원 건물로 생각하면 유익하다. 이 건물은 너비가 "L"이고 무한 개수의 마루를 가지고 있다. 각 층에는 에너지의 특정 값과 해당 에너지 고유 함수가 연관되어 있다.

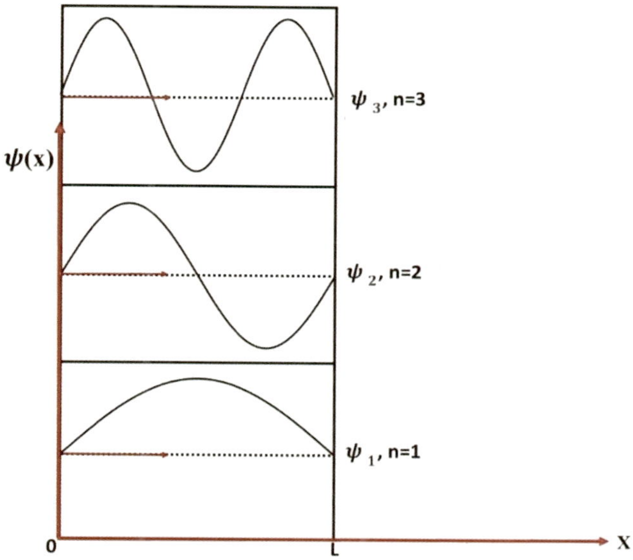

그림 4.4 처음 세 정상 상태의 파동 함수

이 건물에서 가장 낮은 층(1층)은 $n=0$이 아닌 $n=1$로 시작한다. 가장 낮은 층(E1)에서 입자의 에너지는 최소이며 에너지 고유 함수는 "거꾸로 위치한 해먹" 모양으로 그림 4.4에 나와 있다. 바닥을 올라갈 때 입자의 에너지가 증가하고 에너지 고유 함수는 서로 다른 구성으로 함께 배치된 둘 이상의 "해먹"으로 구성된다. 단, 층별 해먹의 수는 층수(n)와 동일하다. 따라서 1층에서 에너지 고유 함수는 1개의 해먹으로 구성되고 2층에는 2개의 해먹, 1개는 거꾸로 되는 식으로 구성된다. 입자는 해먹의 특정 위치에 머무르지 않고 해먹의 연결 지점을 제외하고 이러한 해먹의 모든 곳에서 퍼진다. 이는 이 지점에서 $\psi(x)=0$이고 입자의 확률 밀도가 0이기 때문이다. 이러한 연결 지점을 노드라고 한다. 1층에는 노드가 없다. 2층에는 $x=L/2$에 하나의 노드 점이 있고 3층에는 $x=L/3$ 및 $x=2L/3$에 두 개의 노드 점이 있다. 노드 점의 수는 층수에 따라 증가한다. n번째 준위의 노드 수는 $N=n-1$이다.

이러한 모든 고유 함수 또는 정상 상태는 상호 직교해야 하며 완전성 관계를 만족해야 한다.

i. 직교성

$$\int \psi_m \psi_n^* \, dx = \delta_{mn} \tag{4.38}$$

ii. 완전성

모든 함수 $f(x)$는 에너지 고유 함수의 선형 조합으로 표현될 수 있다.

$$f(x) = \sum_{n=1}^{\infty} c_n \psi_n(x) \tag{4.39}$$

계수 c_n은 다음 적분을 계산하여 얻을 수 있다. 앞 방정식의 양변에 다음과 같이 에너지 고유 함수를 곱하여 적분한다.

$$\int \psi_m(x)f(x)dx = \sum_{n=1}^{\infty} c_n \int \psi_m(x)\psi_n(x)dx = \sum_{n=1}^{\infty} c_n\delta_{nm} = c_m \tag{4.40}$$

$$\int \psi_m(x)f(x)dx = c_m \tag{4.41}$$

앞의 방정식에서 일반적으로 $f(x)$는 계의 초기 파동 함수 $\Psi(x,\ 0)$이다. 전개 계수 c_n은 계의 초기 파동 함수를 사용하여 결정할 수 있다. 초기 파동 함수에 대한 지식 없이는 이러한 계수를 이론적으로 결정할 수 없다.

정상 상태의 두 가지 속성(직교 규격화 및 완전성)은 모든 양자계에 적용되며 실제로 슈뢰딩거 방정식의 허용 가능한 해에 대한 기초를 형성한다.

정상 상태에서 해의 시간 종속 부분(3장에서 논의됨)이 이제 논의될 것이다. 시간 종속 정상 상태는 다음과 같다.

$$\psi_n(x, t) = \sqrt{\frac{2}{L}}\sin\left(\frac{n\pi}{L}x\right)e^{-iE_nt/\hbar} = \sqrt{\frac{2}{L}}\sin\left(\frac{n\pi}{L}x\right)e^{-i(\frac{(n^2\pi^2\hbar)t}{2mL^2})} \tag{4.42}$$

슈뢰딩거 방정식의 대부분 일반해는 정상 상태의 선형 중첩이다:

$$\Psi(x, t) = \sum_{n=1}^{\infty} c_n\sqrt{\frac{2}{L}}\sin\left(\frac{n\pi}{L}x\right)e^{-i(\frac{(n^2\pi^2\hbar)t}{2mL^2})} \tag{4.43}$$

예제 4.2

무한 사각 퍼텐셜 우물 내에 있는 입자의 초기 파동함수($\Psi(x, 0)$)는 두 에너지 고유함수 또는 정상 상태의 선형 중첩에 있다. 입자의 시간 종속 파동 함수는 무엇인가?

$$\Psi(x, 0) = c_1\psi_1(x) + c_2\psi_2(x) \tag{4.44}$$

c_1과 c_2는 복소수이므로 초기 파동 함수는 다음과 같이 쓸 수 있다.

$$\Psi(x, 0) = c(\psi_1(x) + e^{i\varphi}\psi_2(x)) \tag{4.45}$$

c는 실수이다.

c를 얻기위해 앞 함수를 규격화 하라.

$$|\Psi|^2 = c^2(\psi_1(x)\,\psi_1(x)^* + \psi_1(x)\,\psi_2(x)^*e^{-i\varphi} + \psi_1(x)^*\psi_2(x)e^{i\varphi} + \psi_2(x)\psi_2(x)^*) \tag{4.46}$$

에너지 고유 함수가 직교하므로 중간 항은 모두 사라지고

$$\int_0^L |\psi|^2 dx = 1 = c^2\int_0^L (\psi_1(x)\,\psi_1(x)^* + \psi_1(x)\psi_2(x)^*e^{-i\varphi} + \psi_1(x)^*\psi_2(x)e^{i\varphi} + \psi_2(x)\psi_2(x)^*)dx$$

이 된다.

$$\int_0^L |\psi|^2 dx = 1 = c^2\left(\frac{2}{L}\right)\int_0^L\left[\left(\sin\left(\frac{\pi}{L}x\right)\right)^2 + \left(\sin\left(\frac{2\pi}{L}x\right)\right)^2\right]dx$$

$$1 = 2\,c^2$$

$$c = \frac{1}{\sqrt{2}}$$

그래서

$$\Psi(x, 0) = \frac{1}{\sqrt{2}}(\psi_1(x) + e^{i\varphi}\psi_2(x)) \tag{4.47}$$

입자의 시간 의존 파동 함수는 다음과 같다.

$$\Psi(x, t) = \frac{1}{\sqrt{2}}(\psi_1(x)e^{-iE_1 t} + e^{i\varphi}\psi_2(x)e^{-iE_2 t}) \tag{4.48}$$

입자 에너지의 기대값은 어떤 값일가?

$$\langle\hat{H}\rangle = \langle\Psi(x, t)|\hat{H}|\Psi(x, t)\rangle = \frac{1}{2}\left[\left\langle\psi_1\left|-\frac{\hbar^2}{2m}\frac{d^2}{dx^2}\right|\psi_1\right\rangle + \left\langle\psi_2\left|-\frac{\hbar^2}{2m}\frac{d^2}{dx^2}\right|\psi_2\right\rangle\right] \tag{4.49}$$

$$\langle\hat{H}\rangle = \frac{E_1 + E_2}{2} = \frac{5\pi^2\hbar^2}{4\,mL^2} \tag{4.50}$$

입자 위치의 기대값은 무엇인가? 간단히 취급하기 위해 $\boldsymbol{\varphi} = 0$라 하자. 입자의 위치의 기대치는 다음과 같다.

$$\langle\hat{x}\rangle = \langle\Psi(x, t)|\hat{x}|\Psi(x, t)\rangle \tag{4.51}$$

$$\Psi(x, t) = \frac{1}{\sqrt{2}}(\psi_1(x)e^{-iE_1 t} + \psi_2(x)e^{-iE_2 t})$$

그리고

$$E_n = n^2\,\omega, \quad \omega = \frac{\pi^2\hbar^2}{2mL^2}$$

그러므로

$$\Psi(x, t) = \frac{1}{\sqrt{2}}(\psi_1(x)e^{-i\omega t} + \psi_2(x)e^{-i4\omega t}) \tag{4.52}$$

$$\langle\hat{x}\rangle = \langle\Psi(x, t)|\hat{x}|\Psi(x, t)\rangle$$

$$= \frac{1}{2}\int_0^L \left[x\,\psi_1(x)\,\psi_1(x)^* + x\,\psi_2(x)\,\psi_2(x)^* + x(\psi_1(x)\psi_2(x)^* e^{i3\omega t} + \psi_1(x)^*\psi_2(x)e^{-i3\omega t})\right] dx \tag{4.53}$$

$$\langle\hat{x}\rangle = \frac{1}{2}\int_0^L \left[x\sin^2\left(\frac{\pi x}{L}\right) + x\sin^2\left(\frac{2\pi x}{L}\right) + 2x\left(\sin\left(\frac{\pi x}{L}\right)\sin\left(\frac{2\pi x}{L}\right)\cos(3\omega t)\right)\right] dx \tag{4.54}$$

$$\langle\hat{x}\rangle = \frac{L}{2}\left[1 - \frac{32}{9\pi^2}\cos(3\omega t)\right] \tag{4.55}$$

파동 함수에 포함된 위상 φ에 의하여 입자 위치의 기대값의 차이가 결정된다.

개념적 질문 3: 자유 입자가 무한 사각 퍼텐셜 우물에 갇혔을 때 양자 특성에서 어떤 변화를 관찰할 수 있을까?

문제

4.5 무한 사각 퍼텐셜 우물내에 있는 입자의 양자적 성질은 무엇인가? 질문에 답하기 위해 무한 사각 퍼텐셜 우물내에 갇힌 고전 입자를 생각해 보자. 그곳에서 어떻게 운동할까? 위치를 정확히 결정할 수 있는 경계 내에서 앞뒤로 이동할 것이다. 전체 에너지 또는 단순히 운동 에너지는 하나의 고정값만 가질 수 있으며 뉴턴의 운동 법칙을 따른다. 참조로 고전 입자를 기반으로 이 질문에 답하고 차이점을 확인하라.

4.6 앞에서 보여진 것과 같이 에너지 “E_n”을 갖는 무한 사각 우물 내의 질량 “m”인 입자를 고려하자.

우물 내의 입자를 질량이 “$3m$”인 다른 입자로 교체한다. 새로운 입자의 에너지는 무엇인가? 이제 우물의 길이를 $2L$로 변경한다. 입자의 에너지는 얼마가 될까?

4.7 다음 델타 함수 퍼텐셜 $V(x)=\gamma\delta(x)$에 대한 시간 독립 슈뢰딩거 방정식의 해를 구하라. 여기서 γ는 양의 상수이다.

4.8 (4.54)식에서 적분의 계산은 나타내지 않는다. 첫 번째 적분은 다음과 같은 방법으로 얻을 수 있다.

$$\int_0^L x\sin^2\left(\frac{\pi x}{L}\right)dx = \int_0^L \frac{1}{2}\left[x - x\cos\left(\frac{2\pi x}{L}\right)\right]dx$$

$$\int_0^L \frac{1}{2}\left[x - x\cos\left(\frac{2\pi x}{L}\right)\right]dx = \left[\frac{x^2}{4} - \frac{x\sin\left(\frac{2\pi x}{L}\right)}{\frac{4\pi}{L}} - \frac{\cos\left(\frac{2\pi x}{L}\right)}{\frac{8\pi^2}{L^2}}\right]\Bigg|_0^L = \frac{L^2}{4}$$

동일한 접근 방식을 사용하여 두 번째 및 세 번째 적분을 구한다.

4.9 무한 사각 퍼텐셜 우물 내 입자의 파동함수가

$$\Psi(x,t) = \frac{1}{\sqrt{3}}\left(\psi_1(x)e^{-iE_1t} + \psi_2(x)e^{-iE_2t} + \psi_3(x)e^{-iE_3t}\right)$$

이다. 거기에서 기대값 $\langle\hat{x}\rangle$, $\langle\hat{H}\rangle$, $\langle\hat{p}\rangle$를 구하라.

4.10 식(4.44)의 적분을 계산하여 직교 규격화 조건을 구하라.

4.4 계단 퍼텐셜

4.2절에서 무한 사각 퍼텐셜 우물에 갇힌 입자에 대해 논의했다. 이 절에서는 왼쪽에서 이동하는 자유 입자가 특정 영역에서 일정한 값을 갖는 장벽으로된 계단 퍼텐셜에 접근하는 것에 대해 논의한다. 계단 퍼텐셜의 함수 형태는 다음과 같다(그림 4.5).

$$V(x) = \begin{cases} 0, & x < 0 \quad (\text{영역 I}) \\ V_0 = \text{상수}, & x \geq 0 \quad (\text{영역 II}) \end{cases}$$

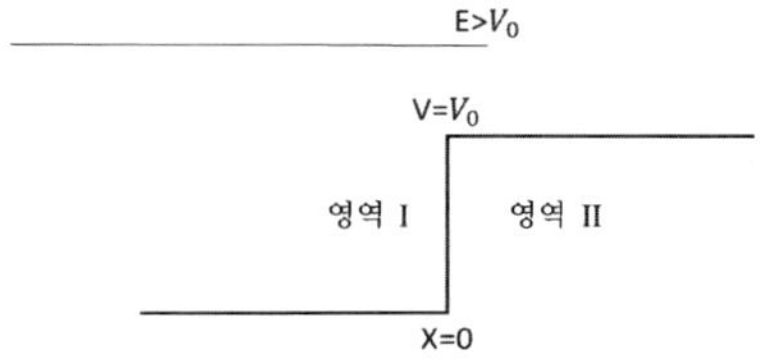

그림 4.5 계단 퍼텐셜 함수. 입자는 왼쪽에서 계단 퍼텐셜에 접근한다. 입자의 에너지는 퍼텐셜 계단보다 크다.

고전적으로 입자의 에너지 "E"가 퍼텐셜 장벽 또는 퍼텐셜 계단의 에너지보다 크면($E > V_0$) 입자는 계단 또는 퍼텐셜 장벽을 넘기에 충분한 에너지를 가지고 있기 때문에 계단 퍼텐셜 영역을 통과한다. 퍼텐셜 장벽에 따라 속도가 느려지거나 빨라지며 계속 오른쪽으로 이동한다. 이러한 입자의 상태를 "산란 상태"라고 한다.

에너지가 포텐셜 장벽보다 작은($E < V_0$) 입자는 장벽에 도달하면 되돌아간다. 되돌아가는 지점을 "회기점"이라고 한다. 그 입자는 결코 장벽을 넘지 못한다. 따라서 왼쪽에서 이동한 이러한 입자는 장벽에 접근해서 바로 반사된다.

입자의 에너지(E)가 퍼텐셜 장벽들의 높이보다 훨씬 작은 경우 퍼텐셜 벽들 내에 있는 입자는 벽 사이를 앞뒤로 진동한다. 이 입자의 상태를 "속박 상태"라고 한다.

양자역학계에 그러한 상태가 있을까?

그렇다, 양자역학적으로 그러한 상태가 존재한다. 예를 들어, 4.1절에서 연구한 자유 입자의 상태는 산란 상태이다. 이러한 경우 $V(x) = 0$인 모든 곳에서 그러한 입자는 묶이지 않으므로 오른쪽으로 계속 이동하고 무한대로 돌아간다. 무한 퍼텐셜 사각 우물의 경우와 같이 입자가 포텐셜 우물 내부에 갇히면 입자의 상태는 속박 상태가 된다. 이 경우 벽의 포텐셜 함수는 무한하므로 입자는 장벽의 두 벽 사이에 갇혀 절대 빠져나갈 수 없다.

양자역학적으로, 퍼텐셜 장벽에 접근할 때 왼쪽에서 움직이는 자유 입자에 대해 예측할 수 있는 것은 무엇인가? 자유 양자 입자는 단순히 파속이다. 따라서 왼쪽에서 장벽에 접근하면 일부가 반사되고 일부가 전송된다. 그러나 우리는 퍼텐셜 장벽에 접근하는 파속에 대해 슈뢰딩거 방정식을 풀지 않을 것이다. 대신, 우리는 수학적 단순성을 위해 입자를 평면파로 취급할 것이다. 동일한 결과(양자 속성)가 얻어진다. 영역 I 및 영역 II의 입자에 대한 슈뢰딩거 방정식을 풀 수 있으며, 이는 자유 양자 입자가 장벽에 접근할 때 관찰할 수 있는 양자 특성을 결정한다.

경우 I($E > V_0$)

영역 I(그림 4.5)에서 왼쪽에서 움직이는 입자에 대한 슈뢰딩거 방정식은 다음과 같이 쓸 수 있다.

$$\frac{d^2\psi_I(x)}{dx^2} = -k^2\psi_I(x),\ k^2 = \frac{2mE}{\hbar^2} \tag{4.56}$$

그리고 이 해는

$$\psi_I(x) = Ae^{ikx} + Be^{-ikx} \tag{4.57}$$

이다.

앞의 방정식에서 첫 번째 항은 입사파, 두 번째 항은 반사파이다. 이 함수의 확률 밀도는 시간에 따라 일정하게 유지되지만, 오른쪽으로 이동하는 입자를 나타낸다.

영역 II의 입자에 대한 슈뢰딩거 방정식은 다음과 같다.

$$\frac{d^2\psi_{II}(x)}{dx^2} = -p^2\psi(x), \quad p^2 = \frac{2m(E - V_0)}{\hbar^2} \tag{4.58}$$

그리고 그해는

$$\psi_{II}(x) = Ce^{ipx} \tag{4.59}$$

이다.

영역 I에는 입사파와 반사파가 있고 영역 II에는 투과파만 있다.

파동 함수의 연속성 조건과 경계($x=0$)에서의 그 미분을 적용하면,

$$\psi_I(x=0) = \psi_{II}(x=0) \tag{4.60}$$

$$\left.\frac{d\psi_I}{dx}\right|_{x=0} = \left.\frac{d\psi_{II}}{dx}\right|_{x=0} \tag{4.61}$$

$$A + B = C \tag{4.62}$$

$$k(A - B) = pC \tag{4.63}$$

앞의 방정식을 풀면 다음 진폭 비가 얻어진다.

$$\frac{C}{A} = \frac{2k}{k+p} \tag{4.64}$$

$$\frac{B}{A} = \frac{k-p}{k+p} \tag{4.65}$$

앞의 방정식은 단순히 입사파의 진폭에 대한 반사파와 투과파의 진폭이다. 투과된 입자의 비율은 투과류(여기서 류는 전자 또는 오른쪽으로 이동하는 입자의 흐름을 의미함) 대 입사류의 비율과 같다. 따라서 투과율은 다음과 같다.

$$T = \frac{|C|^2}{|A|^2}\frac{p}{k} = \frac{4pk}{(k+p)^2} \tag{4.66}$$

반사율 R은 반사파와 입사파의 세기의 비율이다.

$$R = \frac{|B|^2}{|A|^2} = \frac{(k-p)^2}{(k+p)^2} \tag{4.67}$$

반사율과 투과율의 합은 1이 되어야 한다. 따라서,

$$T + R = 1 \tag{4.68}$$

앞의 방정식에서 p가 k와 같을 때 반사율은 0에 접근한다. 따라서 $R=0$, $E \sim E - E_0$, 이는 퍼텐셜이 무시할 수 있을 정도로 작을 때 반사가 거의 0임을 의미한다. 반면에 $R=1$, $p=0$일 때; 즉, E와 V_0의 크기가 비슷할 때 모든 입자가 반사된다. 이 두 가지 조건을 제외하고 양자 입자는 입자의 에너지가 장벽의 퍼텐셜보다 아무리 크더라도 장벽에서 반사된다.

일반적으로 입자가 장벽(퍼텐셜)에 접근하면 에너지가 V_0보다 크고 반사되지 않는 한 속도가 느려지고 장벽을 통과한다. 그 방정식에서 양자역학적으로 입자의 에너지가 퍼텐셜 장벽보다 조금 높더라도 입자는 반사된다. 입자의 에너지가 장벽보다 높을 때 입자의 이러한 반사 특성은 순전히 양자역학적 효과이다.

경우 II($E < V_0$)

이 경우 왼쪽에서 이동하는 입자는 장벽을 만나는데, 입자의 에너지는 퍼텐셜 장벽보다 작다. 이러한 시나리오에서 입자는 일반적으로 장벽을 넘을 수 없으며 왼쪽으로 완전히 반사된다. 그러한 입자의 양자역학적 행동은 무엇인가? (그림 4.6)

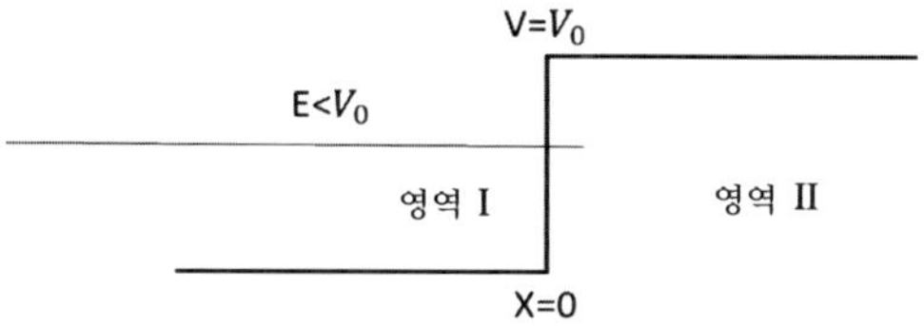

그림 4.6 계단 퍼텐셜 함수(장벽)와 왼쪽에서 장벽으로 접근하는 에너지가 $E < V_0$인 입자.

$$V(x) = \begin{cases} 0, & x < 0 \quad (\text{영역 I}) \\ V_0 = \text{상수}, & x \geq 0 \quad (\text{영역 II}) \end{cases}$$

슈뢰딩거 방정식은 그대로 유지되고 "k"의 값만 바뀌었다. 따라서 다시 쓰는 것은 간단하다. 오히려 슈뢰딩거 방정식의 해를 논의하는 편이 좋을 것이다.

영역 I에서 슈뢰딩거 방정식의 해는 다음 파동 함수가 된다.

$$\psi(x) = Ae^{ikx} + Be^{-ikx} \tag{4.69}$$

$$k^2 = \frac{2mE}{\hbar^2}$$

영역 II에서 슈뢰딩거 방정식의 해는 다음 파동 함수를 준다.

$$\psi(x) = Ce^{-lx} \tag{4.70}$$

여기에서 $l = \sqrt{\frac{2m(V_0 - E)}{\hbar^2}}$이다.

이 영역에서 파동 함수는 $E < V_0$ 때문에 지수적으로 감쇠한다. 슈뢰딩거 방정식을 작성하여 이것을 확인하라. 따라서 입자의 에너지가 퍼텐셜 장벽보다 훨씬 작은 경우에도 영역 II에 슈뢰딩거 방정식의 해가 존재한다. 영역 II의 파동 함수는 지수적으로 감소하는 함수이다. 경계($x = 0$)에서 연속성 조건(파동 함수 및 그 도함수에 적용)을 적용하면 파동 함수의 진폭이 다음과 같이 얻어진다.

$$A = \frac{C}{2}\left(1 + i\sqrt{\frac{(V_0 - E)}{E}}\right) \tag{4.71}$$

$$B = \frac{C}{2}\left(1 - i\sqrt{\frac{(V_0 - E)}{E}}\right) \tag{4.72}$$

따라서 입사파에 대한 반사파의 비율은

$$R = \frac{|B|^2}{|A|^2} = 1 \tag{4.73}$$

앞의 방정식에서 양자 입자가 완전히 반사될 것은 분명하다. 이 결과는 우리가 이미 논의한 고전적 예측과 일치한다(입자의 에너지가 장벽보다 훨씬 작으면 입자가 전송될 수 없다.).

$$\sqrt{\frac{(V_0 - E)}{E}} = \tan(\varphi)$$

라 하자.

여기에서 φ =파동 함수의 위상이다. 이것을 (4.71) 및 (4.72)에 대입하자. 영역 I의 파동 함수에 대한 다음 방정식이 얻어진다.

$$\psi(x) = \frac{C}{2}\left(\frac{\cos\varphi + i\sin\varphi}{\cos\varphi}\right)e^{ikx} + \frac{C}{2}\left(\frac{\cos\varphi - i\sin\varphi}{\cos\varphi}\right)e^{-ikx} \tag{4.74}$$

그때 I 영역에서 파동 함수는

$$\psi(x) = L\cos(kx + \varphi) \tag{4.75}$$

여기서 $L = \frac{C}{\cos(\varphi)}$이고 새로운 상수이다.

영역 I의 파동 함수는 진동한다. 그러나 영역 II의 파동 함수는 지수적으로 감소하고 있다. 또한 입사파는 식 (4.73)과 같이 장벽의 경계에서 완전히 반사된다. 이 모든 것이 무엇을 의미하는가?

첫째, 입자의 에너지가 퍼텐셜 장벽보다 훨씬 작음에도 불구하고 영역 II에서 입자의 지수적으로 감쇠하는 파동 함수의 존재는 순전히 양자역학적 효과이다. 이것은 입사 입자가 장벽의 경계에서 완전히 반사되지만 파동과 같은 특성으로 인해 영역 II에 나타날 것이라는 의미이다. 이것은 입자가 고전적으로 금지된 지역 II에서 발견될 수 있음을 의미한다. 둘째, 영역 II에서 입자의 파동함수는 진동하지 않으며 지수적으로 감쇠하는 함수이다. 이것은 입자를 찾을 가능성이 장벽에서 멀 때보다 장벽 근처에서 더 높다는 것을 의미한다.

아래 그림 4.7은 영역 I 및 II의 파동함수를 설명한다.

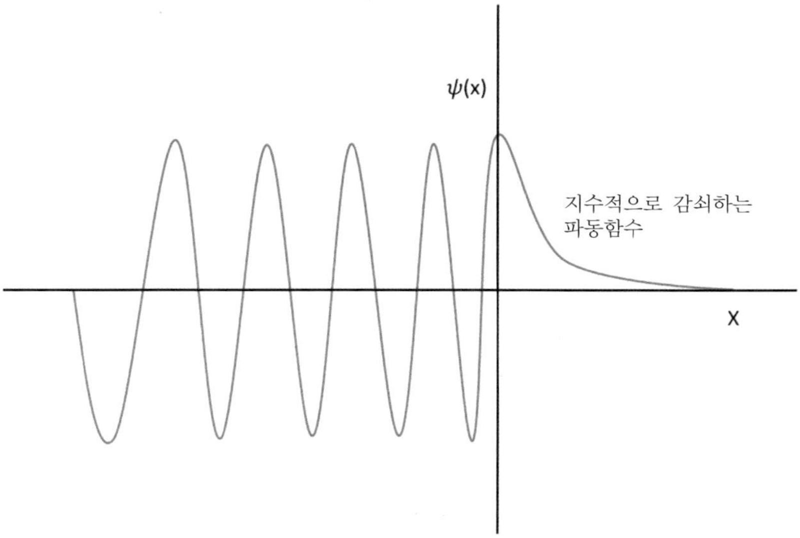

그림 4.7 파동함수의 시각화, 영역 I의 진동하는 파동함수, 영역 II의 지수적으로 감소하는 함수.

> **개념적 질문 4**: I 경우와 II 경우의 양자 특성의 차이점을 설명하라.

논의: 앞의 두 가지 경우에서 입자의 양자역학적 행동은 우리가 수년에 걸쳐 발전시켜온 입자 또는 파동에 대한 우리의 모든 고전적 직관을 무시하는 것이 분명하다. 양자 입자가 완전히 반사되는 이유는 무엇인가? 그것은 고전적인 입자처럼 행동하기 때문이다. 동시에 고전적 금지 영역을 통과하는 이유는 무엇일까? 일반적인 개념은 양자 입자가 입자와 파동 속성을 모두 가지고 있다는 것이다. 에너지가 포텐셜 장벽보다 훨씬 낮은 경우에도 영역 II를 통과하는 것은 파동과 같은 특성 때문이다. 파동과 같은 특성으로 인해 이 영역에서 파동 함수가 진동하지 않는 이유는 무엇인가? 이것은 진동 파처럼 경계 근처에서 감쇠하는 파동처럼 행동하기 때문이다. 따라서 (입자의 에너지가 퍼텐셜 장벽보다 작을 때)입자와 퍼텐셜 장벽의 상호 작용은 입자의 파동과 같은 행동을 나타낸다. 간단히 말해서 양자 입자의 행동은 복잡하다고 말할 수 있다. 그것은 입자나 파동의 고전적 기준에 맞지 않는다. 그 행동은 (입자–파동)이중성이며 일부 상호 작용은 파동과 같은 속성을 가져오고 일부 상호 작용은 입자와 같은 속성을 나타낸다. 이 계단 퍼텐셜은 입자 파동과 같은 특성을 동시에 관찰하는 좋은 예이다. 앞의 두 가지 경우를 이해하는 대로 설명해보라.

그림 4.8은 계단 퍼텐셜에서 양자 입자(파속)의 반사와 투과를 보여준다.

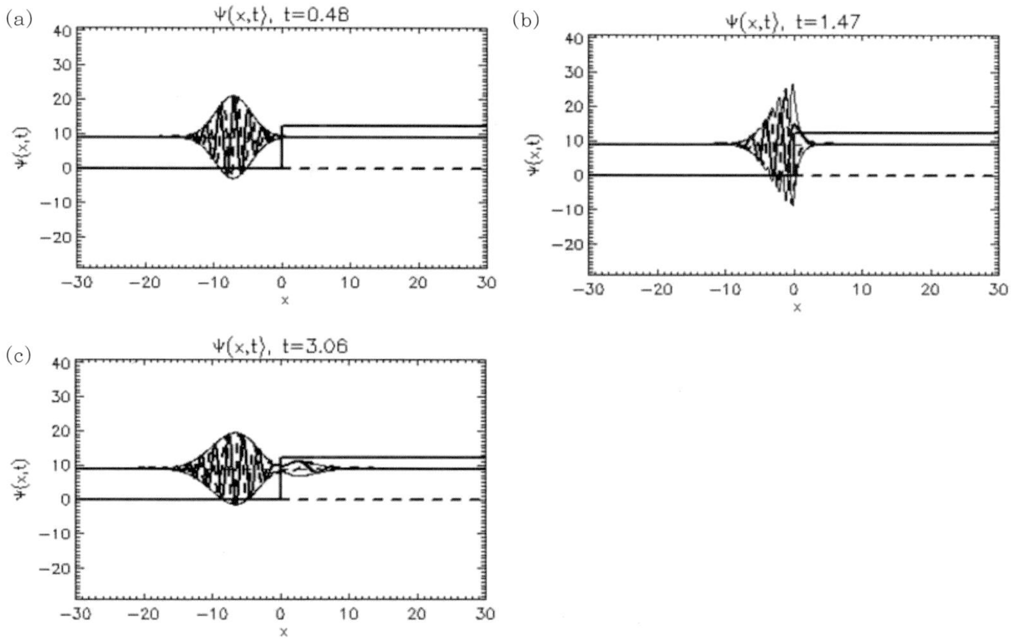

그림 4.8 이 그림은 계단 퍼텐셜에서 파속의 반사를 보여준다. (보다 실제적인 시나리오) NIST 웹사이트에서 허가를 받고 이미지를 가져왔다.
https://www.ncnr.nist.gov/staff/dimeo/se_sim.html#Images
(a) 계단 퍼텐셜에 접근하여 들어오는 파속
(b) 반사되어 동시에 전송되는 파속
(c) 완전히 반사되고 부분적으로 전송되는 파속을 보여준다.

문제

4.11 식 (4.66)과 (4.67)을 적용하여 $T+R=1$임을 증명하라.

4.12 II($E< V_0$) 경우에 영역 I 및 II에서 슈뢰딩거 방정식을 쓰고 투과 계수를 결정하라.

4.13 영역 II에서 슈뢰딩거 방정식의 해가 지수적으로 감쇠하는 파동 함수임을 보여라(방정식 4.70).

4.5 퍼텐셜 장벽 투과(터널링)

이 절에서는 왼쪽에서 이동하여 사각 퍼텐셜 장벽에 접근하는 양자 입자에 대해 논의한다. 이 입자의 퍼텐셜 함수는 다음과 같다(그림 4.9).

$$V(x)=\begin{cases} 0,|x<0 & (\text{영역 I}) \\ V_0,|0\le x\le L & (\text{영역 II}) \\ 0,x>L & (\text{영역 III}) \end{cases}$$

경우 I($E< V_0$)

영역 I

영역 I에서 입자는 왼쪽에서 장벽에 접근하고 장벽의 경계에서 반사된다. 이 영역에서 슈뢰딩거 방정식의 해는 다음 방정식과 같이 입사파와 반사파를 모두 포함하는 파동 함수이다.

$$\psi_I(x)=Ae^{ik_1x}+Be^{-ik_1x} \tag{4.76}$$

여기에서 $k_1=\sqrt{\frac{2mE}{\hbar^2}}$이다.

영역 II

영역 II에서 입자는 장벽을 통과한다. 이 영역에서 슈뢰딩거 방정식의 해는 다음 파동 함수를 갖는다.

$$\psi_{II}(x)=Ce^{k_2x}+De^{-k_2x} \tag{4.77}$$

여기서 $k_2=\sqrt{\frac{2m(V_0-E)}{\hbar^2}}$이다.

영역 III

영역 III에서 입자는 영역 II를 투과하고 영역 III에서 발견할 수 있다. 따라서 이 영역에서 슈뢰딩거 방정식의 해는 다음 파동함수가 된다.

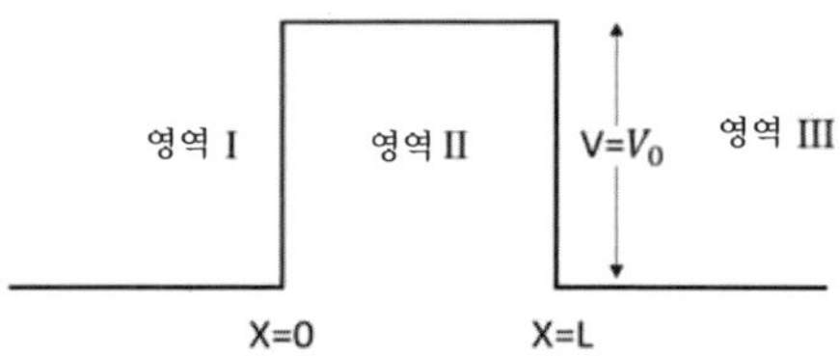

그림 4.9 영역 I, II 및 III를 보여주는 퍼텐셜 함수의 개략도.

$$\psi_{III}(x) = Fe^{ik_1 x} \tag{4.78}$$

경계($x=0$, $x=L$)에서 파동함수와 그 미분의 연속성 조건을 적용하면 계수 간에 다음 관계를 얻을 수 있다.

$$C = \frac{F}{2}\left(1 + i\frac{k_1}{k_2}\right)e^{(ik_1 - k_2)L} \tag{4.79}$$

$$D = \frac{F}{2}\left(1 - i\frac{k_1}{k_2}\right)e^{(ik_1 + k_2)L} \tag{4.80}$$

$$A = \frac{D}{2}\left(1 + i\frac{k_2}{k_1}\right) + \frac{C}{2}\left(1 - i\frac{k_2}{k_1}\right) \tag{4.81}$$

$$B = \frac{D}{2}\left(1 - i\frac{k_2}{k_1}\right) + \frac{C}{2}\left(1 + i\frac{k_2}{k_1}\right) \tag{4.82}$$

따라서 계수 F에 대한 계수 A는 다음과 같다.

$$A = \frac{F}{2}e^{ik_1 x}\left[\cos hk_2L + i\frac{\left(k_2^2 - k_1^2\right)}{2k_2k_1}\sin hk_2L\right] \tag{4.83}$$

입사파에 대한 투과파의 비율인 투과계수는 다음과 같다.

$$T = \frac{|F|^2}{|A|^2} = \frac{1}{\left[\cos h^2k_2L + \frac{\left(k_2^2 - k_1^2\right)^2}{(2k_2k_1)^2}\sin h^2k_2L\right]} \tag{4.84}$$

반사 계수는 다음과 같다:

$$R = \frac{|B|^2}{|A|^2}$$

앞의 투과 계수에 대한 방정식은 입자가 장벽을 통해 투과되거나 단순히 장벽을 투과할 수 있는 작은 확률이 있음을 보여준다. 고전적으로 이러한 입자는 장벽을 투과할 수 없다. 입자의 이러한 특성은 순전히 양자역학적 효과이다. 이 장벽 투과를 "터널링"이라고 한다. 이 현상은 핵의 알파 입자 붕괴를 설명하는 데 처음 사용되었다. 알파 붕괴 이론에 따르면 알파 입자는 인력인 핵력에 의해 핵 내부에서 유지된다. 입자의 에너지는 퍼텐셜 장벽보다 훨씬 작다. 그러나 입자의 파동 특성으로 인해 장벽을 통과할 수 있으며 장벽의 반대편에서 발견될 수 있다. 장벽을 뚫을 수 있는 확률은 식(4.84)과 같다. 실제 적용에서 퍼텐셜은 앞에 논의한 것처럼 직사각형 형태가 아니다. 7장에서 알파 붕괴에 대해 더 자세히 논의할 것이다. 이 현상에 대한 이해는 전자 산업의 중요한 구성 요소가 된 터널 다이오드, 주사 터널링 현미경 및 터널 접합과 같은 장비의 소자에 적용된다(그림 4.10).

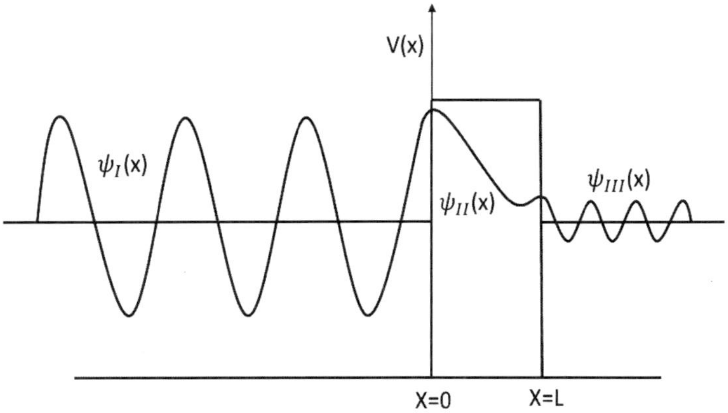

그림 4.10 사각 퍼텐셜 장벽을 통과하는 입자의 파동 함수. 영역 I(입사파와 반사파로 구성)에서는 진동하는 함수, 영역 II에서는 지수적으로 감쇠하는 함수, 영역 III에서는 다시 진동 함수이다.

문제

4.14 반사 계수에 대한 식을 유도하라. $R+T=1$임을 증명하라.

4.15 영역 I, II 및 III의 장벽을 통과하는 입자의 확률 밀도를 그려라.

4.16 계단 퍼텐셜과 위의 퍼텐셜의 경우 입자의 장벽 투과의 차이를 설명하라.

4.17 파동함수와 경계에서의 그 미분에 대한 연속성 조건을 이용하여 식 (4.84)에 주어진 투과계수에 대한 식을 유도하라.

개념적 질문 5: 장벽을 통과한 입자의 투과는 어떤 양자 특성 때문인가?

4.6 유한 사각 퍼텐셜 우물

1차원 공간에 갇힌 입자에 대한 연구를 이어가며 이 절에서는 유한한 1차원 인력의 영향을 받는 입자의 문제로 시작한다. 공간이 영역 I, 영역 II 및 영역 III의 세 영역으로 나누어져 있다고 가정하자. 각 영역에서 퍼텐셜은 일정하며 각각 다른 값을 갖는다. 퍼텐셜 함수의 수학적 형식은 다음과 같다(그림 4.11).

$$V(x) = \begin{cases} 0, & x < -L \ \text{(영역 I)} \\ -V_0 = \text{상수}, & -L \leq x \leq L \ \text{(영역 II)} \\ 0 & x > L \ \text{(영역 III)} \end{cases}$$

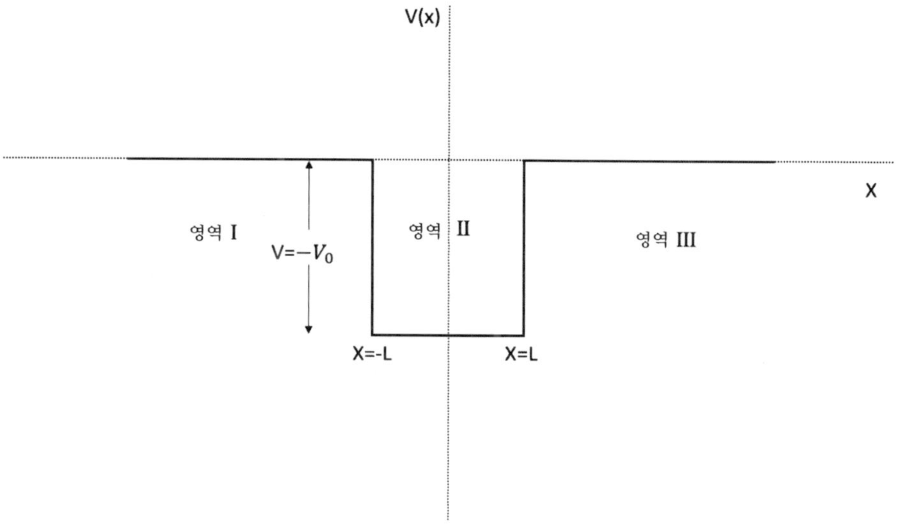

그림 4.11 인력 퍼텐셜 함수

목표는 각 영역에서 슈뢰딩거 방정식을 풀고 입자의 해당 파동 함수를 찾는 것이다. 이 퍼텐셜은 산란 상태($E > 0$)와 속박 상태($E < 0$)의 해를 갖는다. 먼저 속박 상태($E < 0$)에서 풀자.

영역 I의 슈뢰딩거 방정식은 다음과 같다.

$$\frac{d^2\psi(x)}{dx^2} = -k^2\psi(x),\ k^2 = -\frac{2m|E|}{\hbar^2} \tag{4.85}$$

$E < 0$이므로, 해는 지수함수이다.

즉,

$$\psi(x) = Ae^{kx} + Be^{-kx} \tag{4.86}$$

이다.

이 영역에서 $x \to -\infty$로 두 번째 항이 발산한다. 따라서 슈뢰딩거 방정식의 해는 다음과 같다.

$$\psi(x) = Ae^{kx} \tag{4.87}$$

마찬가지로 영역 III에서 해는 동일하게 유지되지만 이번에는 첫 번째 항이 $x \to \infty$로 발산한다. 따라서 해는 다음과 같다.

$$\psi(x) = Fe^{-kx} \tag{4.88}$$

영역 II에서 쉬뢰딩거해는

$$\frac{d^2\psi(x)}{dx^2} = -p^2\psi(x), \quad p^2 = \frac{2m(-|E| + V_0)}{\hbar^2} \tag{4.89}$$

을 만족하고 그해는

$$\psi(x) = Ce^{ipx} + De^{-ipx} \tag{4.90}$$

이다.

영역 II와 영역 III 사이의 경계($x = L$)에서 연속성 조건을 적용하여 C와 D를 푼다. 그러면 다음 계수가 유도된다.

$$C = \frac{F}{2}\left(1 + i\frac{k}{p}\right)e^{-(k+ip)L} \tag{4.91}$$

$$D = \frac{F}{2}\left(1 - i\frac{k}{p}\right)e^{-(k-ip)L} \tag{4.92}$$

경계($x = -L$)에서 연속성 조건을 적용하고 계수를 풀면 다음 방정식이 유도된다.

$$-i\frac{k}{p} = \frac{Ce^{-ipL} - De^{ipL}}{Ce^{-ipL} + De^{ipL}} = \frac{\left(1 + i\frac{k}{p}\right)e^{-(2ip)L} - \left(1 - i\frac{k}{p}\right)e^{(2ip)L}}{\left(1 + i\frac{k}{p}\right)e^{-(2ip)L} + \left(1 - i\frac{k}{p}\right)e^{(2ip)L}} \tag{4.93}$$

위의 식을 단순화시키기 위하여

$$\frac{k}{p} = \tan(\varphi), \quad 1 + i\frac{k}{p} = \frac{e^{i\varphi}}{\cos(\varphi)}$$

라 하자.

이제 단순화 항을 식(4.93)에 대입하면 다음을 얻는다.

$$\tan(\varphi) = \tan(2pL - \varphi) \tag{4.94}$$

이것은 $\varphi = 2pL - \varphi + N\pi$를 의미하며, 여기서 N은 임의의 정수이다. 그래서

$$\varphi = pL + \frac{N\pi}{2} \tag{4.95}$$

$$\tan(\varphi) = \begin{cases} \tan(pL), & |N \text{ even} \\ -\cot(pL), & |N \text{ odd} \end{cases} \tag{4.96}$$

이다.

앞 방정식을 k 및 p로 표현하면 다음이 얻어진다.

$$\frac{\sqrt{|E|}}{\sqrt{V_0 - |E|}} = \begin{cases} \tan\left(\frac{L\sqrt{2m(V_0 - |E|)}}{\hbar}\right), & |N \text{ even} \\ -\cot\left(\frac{L\sqrt{2m(V_0 - |E|)}}{\hbar}\right), & |N \text{ odd} \end{cases} \tag{4.97}$$

앞 방정식은 에너지에 대한 초월 방정식이다. 방정식의 해는 가능한 에너지 준위를 산출한다. 방정식은 수치적으로나 그래프로만 풀 수 있다. 그렇게 하려면 방정식을 다음을 대입해 다시 써야 한다.

$$z = \frac{L\sqrt{2m(V_0 - |E|)}}{\hbar} \tag{4.98}$$

$$z_0 = \frac{L\sqrt{2mV_0}}{\hbar} \tag{4.99}$$

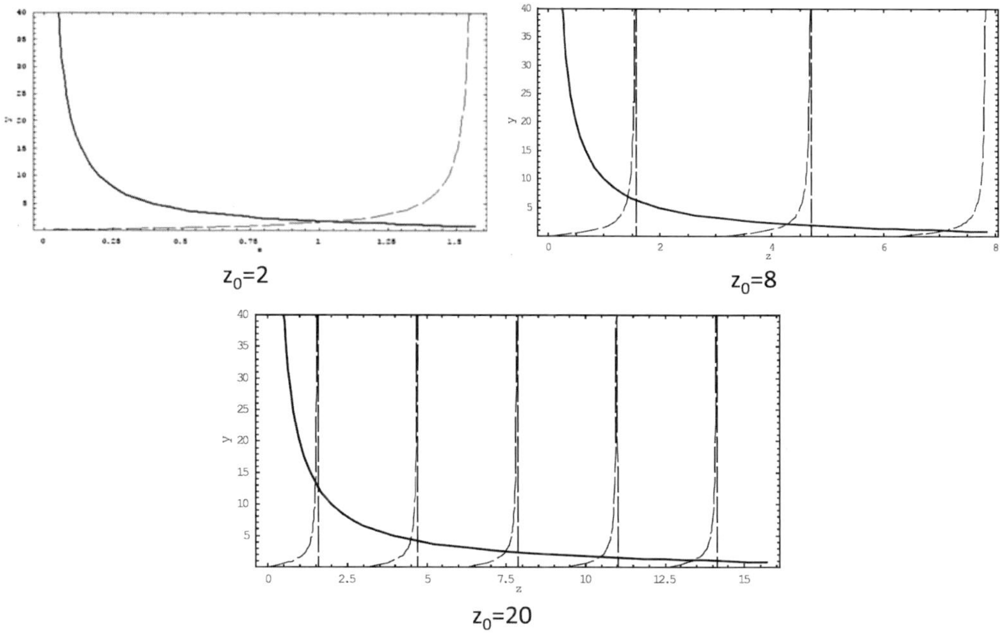

그림 4.12 3개의 그림은 z_0의 다른 값($z_0=2$, $z_0=8$, $z_0=20$)에 대한 식(4.101)의 그래픽 해를 보여준다. z_0 값이 클수록 깊은 퍼텐셜 우물에 해당한다.

이들 결과는 다음과 같다.

$$\frac{\sqrt{|E|}}{\sqrt{V_0-|E|}}=\frac{\sqrt{z_0^2-z^2}}{z}=\sqrt{\frac{z_0^2}{z^2}-1} \tag{4.100}$$

짝수 N에서 다음 관계를 얻는다.

$$\tan(z)=\sqrt{\frac{z_0^2}{z^2}-1} \tag{4.101}$$

한 평면에 $y_1=\tan(z)$ 및 $y_2=\sqrt{\frac{z_0^2}{z^2}-1}$ 함수를 그래프로 그리면 퍼텐셜 함수에 대한 속박 상태를 알게 해준다. 이러한 함수의 교차점은 속박 상태 에너지 준위를 제공한다. 그림 4.12는 $z_0=2$ 및 $z_0=8$ 및 $z_0=20$에 대한 동일한 그리드에서 이러한 함수의 그림을 보여준다. 그림은 낮은 퍼텐셜 우물($z_0=2$)에 대해 속박된 상태의 수가 하나뿐임을 보여준다. 포텐셜 우물을 $z_0=8$, $z_0=20$ 등으로 증가시켜 더 깊게 만들면, 속박 상태의 수가 증가한다. 따라서 V_0의 유한 값에서는 유한한 수의 속박 상태만 있다. 매우 낮은 퍼텐셜 우물의 경우 아무리 낮은 퍼텐셜 우물이라도 최소한 하나의 속박 상태는 있다.

개념적 질문 6: 무한 사각 퍼텐셜 우물과 유한 사각 퍼텐셜 우물의 양자적 성질의 차이를 설명하라.

문제

4.18 앞의 퍼텐셜 우물에서 산란 상태($E > 0$)에서의 투과 및 반사 계수에 대한 식을 유도하라.

4.19 N이 홀수일 때 초월 방정식을 유도하고 그래픽으로 풀아라. 홀수 N과 짝수 N에 대한 에너지 값의 차이는 무엇인가? 홀수 N값에 대해 매우 깊고 낮은 우물에 대해 위와 같은 동일한 분석을 수행하라(짝수 상태에 해당하는 낮은 우물에 대해 항상 최소한 하나의 속박 상태가 있고 홀수 상태에 대한 낮은 우물에도 동일하게 적용됨).

4.20 1차원의 모든 인력 퍼텐셜은 적어도 하나의 속박 상태를 가지고 있다. 이 정리를 증명하라.

4.21 그림 4.13(a)와 (b)에서와 같이 질량 "m"인 입자가 퍼텐셜 우물에 접근하고 있다. ("E"는 입자의 총 에너지, V_0는 퍼텐셜 에너지).

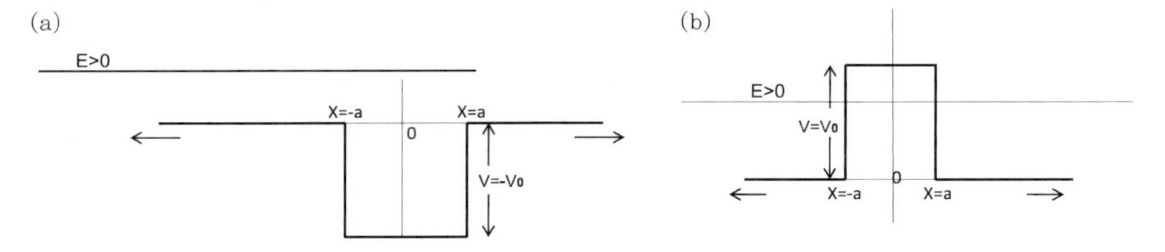

그림 4.13

두 퍼텐셜 장벽에 대해 슈뢰딩거 방정식을 작성하라. 슈뢰딩거 방정식을 풀지 않고 관측될 입자의 양자 행동을 예측하라.

4.22 양자역학적 터널링이 무엇인지 설명하라. 물리적인 예를 들어라. 또한 고전 물리학에서 터널링이 허용되지 않는 이유를 설명하라.

4.23 다음 퍼텐셜 우물을 고려하라. 그림 4.14 (V_0은 퍼텐셜 에너지) 이제 이 두 시나리오 중 질량 "m"과 총 에너지 "E"인 입자가 속박 상태에 있다는 것을 설명하라. 두 경우 모두에 대해 우물 외부와 내부 입자의 파동 함수를 작성하라.

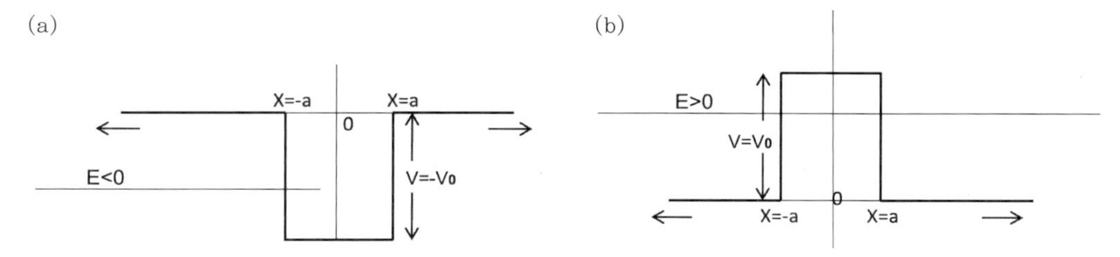

그림 4.14

4.24 그림 4.9에서와 같이 입자가 퍼텐셜 장벽을 통해 투과하고 있다고 가정하자. 입자의 총 에너지는 영역 I에서 II로, 그후 III으로 이동할 때 변하는가? 영역 III에 있는 입자의 총 에너지는 얼마인가? 처음에 영역 I에 있는 입자의 총 에너지가 "E"라고 가정하라.

4.7 튜토리얼

4.7.1 무한 사각 퍼텐셜 우물

목적

무한 사각 퍼텐셜 우물의 영향을 받는 양자 입자의 행동을 이해한다.

개념

- 무한 사각 퍼텐셜 우물은 작은 영역(0인 경우)을 제외하고 모든 곳에서 퍼텐셜이 무한인 계를 나타낸다.
- 이러한 계의 입자는 퍼텐셜이 0인 영역에서만 자유롭게 움직이도록 제한된다. 이 영역에서 입자가 경험하는 힘도 0이고 구속 영역 외부의 모든 곳은 무한하다. 이 시나리오는 "상자내의 입자"라고도 한다.
- 입자의 총 에너지는 운동 에너지일 뿐이며 양수이다.
- 입자의 슈뢰딩거 방정식의 해는 무한개의 이산 에너지를 준다.

아래에 주어진 그림 4.15에서 영역 II라고 하는 길이 "a"의 영역에 가두어진 입자를 고려하라.

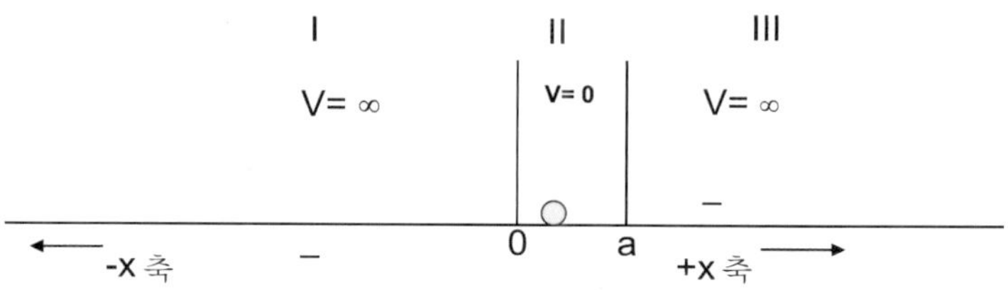

그림 4.15 무한 사각 퍼텐셜 우물

질문 1 입자의 파동함수가 0이 아닌 영역은? I 및 III 영역에서 파동 함수는 유한한가, 무한한가, 또는 0인가를 설명하라. 경계($x=0$ 및 $x=a$)에서 파동 함수는 무엇이어야 하나? "단단한 벽"의 의미를 설명하라.

질문 2 무한 사각 퍼텐셜 우물 내 입자에서 앞의 경계조건을 만족할 수 있는 수학 함수를 스케치하라.

질문 3 앞의 그림의 포텐셜 함수가 유한하다고 가정하자. 양자 입자의 경계에서 파동 함수와 그 미분의 연속성에 적당한 방정식을 작성하라.

슈뢰딩거 방정식

1차원 계에서 입자의 시간 독립 슈뢰딩거 방정식은 다음과 같다.

$$\frac{-\hbar^2}{2m}\frac{d^2\psi}{dx^2} + V(x) = E\psi$$

질문 4 II 영역의 입자에 대한 슈뢰딩거 방정식을 작성하라.

파동 함수 및 에너지 상태

이 계에 대한 슈뢰딩거 방정식의 해는 무한한 직교 에너지 고유 함수 집합을 제공하며 이러한 함수는 다음과 같다.

$$\psi_n = \sqrt{\frac{2}{a}}\sin\left(\frac{n\pi}{a}x\right)$$

여기에서 $n=1,\ 2,\ 3\cdots$

각 에너지 고유 함수(정상 상태)와 관련된 에너지 고유값은 다음과 같다.

$$E_n = \frac{n^2\pi^2\hbar^2}{2ma^2}$$

슈뢰딩거 방정식의 일반해는 다음과 같다.

$$\psi(x) = \sqrt{\frac{2}{a}}\sum_{n=1}^{\infty} c_n \sin\left(\frac{n\pi}{a}x\right)$$

여기에서 c_n은 전개 계수이다.

질문 5 $|c_n|^2$의 의미를 설명하라.

질문 6 $|\psi(x=a)|^2$와 $|\psi(x)|^2 dx$의 의미 차이를 설명하라.

전개 계수를 계산하는 방법을 배우는 것은 중요하다.

이러한 계수를 계산하려면 $t=0$에서 파동 함수를 알아야 한다. 전개 계수는 다음과 같이 계산할 수 있다.

$$c_n = \sqrt{\frac{a}{2}}\int_0^a \sin\left(\frac{n\pi}{a}x\right)\psi(x)dx$$

질문 7 입자의 초기 파동 함수가 $\Psi(x, 0) = A$이고, "A"는 임의의 상수일 때 전개 계수를 결정하라.

입자는 처음에 다음과 같이 주어진 에너지 고유 상태(E_n)에 있었고 파동 함수는 시간에 따라 진화한다고 가정한다.

$$\psi_n = \sqrt{\frac{2}{a}}\sin\left(\frac{n\pi}{a}x\right)$$

질문 8 나중 시간 "t"에서 입자의 에너지는 얼마인가? $t=0$과 t=t에서 입자의 에너지 사이에 차이가 있는가? 또한 나중에 시간 "t"에서 입자의 파동 함수를 결정하라.

입자가 처음($t=0$)에 다음과 같은 선형 중첩 상태에서 있다고 가정하자.

$$\psi(x) = \frac{1}{\sqrt{2}}\psi_1(x) + \frac{1}{\sqrt{2}}\psi_2(x)$$

질문 9 나중에 시간 "t"에서 입자의 파동 함수를 결정하라. 나중에 입자의 에너지는 얼마가 될까?

질문 10 입자가 $n=1$인 에너지 고유 상태에 있는 경우 다음 기대값을 구하라.

$$\langle x \rangle, \langle p \rangle, \langle p^2 \rangle, \langle H \rangle.$$

또한 이전에 표시된 선형 중첩 상태에 대해 동일한 기대값을 계산하라.
두 경우의 값에서 어떤 차이가 있는가?

질문 11 $n=1$, $n=2$, $n=3$, $n=10$, $n=100$에 대한 고유 함수를 구하고 차이점을 해석하라. 또한 고유 상태 $n=1$, $n=10$, $n=100$에 대한 입자의 확률 밀도를 계산하라.

질문 12 입자의 에너지가 E_1이라고 가정하고 위치 $a/2$에서 입자의 확률 밀도를 구하라. 또한 입자가 앞의 선형 중첩 상태에 있는 경우에도 동일한 작업을 수행하라.

질문 13 에너지, 위치 또는 운동량과 같은 양을 측정한 후 입자의 파동 함수는 어떻게 되는가?

질문 14 슈뢰딩거 방정식을 풀지 않고 구속 영역을 "0에서 $-a$", "$-a$에서 a" 및 "0에서 $2a$"로 변경하여 입자의 에너지 고유 함수를 구하라. 구속 영역의 변화로 인해 에너지 고유 함수의 특성 행동에 변화가 있는가?

질문 15 파동 함수를 사용하여 계산할 수 있는 물리량을 나열하고 그 유용성을 설명하라.

4.7.2 터널링

목적

학생들이 장벽을 통한 입자 및 파동의 투과에 대한 고전적 규칙을 이해하도록 돕기.

하위 수준 및 상위 수준 학부 수업을 위한 양자 터널링에 대한 질적 소개.

개념

- 고전적으로 입자의 에너지가 장벽의 위치 에너지보다 클 때만 입자가 장벽을 통과할 수 있다.
- 한 영역에서 다른 영역으로 투과하는 입자의 에너지는 변하지 않다.
- 고전적으로 입자의 운동 에너지는 음수가 될 수 없다.
- 파동은 공간으로 퍼져(비국소화) 파동의 에너지가 장벽의 위치 에너지보다 작더라도 장벽을 통과할 수 있다.
- 양자역학적으로 입자는 파동과 입자와 같은 특성을 모두 가지고 있다. 따라서 파동과 같은 행동으로 인해 에너지가 장벽의 에너지보다 작더라도 장벽을 통과할 수 있다.

다음 그림 4.16a와 4.16b에서 보듯이 질량 "m"과 총 에너지 "E"에서 왼쪽에서 움직이는 입자의 경우를 생각해 보자.

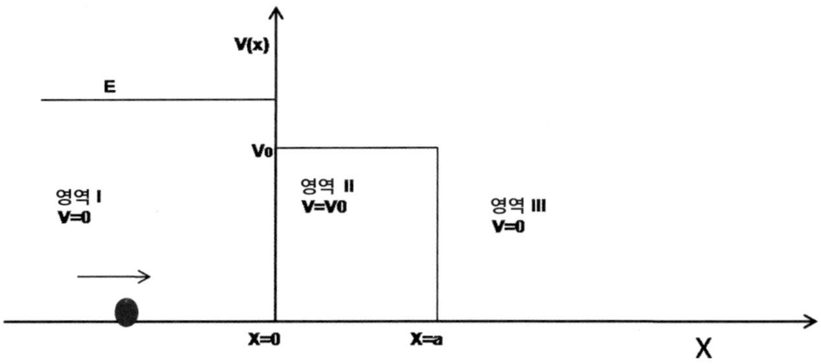

그림 4.16 (a) $E > V_0$, 표시된 그림을 "사각 퍼텐셜 장벽"이라고 한다.

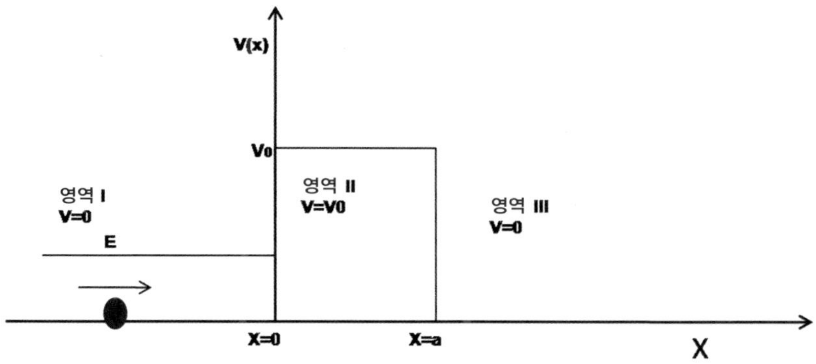

▌그림 4.16 (b) $E < V_0$.

질문 1 앞에 표시된 두 가지 시나리오 중 어느 것에서 입자가 장벽을 통과할 수 있을까?

질문 2 앞 답변을 기반으로 시나리오 중 하나에서 입자가 고전적으로 영역 II로 투과하는 것이 허용되지 않는 이유를 설명하라.

질문 3 입자가 고전적으로 발견되지 않는 영역은 어떤 영역인가?

질문 4 앞에 표시된 두 가지 시나리오 중 입자가 II 영역에서 느려지는 것은 어느 것인가? 그것을 증명하라.

힌트: $E = P.E + K.E$

다음 그림 4.16c와 4.16d와 같이 입자를 진행파(광파 또는 마이크로파)로 교체해 보자.

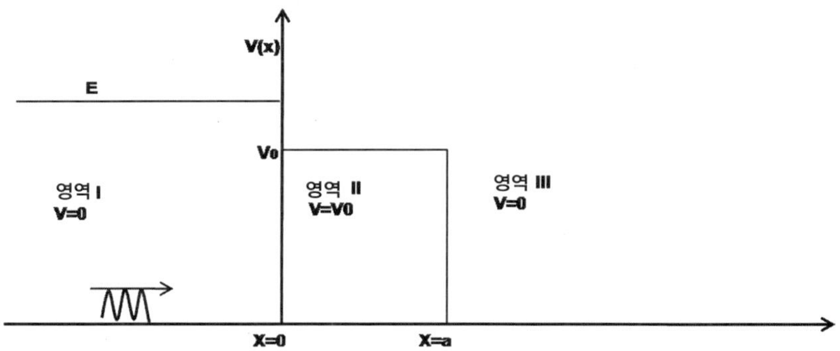

| 그림 4.16 (c)

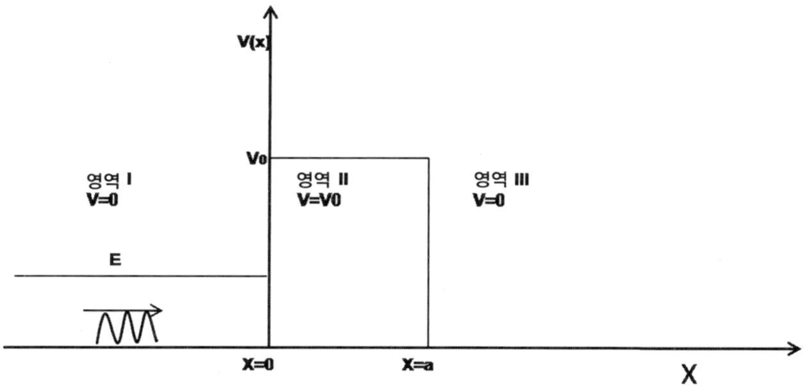

| 그림 4.16 (d)

질문 5 앞에서 보여준 두 시나리오에서 진행파는 고전적으로 장벽을 통과할 수 있다. 이유를 설명해라.

질문 6 그림 4.16c와 4.16d의 파동이 II영역의 경계를 만났을 때 그 파동(투과/반사 여부)은 어떻게 될까?

질문 7 그림 4.16d를 보고 다음 질문에 답하라.

"파동의 운동 에너지는 전체 에너지가 양수인 한 영역 II에서 음수가 될 수 없다." 이 진술에 동의/반대하는가? 진술에 동의하거나 동의하지 않는 이유를 설명하라.

양자 터널링

장벽을 통하여 입자와 파동의 투과에 대한 고전적인 규칙을 이해했으므로 이제 양자역학적 터널링을 이해하는 것이 쉬울 것이다.

다음 그림 4.16과 같이 질량이 "m"이고 에너지 "E"가 왼쪽(영역 I)에서 들어오는 입자를 살펴보자. 이러한 입자는 파동 및 입자와 같은 특성을 모두 가지고 있다.

파동과 입자와 같은 성질을 모두 가진 그러한 입자가 영역 II의 경계를 만나면 파동과 마찬가지로 입자가 경계를 가로질러 반사되어 투과될 유한한 확률을 갖는다.

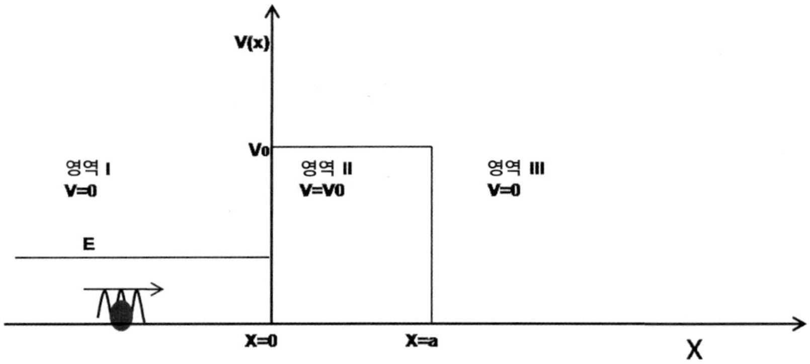

▌그림 4.16 (e)

질문 8 튜토리올의 이전 부분에서 배운 개념을 바탕으로 이제 그림 4.16e에서와 같이 양자 입자가 장벽을 통과할 수 있는지 추측한다. 양자 입자가 장벽을 통과할 수 있다고 생각한다면 입자의 어떤 특성이 장벽을 통과한 입자의 투과와 관련이 있는지 설명하라.

입자의 위치 에너지 및 파동 함수는 다음 표에 나와 있다.

	영역 I ($x<0$)	영역 II ($0 \le x \le a$)	영역 II ($x>a$)
퍼텐셜 에너지	0	V_0	0
시간 독립 쉬뢰딩거 방정식		$\frac{d^2\Psi_2}{dx^2} - \frac{2m}{\hbar^2}(V_0 - E)\Psi_2 = 0$	
파수	$k_1 =$	$k_2 = \sqrt{2m(V_0 - E)/\hbar^2}$	$k_3 =$
$\Psi(x)$, 파동함수	$\Psi_1 = Ae^{ik_1x} + Be^{-ik_1x}$ ↓ ↓ I R	$\Psi_2 = ?$	$\Psi_3 =$ ↓ T
I : 입사파 T : 투과파 R : 반사파			

위의 표를 채우고 영역 I과 III의 슈뢰딩거 방정식과 파동함수와 파수를 작성하라.

질문 9 II 영역에 반사가 없다고 가정하자. 파동 함수를 작성하라. 이 파동 함수는 지수적으로 감소하는가? 답하라.

질문 10 전송 확률을 정의하라. 입사파와 투과파의 관점에서 전송 확률에 대한 식을 작성하라.

질문 11 "진행파는 두 영역의 경계 사이에서 연속적이다. 따라서 파동 함수와 파동 함수의 도함수도 연속적이어야 한다."

앞의 진술에 동의/반대하는가? 동의한다면 앞의 그림과 같이 영역 I과 II와 영역 II와 III의 경계선에 수학적으로 이 진술을 작성하라.

이제 두 학생의 다음 대화를 들어보자.

학생 A: 양자 입자는 장벽을 통과할 때 에너지를 소모하고, 따라서 파동 함수는 장벽 내부에서 지수적으로 감소한다. 이것은 전자기학 수업에서 전자기파가 전도체를 통과할 때 에너지를 소모하고 일정 거리를 이동하면 소멸된다는 것과 유사하다.

학생 B: 나는 그렇게 생각하지 않는다. 왜냐하면 에너지 소모를 나타나게하는 시간 독립 슈뢰딩거 방정식의 항이 없기 때문이다. 입자의 총 에너지는 보존되고 모든 영역에서 동일하게 유지된다고 생각한다. 입자가 에너지를 소모하려면 무언가와 상호 작용해야 한다.

질문 12 학생 A 또는 학생 B에 동의하는가? 동의하는 이유를 설명하라.

질문 13 그림 4.16e와 같이 양자 입자가 왼쪽에서 이동하고 있다고 가정해 보자. $K\,a \gg 1$, 여기서 $K = \sqrt{2\,\mathrm{m}\,(V_0 - E)/\hbar^2}$ 이고 a가 장벽의 너비라는 조건에서 전송 확률은 다음 함수에 비례하게 되며 다음과 같이 주어진다.

$$T\ \alpha\ e^{-2\,\mathrm{K}\,\mathrm{a}} \tag{4.102}$$

이제 퍼텐셜 장벽의 높이와 너비를 2배로 하면 보이는 투과 확률은 증가할까? 감소할까? $x=0$과 $x=a$ 사이의 전송 함수 확률을 그려라.

질문 14 전송 확률은 어떤 매개변수에 따라 달라지는가? 그것들을 나열하라. (앞의 관계를 사용하여 질문에 답하라.)

시뮬레이션

양자역학터널링에 대한 이해를 높이려면 다음 시뮬레이션을 사용하라.

http://phet.colorado.edu/simulations/sims.php?sim=Quantum_Tunneling_and_Wave_Packets

마우스로 실행을 눌러라.

그림의 오른쪽에서 상단에서 장벽/우물을 선택한 다음 에너지 값 표시, 반사 및 투과 확률 표시하고, 평면파 및 "실수 부분"을 선택한다.

이제 화면 상단에 "에너지 구성" 옵션이 있다. 클릭하라. 창이 나타난다. 이제 다음 표에 표시된 에너지 값으로 "평균 총 에너지", 위치 에너지 및 장벽 너비를 변경하고 시뮬레이션을 실행한다. 항상 장벽 위치, $B1=0$을 유지하라. 평균 총 에너지는 평면파의 에너지이고 위치 에너지는 장벽의 높이이다. 화면에 T(전송 확률)와 R(반사 확률)이 표시된다.

다음 표를 채우고 관측한 내용을 기록하라.

$V_1=0$ $V_2=0.40\text{eV}$ $V_3=0$ 장벽 폭 $B1=1\text{nm}$	평균 총에너지(E) (eV)	투과 확률(T)
	0.05 0.15 0.20 0.25 0.35 0.40 0.45 0.55 0.65	

$V_1=0$ $V_2=0.80\text{eV}$ $V_3=0$ 장벽 폭 $B1=1\text{nm}$	평균 총에너지(E) (eV)	투과 확률(T)
	0.15 0.25 0.45 0.55 0.75 0.80 0.85 0.95	

$V_1=0$ $V_2=0.80\text{eV}$ $V_3=0$ 장벽 폭 $B1=2.0\text{nm}$	평균 총에너지(E) (eV)	투과 확률(T)
	0.15 0.25 0.45 0.55 0.75 0.80 0.85 0.95	

질문 15 $E << V_2$, $E >> V_2$ 및 $E \approx V_2$일 때와 같이 표 I 및 II에서 평균 총 에너지에 대한 전송 확률을 관찰후 경향을 설명하라. 이 표에 대한 전송 확률(T)과 에너지(E) 간의 그래프를 그려라. 이 두 그래프 사이에 유사점이 있는가? 위의 식(4.102)와 같이 이 그래프가 전송 확률과 에너지 사이의 관계를 검증할까?

장벽의 높이를 동일하게 유지하면서 장벽의 너비를 2배로 늘렸을 때 표 II와 III에 대한 관측을 설명하라.

파속에 대해서도 동일한 작업을 수행하라.

질문 16 아는 대로 설명하라. 터널링이란 무엇인가를 또한 설명하라: 양자역학적으로 입자가 고전적으로 금지된 영역을 왜 통과할 수 있을까?

$V_1=0$ $V_2=0.40\text{eV}$ $V_3=0$ 장벽 폭 $B1$=1nm	평균 총에너지(E) (eV)	투과 확률(T)
	0.05	0.0
	0.15	0.02
	0.20	0.04
	0.25	0.07
	0.35	0.18
	0.40	0.28
	0.45	0.40
	0.55	0.71
	0.65	0.93

$V_1=0$ $V_2=0.80\text{eV}$ $V_3=0$ 장벽 폭 $B1$=1nm	평균 총에너지(E) (eV)	투과 확률(T)
	0.15	0.0
	0.25	0.0
	0.45	0.01
	0.55	0.02
	0.75	0.11
	0.80	0.16
	0.85	0.24
	0.95	0.52

$V_1=0$ $V_2=0.80\text{eV}$ $V_3=0$ 장벽 폭 $B1$=2.0nm	평균 총에너지(E) (eV)	투과 확률(T)
	0.15	0.0
	0.25	0.0
	0.45	0.0
	0.55	0.0
	0.75	0.01
	0.80	0.05
	0.85	0.32
	0.95	0.62

4.7.3 양자 파속

목적

학생들이 양자 입자의 파속의 개념을 이해하도록 돕는다.

개념

- 양자 입자의 파속은 임의의 순간에 우주에서 입자가 가장 많이 발견되거나 발견되지 않을 가능성이 있는 정보를 제공한다.
- 고전적으로 파속의 군 속도는 위상 속도보다 크거나 작을 수 있다.
  모든 파동이 위상 속도와 군속도가 같으며 파속은 분산을 일으키지 않으며 이동할때 그 매질을 비분산 매질이라고 한다. 진공은 전자기파의 비분산 매질인 반면, 물은 물결파의 분산 매질 역할을 한다.

- 자유 양자 입자의 파속은 매질에 관계없이 분산된다.
- 자유 양자 입자의 파속의 군 속도는 자유 고전 입자의 속도와 동일하다.

질문 1 다음 설명 중 옳은 것은?

I. 파동과 입자와 같은 행동을 모두 가지고 있고 공간에서 완전히 비국소화된 전자는 사인파로 나타낼 수 있다.

II. 파동과 입자와 같은 행동을 모두 가지고 있고 공간에서 완전히 비국소화된 전자는 사인파로 나타낼 수 없다.

III. 파동과 입자와 같은 행동을 모두 가지고 있고 공간에서 완전히 비국소화된 전자는 파속으로 나타낼 수 있다.

IV. 파동과 입자와 같은 행동을 모두 가지고 있고 공간에서 완전히 비국소화된 전자는 파속으로 나타낼 수 없다.

a. I과 III

b. I과 IV

c. 오직 I 만

d. 오직 II 만

e. 위의 어느 것도 아니다.

질문 2 다음 설명 중 옳은 것은?

I. 파동과 입자와 같은 행동을 모두 가지고 있고 공간의 일부 영역에 국소화된 전자는 사인파로 나타낼 수 있다.

II. 파동과 입자와 같은 행동을 모두 가지고 있고 공간의 일부 영역에 국소화된 전자는 사인파로 나타낼 수 없다.

III. 파동과 입자와 같은 행동을 모두 가지고 있고 공간의 일부 영역에 국소화된 전자는 파속으로 나타낼 수 있다.

IV. 파동과 입자와 같은 행동을 모두 가지고 있고 공간의 일부 영역에 국소화된 전자는 파속으로 나타낼 수 없다.

a. I과 III

b. I과 IV

c. 오직 I 만

d. 오직 II 만

e. 위의 어느 것도 아니다.

질문 3 이제 전자가 파속으로 표현될 수 있는 이유에 대해 토론하는 두 학생 사이의 다음 대화를 듣고 다음 질문에 답하라.

크래시오: 전자는 파동과 같은 행동을 하므로 전자가 파동처럼 행동할 때 파속으로 나타낼 수 있다.

콴틱스: 전자는 중첩 원리 때문에 파속으로 표시될 수 있다. 양자역학적으로 전자는 서로 다른 진동수의 정현파의 선형 중첩으로 표시되며, 이러한 선형 중첩 파동은 파속을 형성한다. 또한 물리적으로 전자는 공간에 국소화되어 있으므로 공간의 일부 영역에서 전자를 찾을 확률은 0이 아닌 반면 다른 영역에서는 이 확률이 0이다. 파속은 포락선과 같기 때문에 전자가 이 포락선 내부에 있고 이 포락선과 함께 공간을 이동한다고 가정하면 전자가 공간 영역(포락선)에 국한되어 있다고 말하는 것과 거의 같다. 여기서 해당 영역(포락선)에서 전자를 찾을 확률은 0이 아닌 반면 해당 영역 외부에서는 전자를 찾을 수 없다(전자를 찾을 확률은 0임). 따라서 전자는 파속으로 나타낼 수 있다.

크래시오: 전자가 공간에 국소화되어 있다면 우리는 항상 전자가 어느 순간 어디에 있는지 알고 있다. 그렇다면 왜 그것을 단순히 입자가 아니라 파속으로 표현해야 하는가?

콴틱스: 전자가 파동과 같은 행동을 하고 그것이 국소화된 공간 영역의 모든 곳에 퍼져 있기 때문이다. 순간의 위치를 알더라도 그 위치에서 전자의 운동량이 얼마인지는 알 수 없다. 따라서 해당 위치에서 운동량을 알지 못하면 입자로 나타낼 수 없다.

각 학생에 대해 동의하거나 동의하지 않는 이유를 설명하라.

질문 4 양자 입자가 파속으로 표현될 수 있는 이유를 설명하라.

질문 5 자유 양자 입자의 파속이 이동하는 속도는?

질문 6 자유 양자 입자의 파장 및 파수에 대한 군 및 위상 속도는?

질문 7 위치 공간에서 파속 함수의 제곱을 그린다고 가정하자. 이 함수 아래의 면적은 동일하다.

질문 8 자유 양자 입자의 다음 분산 관계를 고려하자.

$$\omega = \frac{hk^2}{2\pi m} \tag{4.103}$$

이제 다음 식(4.104)을 사용하여 양자 입자의 파속에서 분산이 일어남을 보여준다.

$$\omega(k - k_0) = \omega(k_0) + (k - k_0)\frac{d\omega}{dk}\bigg|_{k=k_0} + \frac{(k-k_0)^2}{2}\frac{d^2\omega}{dk^2}\bigg|_{k=k_0} + \cdots \tag{4.104}$$

질문 9 자유 양자 입자를 정현파(또는 평면파)로 나타낼 때 발생하는 어려움과 모순을 설명하라. 또한 양자 입자를 파속으로 나타낼 때 이러한 모순이 어떻게 해결되는지 설명하라.

질문 10 파속의 위치를 결정하기 위해 측정을 수행할 때 파속에 어떤 일이 발생하는지 설명하라.

질문 11 양자파속에 대해 다음 식을 고려하라.

$$f(x, t) = \int dk\, g(k) e^{i(kx-\omega t)}$$

여기에서 $g(k) = e^{-a(k-k_0)^2}$ 이다.

이제 이 함수의 절대제곱에 대한 식을 유도한다. 함수의 절대 제곱의 물리적 의미는 무엇인가? 또한, 파속의 폭이 시간에 따라 변한다는 것을 보여라.

질문 12 고전 파속과 양자 파속의 근본적인 차이점을 작성하라.

시뮬레이션

다음 시뮬레이션을 사용하여 파속의 분산을 공부하자.

http://www.falstad.com/dispersion/

이 시뮬레이션에서 서로 다른 진동수의 두 정현파가 중첩되어 바닥에 파속을 생성한다. 지시를 따르고 질문에 답하라.

1. 속도 1=속도 2로 놓고 진동수 2를 일정하게 유지 시키면서 진동수 1의 막대를 천천히 미끄러지듯 이동시킨다.

질문 13 파 1과 파 2의 진동수 차이가 클 때 파속의 폭은 어떻게 되는가? 관찰한 패턴을 그린다. 큰 폭의 파속을 관찰하려면 파동 1과 파동 2의 진동수 차이가 매우 작아야 하는가(좁은 진동수 범위)? 파 1과 파 2의 진동수 차이가 매우 작을 때 파속의 패턴을 그린다.

질문 14 양자 입자가 잘 국소화되려면 파속의 폭이 작아야 하는가, 커야 하는가?

질문 15 파동 폭이 매우 큰 입자의 운동량에 대해 무엇을 알 수 있는가? 파속의 너비를 매우 크게 만들 수 있다.

질문 16 위의 조건(속력1 = 속력2)에서 파속의 분산이 보이는가?

질문 17 시간에 따라 파동의 모양이 최대로 변하는 조건(속도, 진동수)을 구하라.

2. 자유 양자 입자의 분산에 대해 토론하는 세 학생의 다음 대화를 들어라.

학생 A: 자유 양자 입자의 파속은 시간이 지남에 따라 모양이 계속 변하기 때문에 분산된다.
학생 B: 음……, 입자를 찾을 총 확률 밀도가 일정하기 때문에 파속이 분산되지 않는다.
학생 C: 분산 관계의 2차 도함수가 0이 아니고 위상 및 군 속도가 동일하지 않기 때문에 파속이 분산된다.

어떤 학생에 동의하는가? 그 이유를 설명하라.

5 양자 이론 공식의 응용-II

5.1 조화진동자

조화진동자(harmonic oscillator)는 동일한 시간 간격 후에 반복되는 운동인 단순 조화 운동 또는 주기 운동을 나타내는 계이다. 이러한 운동은 진동자 변위에 비례하고 변위와 반대 방향으로 작용하는 복원력에 의해 생긴다. 진동하는 용수철, 단진자, 진동하는 줄 및 분자 진동과 같은 많은 계는 단순 조화 진동자로 근사 될 수 있다. 고전 물리학에서 그러한 계는 잘 알려져 있다. 따라서 가장 자연스러운 질문은 양자역학의 단순 조화 운동이 무엇일까? 그 속성은 무엇일까? 이다. 이 연구는 분자와 결정에서 개별 원자의 진동을 이해하는 데 중요하다. 또한 전자기파의 입자 특성을 이해하는 데도 매우 중요하다. 이 장에서는 먼저 해석적 방법과 대수적 방법의 두 가지 방법을 사용하여 조화진동자에 대한 슈뢰딩거 방정식을 푼다. 그 후에 조화 진동자의 양자 특성에 대해 논의한다.

5.1.1 해석적 방법

단순 조화진동자로서 용수철 상수가 "k"인 용수철에 "m"이 부착되어 있는 단순 조화진동자로 이 장을 시작한다. 이러한 계의 퍼텐셜 에너지 함수의 수학적 그래프는 다음과 같다.(그림 5.1)

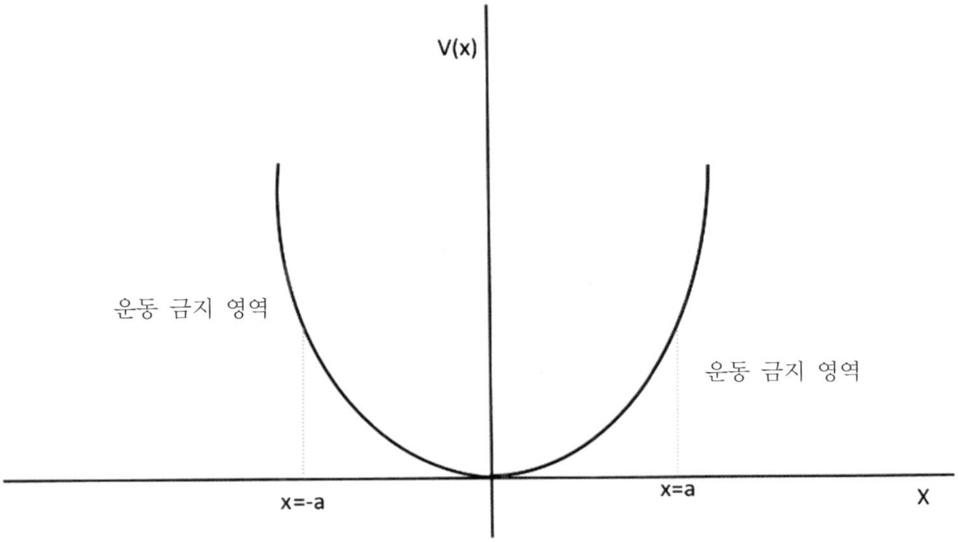

그림 5.1 퍼텐셜 에너지 함수의 그래프. 대칭이며 포물선 형태이다. $x=\pm a$에서 조화 운동을 나타내는 입자는 최대 위치 에너지와 0의 운동 에너지를 갖는 반면 $x=0$에서 위치 에너지는 0이고 최대 운동 에너지를 갖는다. $x=-a$의 왼쪽과 $x=+a$의 오른쪽 영역을 운동 금지 영역이라고 한다.

이 계의 퍼텐셜 에너지 함수는

$$V(x) = \frac{1}{2}kx^2 \tag{5.1}$$

여기에서 $\sqrt{\frac{k}{m}} = \omega$는 진동자의 각진동수이다.

> **개념적 질문 1**: 고전적으로 조화 진동을 나타내는 입자는 금지된 영역에서는 찾을 수 없다. 이 유를 설명해라.

> **개념적 질문 2**: 그림 5.1을 고려하여 $x = \pm a$를 회귀점이라고 부르는 이유를 설명하라. 고전 조화진동자는 $x = 0$에서 최소 시간 지체하는가 아니면 최대로 시간 지체하는가?

조화진동자에 대한 슈뢰딩거 방정식은 다음과 같다.

$$-\frac{\hbar^2}{2m}\frac{d^2\psi(x)}{dx^2} + \frac{1}{2}kx^2\psi(x) = E\psi(x) \tag{5.2}$$

다음과 같이 대입하면 앞 방정식은 다음 모양을 얻는다.

$$x = \sqrt{\frac{\hbar}{m\omega}}y, \quad E = \frac{\hbar\omega}{2}\varepsilon$$

$$\frac{d^2\psi(y)}{dy^2} + (\varepsilon - y^2)\psi(y) = 0 \tag{5.3}$$

식 (5.3)은 풀기 쉽지 않다. 따라서 우리는 이 방정식을 풀기 위해 다른 접근 방식을 사용해야 한다. 이 접근 방식은 1942년 슈뢰딩거에 의해 개발되었으며 해밀토니안을 다음 방정식과 같이 각각 1계 도함수를 포함하는 두 개의 연산자로 인수분해해야 한다. 식 (5.3)은 다음과 같이 다시 쓸 수 있다.

$$\left(\frac{d^2}{dy^2} - y^2\right)\psi(y) = -\varepsilon\psi(y) \tag{5.4}$$

앞의 방정식 첫 번째 연산자는 다음과 같이 기술할 수 있다.

$$\left(\frac{d^2}{dy^2} - y^2\right)\psi = \left[\left(\frac{d}{dy} - y\right)\left(\frac{d}{dy} + y\right) - 1\right]\psi \tag{5.5}$$

식 (5.5)를 식 (5.4)에 대입하면 새로운 슈뢰딩거 방정식이 얻어진다.

$$\left(\frac{d}{dy} - y\right)\left(\frac{d}{dy} + y\right)\psi_\epsilon = -(\varepsilon - 1)\psi_\epsilon \tag{5.6}$$

여기서 ψ_ϵ는 새로운 슈뢰딩거 방정식에서 고유값 ε에 속하는 고유 함수이다.

앞 방정식의 좌우변을 연산자 $(\frac{d}{dy}+y)$로 연산하면,

$$\left(\frac{d}{dy}+y\right)\left(\frac{d}{dy}-y\right)\left(\frac{d}{dy}+y\right)\psi_\epsilon = -(\varepsilon-1)\left(\frac{d}{dy}+y\right)\psi_\epsilon \tag{5.7}$$

이다.

$$\left(\frac{d}{dy}+y\right)\psi_\epsilon = \varphi_\varepsilon \tag{5.8}$$

라 하자.

여기서 φ_ε는 고유값 $\varepsilon-2$에 해당하는 슈뢰딩거 방정식의 새로운 에너지 고유 함수이다. 따라서 슈뢰딩거 방정식은 다음 형식으로 변경된다.

$$\left(\frac{d^2}{dy^2}-y^2\right)\varphi_\varepsilon = -(\varepsilon-2)\varphi_\varepsilon \tag{5.9}$$

따라서 ψ_ϵ가 고유값 ε에 해당하는 슈뢰딩거 방정식의 에너지 고유함수이면 φ_ε는 고유값 $\varepsilon-2$에 해당하는 슈뢰딩거 방정식의 고유함수이다. 이는 슈뢰딩거 방정식의 주어진 해에 대해 다른 것을 유도할 수 있음을 의미한다. 또한 ε이 허용된 에너지 고유값이면 $\varepsilon-2$도 허용되는 고유값이다. 이 절차는 무한번 반복할 수 있으며 ε가 고유값이면 $\varepsilon-2n$도 허용되는 고유값이라는 결론을 얻는다. 그러나 조화진동자의 에너지가 음이 되지 않으므로 n이 무한정 커질 수는 없다. 에너지 또는 평균 에너지의 기대값은 항상 양수여야 하기 때문에 그것이 사실일 수 없다는 것을 안다. 앞 절차는 ε의 가장 낮은 양수 값이 $(\frac{d}{dy}+y)\psi_\epsilon=0$ 인 경우에만 수행할 수 있다. 이 방정식에 연산자 $(\frac{d}{dy}-y)$로 곱하면 다음을 얻는다.

$$\left(\frac{d}{dy}-y\right)\left(\frac{d}{dy}+y\right)\psi_\epsilon = 0 \tag{5.10}$$

그러나 식 (5.7)에서 우리는 이 식이 가장 낮은 에너지 $\varepsilon=1$일 때만 참이 된다는 것을 알고 있다. 따라서 ε의 유일한 허용 값은 다음과 같다.

$$1 = \varepsilon - 2n \tag{5.11}$$

$$\varepsilon = 2n+1 \tag{5.12}$$

여기서 n은 양의 정수만 될 수 있다. 따라서 (5.3)식과 함께 E의 고유값은 다음임을 알 수 있다.

$$E = (2n+1)\frac{\hbar\omega}{2} = \left(n+\frac{1}{2}\right)\hbar\omega \tag{5.13}$$

이 방정식에서 양자 조화진동자의 에너지는 이산적이며 반정수 값을 갖는다는 것이 분명하다. 조화진동자의 가장 낮은 에너지는 $1/2\hbar\omega$이다.

개념적 질문 3: 가장 낮은 에너지 값이 0이 될 수 없는 이유를 설명하라.

에너지 고유 함수는 가장 낮은 에너지에 대한 슈뢰딩거 방정식을 풀면 얻을 수 있다. ε 대신 파동 함수 표기법에 "n"을 사용한다.

$$\left(\frac{d}{dy}+y\right)\psi_{n=0} = 0 \tag{5.14}$$

해는 다음과 같다.

$$\psi_0 = A\, e^{-y^2/2} \tag{5.15}$$

여기서 A는 규격화 상수이다. 이 고유 함수는 조화진동자의 가장 낮은 에너지 상태에 해당하며 기저 상태 에너지 고유 함수라고 한다. 다른 모든 고유 함수는 이 기저 상태 에너지 고유 함수에서 얻을 수 있다. 이를 위해 슈뢰딩거 방정식을 다음과 같이 쓴다.

$$\left(\frac{d}{dy}+y\right)\left(\frac{d}{dy}-y\right)\psi_\epsilon = -(\varepsilon+1)\psi_\epsilon \tag{5.16}$$

왼쪽에서 $\left(\frac{d}{dy}-y\right)$를 곱하면 다음을 얻는다.

$$\left(\frac{d}{dy}-y\right)\left(\frac{d}{dy}+y\right)\left(\frac{d}{dy}-y\right)\psi_\epsilon = -(\varepsilon+1)\left(\frac{d}{dy}-y\right)\psi_\epsilon \tag{5.17}$$

$$\left(\frac{d^2}{dy^2}-y^2\right)\left(\frac{d}{dy}-y\right)\psi_\epsilon = -(\varepsilon+2)\left(\frac{d}{dy}-y\right)\psi_\epsilon \tag{5.18}$$

함수 $\left(\frac{d}{dy}-y\right)\psi_\epsilon = \varphi$가 슈뢰딩거 방정식을 만족하고 고유값 $\varepsilon+2$에 해당함을 알 수 있다. 따라서 다음으로 높은 고유 함수는 연산자 $\left(\frac{d}{dy}-y\right)$로 연산하여 얻을 수 있다.

이런 식으로 ψ_0에서 모든 고유 함수를 얻을 수 있다. 따라서 n번째 고유 함수는 다음과 같다.

$$\psi_n = A_n(-1)^n\left(\frac{d}{dy}-y\right)^n\psi_0 \tag{5.19}$$

여기서 A_n은 규격화 상수이다. 이러한 작업을 수행하면 처음 몇 고유 함수는 다음과 같다.

$$\psi_0 = A_0 e^{-y^2/2} \tag{5.20}$$

$$\psi_1 = -A_1 e^{y^2/2}\frac{d}{dy}e^{-y^2} = A_1\left(2ye^{-\frac{y^2}{2}}\right) \tag{5.21}$$

$$\psi_2 = A_2 e^{y^2/2}\frac{d^2}{dy^2}e^{-y^2} = A_2(2y^2-1)e^{-\frac{y^2}{2}} \tag{5.22}$$

$$\psi_n = (-1)^n A_n e^{y^2/2}\frac{d^n}{dy^n}e^{-y^2} \tag{5.23}$$

$$\psi_n = A_n e^{-y^2/2}\frac{d^n}{dy^n}e^{-y^2} \tag{5.24}$$

따라서 ψ_n은 $e^{-y2/2}$에 n차 다항식을 곱한 것과 같다. 이 다항식을 에르미트(Hermite) 다항식 $h_n(y)$라고 한다. 따라서 다음과 같이 쓸 수 있다.

$$\psi_n = A_n\, e^{-y^2/2}h_n(y) \tag{5.25}$$

그리고

$$h_n(y) = \psi_n(y) A_n e^{\frac{y^2}{2}} \tag{5.26}$$

이다.

5.1.1.1 규격화 상수

규격화 상수는 다음 조건을 사용하여 계산할 수 있다.

$$\int_{-\infty}^{\infty} \psi_n \psi_n^* \, dy = (-1)^n |A_n|^2 \int_{-\infty}^{\infty} h_n(y) \frac{d^n}{dy^n} e^{-y^2} \, dy = 1 \tag{5.27}$$

"n"번 부분 적분을 하면 적분된 부분은 항상 사라지고 매번 −1의 계수가 도입된다는 점에 유의하면 적분 앞에 $(-1)^n$이 나타난다. 우리는 다음을 얻는다:

$$(-1)^{2n} |A_n|^2 \int_{-\infty}^{\infty} e^{-y^2} \frac{d^n h_n(y)}{dy^n} dy = 1 \tag{5.28}$$

여기서 $h_n(y)$는 n차 다항식이며 다음과 같이 쓸 수 있다.

$$h_n(y) = \sum\nolimits_{\varphi=0}^{n} B_\varphi y^\varphi \tag{5.29}$$

적분에서 이 다항식의 미분은 y^n 및 $\frac{d^n y^n}{dy^n} = n!$을 포함하는 항을 제외한 모든 항이 사라진다. 따라서

$$\frac{d^n h_n(y)}{dy^n} = n! B_n \tag{5.30}$$

B_n을 계산하려면 y^n의 계수가 $\frac{d^n h_n(y)}{dy^n}$을 계산해야 하며 로드리게스 공식에 따라 에르미트 다항식은 $h_n(y) = (-1)^n e^{y^2} \frac{d^n e^{-y^2}}{dy^n}$으로 쓸 수 있다. 따라서 y^n의 계수는 $B_n = 2^n$이 된다. 방정식(5.29)에서 이러한 모든 계수를 대입하면 다음을 얻는다.

$$2^n n! |A_n|^2 \int_{-\infty}^{\infty} e^{-y^2} dy = 1, \quad A_n = \frac{1}{(2^n n!)^{1/2}} \frac{1}{(\pi)^{1/4}} \tag{5.31}$$

따라서 y에 대한 규격화된 파동 함수는 다음과 같이 쓸 수 있다.

$$\psi_n(y) = \frac{e^{-y^2/2} h_n(y)}{(\pi)^{1/4} (2^n n!)^{1/2}} \tag{5.32}$$

$x = \sqrt{\frac{\hbar}{m\omega}} y$ 이므로 x에 대한 이 함수를 규격화하려면 $(\frac{m\omega}{\hbar})^{1/4}$를 곱해야 한다. x의 규격화된 파동 함수는 다음과 같다.

$$\psi_n(x) = \frac{e^{-(\frac{m\omega}{\hbar})(\frac{x^2}{2})} h_n\left(\sqrt{\frac{m\omega}{\hbar}} x\right)}{(\pi)^{1/4} (2^n n!)^{1/2}} \left(\frac{m\omega}{\hbar}\right)^{1/4} \tag{5.33}$$

그림 5.2는 여러 에너지 준위에 대한 파동 함수와 확률 밀도 분포를 설명한다. 또한 모든 에너지 준위가 금지된 영역에서 입자를 발견할 가능성이 적음을 보여준다.

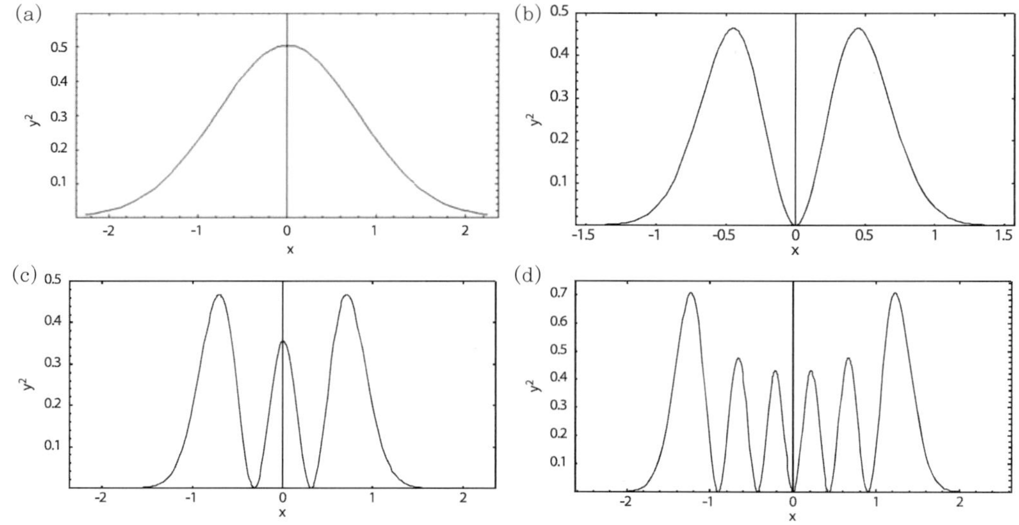

그림 5.2 (a,b) $n=0$ 및 $n=1$ 에너지 상태에서의 조화 진동자의 확률 밀도(y축) 및 위치(x) 그림. (c,d) $n=2$ 및 $n=5$ 에너지 상태에서의 조화진동자의 확률 밀도(y축) 및 위치(x) 그림.

이제 고전적 조화진동자와 양자 조화진동자의 차이점에 대해 논의해 보자. 평형 위치에서 조화 운동을 나타내는 질량 "m"의 작은 입자를 고려하자(그림 5.3 및 5.4).

고전 조화진동자	양자 조화진동자
1. 에너지는 연속적이며 어떤 값이든 가질 수 있다.	에너지는 이산적이며 특정 값(E_n)만 가질 수 있다. 모든 에너지 준위는 균등한 간격을 두고 있다 ($\Delta E=\hbar\omega$). 그러나 매우 큰 "n"(양자 수)의 경우 에너지 준위가 연속적이다. $\left(\frac{\Delta E}{E_n}=\frac{\hbar\omega}{(n+\frac{1}{2})\hbar\omega}\rightarrow 0\right)$
2. 입자는 금지된 영역에는 있을 수 없다. 그곳의 운동 에너지는 고전 물리학의 법칙을 위반하는 음이 된다.	입자는 금지 영역에 있을 수 있다. 금지 영역에서 0이 아닌 확률 밀도를 갖는다.
3. 입자는 $x=0$에서 최대 운동 에너지를 가지므로 이 지점에서 가장 적은 시간을 보낸다.	최저 에너지 또는 영점 에너지라고도 하는 $n=0$인 바닥 상태에서 입자는 $x=0$에서 최대 확률 밀도를 갖는다.
4. 가능한 가장 낮은 운동 에너지는 0이다. 따라서 온도 $T\rightarrow 0$K일 때 K.E $\rightarrow 0$이다.	가능한 가장 낮은 에너지는 결코 0이 될 수 없다. 따라서 온도 $T\rightarrow 0$K일 때 K.E $\neq 0$이다.
5. ???	???

개념적 질문 4: 그림 5.2a와 같이 양자 조화진동자의 기저 상태를 고려하자. 양자 조화진동자의 확률 밀도는 $x=0$에서 보다 높은가? $n=5$와 같은 더 높은 에너지 상태에서 이 확률 밀도는 동일하게 유지될까, 변경될까? 설명하라.

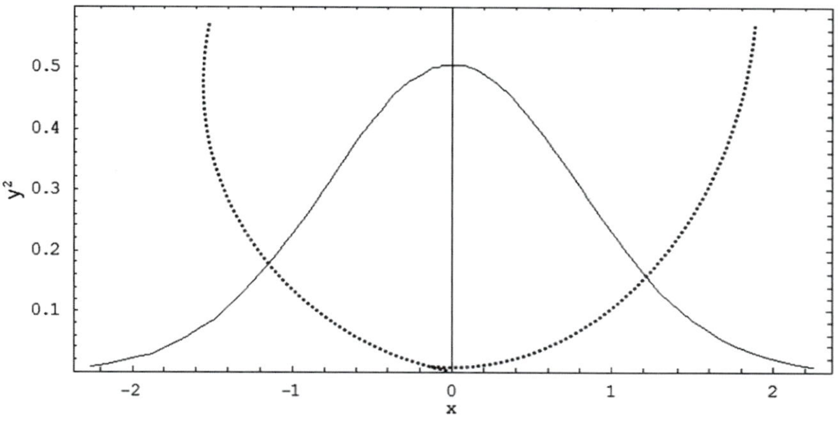

그림 5.3 양자 조화 진동자와 고전 진동자의 기저 상태의 확률 밀도 분포 비교(점선 곡선).

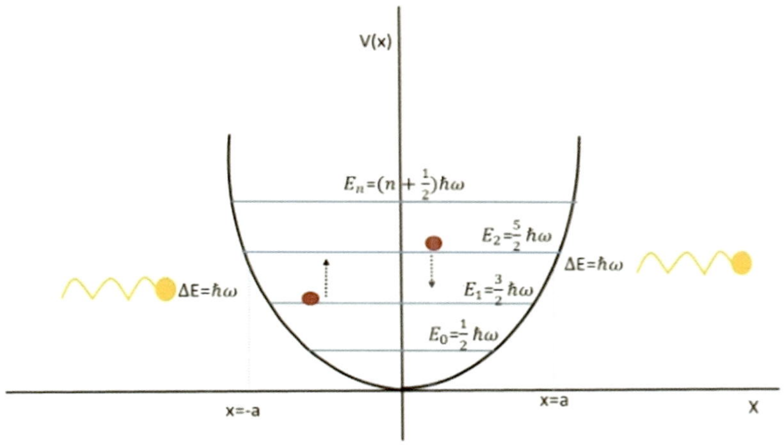

그림 5.4 이 그림은 양자 에너지 $\Delta E=\hbar\omega$를 흡수함으로써 양자 조화 진동자가 다음으로 높은 에너지 준위로 전환될 수 있음을 보여준다. 또한 동일한 에너지의 양자를 방출함으로써 양자 조화 진동자가 다음으로 낮은 에너지 준위로 전환될 수 있음을 보인다.

문제

5.1 퍼텐셜 함수 $V(x)$를 고려하고 테일러 급수를 사용하여 전개하자.

조화진동자의 포물선 퍼텐셜 함수로 근사하기 위해 취할 가정에 대해 설명하라. 이제 질량 “m”이 부착된 용수철 상수 “k”인 용수철을 생각해 보자. 수학적으로 그것의 평균 운동 에너지가 항상 평균 퍼텐셜 에너지와 같다는 것을 보여라($\overline{K}=\overline{V}$).

5.2 양자 조화 진동자의 파동 함수를 사용하여 평균 운동 에너지가 평균 퍼텐셜 에너지와 같다는 것을 보여라.

5.3 조화 운동을 나타내는 진자를 고려하자. 단순히 끈에 붙어 있는 질량 m이 각 “θ”을 중심으로 움직인다. 만약 그것이 양자 조화 진동자라면, 그것의 각도 “θ”는 어떻게 될까? 각도의 양자화를 수학적으로 보여라.

5.4 바닥 상태에서 단순 조화 운동을 나타내는 전자를 고려하라. 10nHz 진동수로 진동하려면 “k”는 무엇인가? 최대 변위 “a”는 얼마인가?

5.5 바닥 상태 파동 함수에 대한 $\langle x \rangle$, $\langle x^2 \rangle$ 및 $\langle p \rangle$을 계산하라.

5.6 입자는 선형 중첩 상태 $\Psi(x,0) = A(2\psi_0(x) + \psi_2(x))$에 있다. 규격화 상수 “$A$”를 구하라. 시간 종속 선형 중첩 상태를 구하라. $t=0$ 및 “t”에서 확률 밀도를 그려라.

5.1.2 대수적 방법

앞 절에서는 조화진동자에 대한 슈뢰딩거 방정식을 푸는 해석적 방법을 배웠다. 이 절에서는 디랙(P.A.M Dirac)이 창시한 대수적 방법에 대해 설명한다. 조화 진동자의 해밀토니안 연산자는 다음과 같다.

$$\hat{H} = \hat{T} + \hat{V} = \frac{\hat{p}^2}{2m} + \frac{1}{2}m\omega^2\hat{x}^2 \tag{5.34}$$

여기서 $\hat{p}$ 및 $\hat{x}$는 숫자가 아닌 연산자이고 $\hat{p} = \frac{\hbar}{i}\frac{d}{dx}$는 운동량 연산자이다. $\hat{p}$와 $\hat{x}$를 단일 연산자로 기술할 수 있는 방법이 있는가? 있다! 방법을 알아보자.

새 연산자를 다음과 같이 정의해 보자.

$$\hat{a}_+ = \frac{1}{\sqrt{2\hbar\omega m}}(\hat{x} - i\hat{p}) \tag{5.35}$$

$$\hat{a}_- = \frac{1}{\sqrt{2\hbar\omega m}}(\hat{x} + i\hat{p}) \tag{5.36}$$

앞의 것은 연산자이므로 순서가 중요하다. 그리고,

$$\hat{a}_+\hat{a}_- \neq \hat{a}_-\hat{a}_+ \tag{5.37}$$

$$\hat{a}_+\hat{a}_- = \frac{1}{2\hbar m\omega}[\hat{p}^2 + (m\omega\hat{x})^2 + im\omega(\hat{x}\hat{p} - \hat{p}\hat{x})] \tag{5.38}$$

$$\hat{a}_-\hat{a}_+ = \frac{1}{2\hbar m\omega}[\hat{p}^2 + (m\omega\hat{x})^2 - im\omega(\hat{x}\hat{p} - \hat{p}\hat{x})] \tag{5.39}$$

식 (5.39)에서 식 (5.38)을 빼면 다음을 얻는다.

$$\hat{a}_-\hat{a}_+ - \hat{a}_+\hat{a}_- = \frac{-im\omega(\hat{x}\hat{p} - \hat{p}\hat{x})}{2\hbar m\omega} - \frac{im\omega(\hat{x}\hat{p} - \hat{p}\hat{x})}{2\hbar m\omega} \tag{5.40}$$

$$\hat{a}_-\hat{a}_+ - \hat{a}_+\hat{a}_- = \frac{-i(\hat{x}\hat{p} - \hat{p}\hat{x})}{\hbar} \tag{5.41}$$

$$\hat{x}\hat{p} - \hat{p}\hat{x} = [\hat{x}, \hat{p}] \tag{5.42}$$

양자역학에서 앞의 연산자 관계는 운동량 및 위치 연산자의 교환자 관계이다. 이 관계는 간단히 $\hat{x}\hat{p} - \hat{p}\hat{x} = [\hat{x}, \hat{p}] = i\hbar$이며 이 값을 식(5.41)에 대입하면 다음을 얻는다.

$$\hat{a}_-\hat{a}_+ - \hat{a}_+\hat{a}_- = 1 \tag{5.43}$$

$$\hat{a}_-\hat{a}_+ + \hat{a}_+\hat{a}_- = \frac{1}{\hbar m\omega}[\hat{p}^2 + (m\omega\hat{x})^2] = \frac{2\hat{H}}{\hbar m\omega} \tag{5.44}$$

식 (5.44)에 식 (5.43)을 대입하면 다음을 얻는다.

$$\hbar\omega\left[\hat{a}_+\hat{a}_- + \frac{1}{2}\right] = \hat{H} \tag{5.45}$$

이제 슈뢰딩거 방정식은 다음과 같이 쓸 수 있다.

$$\hat{H}\psi = \hbar\omega\left[\hat{a}_+\hat{a}_- + \frac{1}{2}\right]\psi \tag{5.46}$$

지금까지 해밀토니안을 기술하기 위해 트릭을 사용했고 수학적으로 다른 형식으로 슈뢰딩거 방정식을 썼지만 아직 슈뢰딩거 방정식을 풀지 못했다. 앞의 수학 형식을 사용하여 슈뢰딩거 방정식을 풀 수 있는 방법을 살펴보자. 그렇게 하려면 에너지 고유 함수 ψ에 대한 연산자 $\hat{a}_+$ 및 $\hat{a}_-$의 효과를 알아볼 필요가 있다.

$$\hat{H}(\hat{a}_+\psi) = \hbar\omega\left[\hat{a}_+\hat{a}_-\hat{a}_+ + \frac{\hat{a}_+}{2}\right]\psi \tag{5.47}$$

$$\hat{a}_+\hat{a}_-\hat{a}_+ + \frac{\hat{a}_+}{2} = \frac{\hat{a}_+}{2}\left[\hat{a}_+\hat{a}_- + 1 + \frac{1}{2}\right]$$

이므로

$$\hat{H}(\hat{a}_+\psi) = \frac{\hat{a}_+}{2}\left[\hbar\omega\left(\hat{a}_+\hat{a}_- + 1 + \frac{1}{2}\right)\right]\psi \tag{5.48}$$

이다.

$$\hat{H}\psi = E\psi = \hbar\omega\left[\hat{a}_+\hat{a}_- + \frac{1}{2}\right]\psi$$

이므로

$$\hat{H}(\hat{a}_+\psi) = \hat{a}_+[E + \hbar\omega]\psi \tag{5.49}$$

이다.

이는 연산자 $\hat{a}_+$의 작용이 에너지 준위를 1만큼 상승시킨다는 것을 보여준다. 이 연산자를 계속 연산시키면 에너지 레벨이 계속 증가한다. 마찬가지로, 에너지 고유함수에 대한 $\hat{a}_-$의 효과는 다음과 같이 에너지를 1만큼 낮추는 것이다.

$$\hat{H}(\hat{a}_-\psi) = \hat{a}_-[E - \hbar\omega]\psi \tag{5.50}$$

$\hat{a}_+$, $\hat{a}_-$를 각각 상승 연산자와 하강 연산자라 각각 부른다. 하지만 하강 연산자를 반복적으로 적용하면 얼마나 하강할 수 있을까? 우리는 에너지가 음일 수 없다는 것을 안다. 따라서 하강 연산자를 반복적으로 적용하면, 이 연산자의 적용으로 에너지가 0이 되는 준위에 도달하게 된다.

그래서,

$$\hat{a}_{-}\psi_0 = 0 \tag{5.51}$$

이다. 위의 방정식을 사용하여 ψ_0를 결정할 수 있다.

$$\frac{1}{\sqrt{2\hbar\omega m}}\left(m\omega\hat{x} + \hbar\frac{d}{dx}\right)\psi_0 = 0 \tag{5.52}$$

앞의 방정식은 1계 상미분 방정식으로, 해는 구하기 쉽고 다음과 같이 얻어진다.

$$\psi_0 = Ae^{\frac{-m\omega}{2\hbar}x^2} \tag{5.53}$$

앞의 파동 함수는 가능한 가장 낮은 에너지 상태의 에너지 고유 함수이다. 이 가장 낮은 에너지 고유값은 이 고유함수에 대해 해밀턴 연산자를 연산하여 얻을 수 있다.

$$\hat{H}\psi_0 = \hbar\omega\left[\hat{a}_{+}\hat{a}_{-} + \frac{1}{2}\right]\psi_0 \tag{5.54}$$

$\hat{a}_{-}\psi_0 = 0$에 주목하면 다음을 얻을 수 있다.

$$\hat{H}\psi_0 = \frac{\hbar\omega}{2}\psi_0 \tag{5.55}$$

따라서 조화 진동자의 가장 낮은 에너지는 다음과 같다.

$$E_0 = \frac{\hbar\omega}{2} \tag{5.56}$$

다른 상위 상태의 파동 함수를 생성하기 위해 상승 연산자를 반복적으로 연산한다. 예를 들어, n번째 파동 함수 또는 에너지 고유 함수를 생성하기 위해 다음 방정식에 표시된 것처럼 바닥 상태에서 상승 연산자를 "n"번 연산한다.

$$\psi_n = A_n(\hat{a}_{+})^n\psi_0 \tag{5.57}$$

A_n은 규격화 상수이고 해당 에너지 고유값은 다음과 같다.

$$E_n = \left(n + \frac{1}{2}\right)\hbar\omega \tag{5.58}$$

예제 5.1

바닥 상태 에너지 고유 함수에 대한 규격화 상수를 구하라. 방정식(5.57)을 사용하여 n =1 상태에 대한 에너지 고유 함수도 구하라.

$$\psi_0 = Ae^{\frac{-m\omega}{2\hbar}x^2}$$

$$1 = |A|^2\int_{-\infty}^{\infty} e^{\frac{-m\omega}{\hbar}x^2}\,dx = |A|^2\sqrt{\frac{\pi\hbar}{m\omega}}$$

$$A = \left(\frac{m\omega}{\pi\hbar}\right)^{1/4} \tag{5.59}$$

$$\psi_0 = \left(\frac{m\omega}{\pi\hbar}\right)^{1/4} e^{\frac{-m\omega}{2\hbar}x^2}$$

$n=2$ 에너지 고유 상태의 경우, 고유 함수는 다음과 같다.

$$\psi_1(x) = A_1(\hat{a}_+)^1\psi_0 = A_1\left(\frac{m\omega}{\pi\hbar}\right)^{1/4}\sqrt{\frac{2m\omega}{\hbar}}xe^{\frac{-m\omega}{2\hbar}x^2} \tag{5.60}$$

규격화 조건을 사용하여 A_1을 구하면 A_1이 1이라는 것을 알 수 있다. 그래서,

$$\psi_1(x) = A_1(\hat{a}_+)^1\psi_0 = \left(\frac{m\omega}{\pi\hbar}\right)^{1/4}\sqrt{\frac{2m\omega}{\hbar}}xe^{\frac{-m\omega}{2\hbar}x^2} \tag{5.61}$$

5.1.2.1 규격화 상수

방정식 (5.57)의 규격화 상수는 아직 도출되지 않았으므로, 이 경우 에너지 고유 함수는 불완전하다. 여기서, 단순화를 위해, 우리는 규격화 상수를 유도하지 않고 규격화 상수의 형태를 설명할 것이다.

$$A_n = \frac{1}{\sqrt{n!}}$$

그리고

$$\psi_n = \frac{1}{\sqrt{n!}}(\hat{a}_+)^n\psi_0 \tag{5.62}$$

$$\psi_n = \frac{1}{\sqrt{n!}}(\hat{a}_+)^n\psi_0 \tag{5.63}$$

$$\psi_{n+1} = \frac{1}{\sqrt{n+1!}}(\hat{a}_+)^{n+1}\psi_0 \tag{5.64}$$

그래서

$$\hat{a}_+\psi_n = \sqrt{n+1}\,\psi_{n+1} \tag{5.65}$$

유사하게

$$\hat{a}_-\psi_n = \sqrt{n}\,\psi_{n-1} \tag{5.66}$$

위의 관계를 사용하면 다음과 같은 결과를 얻을 수 있다.

$$\hat{a}_+\psi_0 = \sqrt{1}\,\psi_1 \tag{5.67}$$

$$\hat{a}_+\psi_1 = \sqrt{2}\,\psi_2 \tag{5.68}$$

그래서,

$$\psi_2 = \frac{\hat{a}_+\psi_1}{\sqrt{2}} \tag{5.69}$$

위의 두 관계를 사용하여 다른 모든 에너지 고유 함수를 찾을 수 있다.

예제 5.2

방정식 (5.69)을 사용하여 에너지 상태 $n=2$에 대한 에너지 고유 함수를 구하라.

$$\psi_2 = \frac{\hat{a}_+\psi_1}{\sqrt{2}} = \frac{1}{\sqrt{2}}\frac{1}{\sqrt{2\hbar\omega m}}\left(-\hbar\frac{d}{dx}+m\omega x\right)\left(\frac{m\omega}{\pi\hbar}\right)^{1/4}\sqrt{\frac{2m\omega}{\hbar}}xe^{\frac{-m\omega}{2\hbar}x^2} \tag{5.70}$$

$$\psi_2 = \frac{\hat{a}_+\psi_1}{\sqrt{2}} = \frac{1}{\sqrt{2}}\frac{1}{\sqrt{2\hbar\omega m}}\left(\frac{m\omega}{\pi\hbar}\right)^{1/4}\sqrt{\frac{2m\omega}{\hbar}}(-\hbar+2m\omega x^2)e^{\frac{-m\omega}{2\hbar}x^2} \tag{5.71}$$

$$\psi_2 = \frac{\hat{a}_+\psi_1}{\sqrt{2}} = \frac{1}{\sqrt{2}}\left(\frac{m\omega}{\pi\hbar}\right)^{1/4}\left(-1+\frac{2m\omega x^2}{\hbar}\right)e^{\frac{-m\omega}{2\hbar}x^2} \tag{5.72}$$

문제

5.7 앞의 방법으로 규격화 상수가 $A_n = \frac{1}{\sqrt{n!}}$로 됨을 보여라.

5.8 에너지 상태 $n=5$에서 에너지 고유 함수를 구하고 이러한 고유 함수에 대한 확률 밀도를 구하라.

5.2 3차원 슈뢰딩거 방정식

지금까지, 우리가 풀려고 시도했던 슈뢰딩거 방정식은 1차원 계 였다. 그러나 대부분의 실제계는 3차원이다. 이 장에서는 3차원 슈뢰딩거 방정식을 풀기 위한 방법을 전개한다. 우리는 또한 계를 3차원 양자역학계로 취급해야만 해결할 수 있는 흥미로운 양자역학적 특성을 면밀히 공부할 것이다.

5.2.1 직각 좌표계의 슈뢰딩거 방정식

3차원 슈뢰딩거 방정식은 다음과 같이 간단히 쓸 수 있다.

$$i\hbar\frac{\partial\Psi(x, y, z, t)}{\partial t} = \hat{H}\,\Psi(x, y, z, t) \tag{5.73}$$

여기에서

$$\hat{H} = -\frac{\hbar^2}{2m}\nabla^2 + V$$

이고

$$\nabla^2 = \frac{\partial^2}{\partial x^2} + \frac{\partial^2}{\partial y^2} + \frac{\partial^2}{\partial z^2}$$

는 직각 좌표계에서 나플라시안이다.

위치 에너지 V와 파동 함수 Ψ는 좌표 x, y, z, 시간 "t"의 함수이다. 만약 "r"이 입자의 위치를 나타내는 3차원 공간에서의 벡터라면, 미소 부피 d^3r에서 입자를 찾을 확률은

$$|\Psi|^2 d^3r \tag{5.74}$$

이다. 그리고 공간 전체에서 적분을 하면 규격화 조건은

$$\int |\Psi|^2 d^3r = 1 \tag{5.75}$$

이 된다. 퍼텐셜이 시간에 독립적인 경우, 슈뢰딩거 방정식의 해는 다음과 같이 정상 상태의 완전한 에너지 고유함수를 준다.

$$\Psi_n(r, t) = \psi_n(r)e^{-iE_n t} \tag{5.76}$$

이러한 에너지 고유 함수를 사용하여, 시간 독립 퍼텐셜에 대한 가장 일반적인 형태의 파동함수는 다음과 같이 쓴다.

$$\Psi(r, t) = \sum b_n\psi_n(r)e^{-iE_n t} \tag{5.77}$$

여기서 b_n은 제3장과 제4장에 기술된 초기 파동 함수 방법을 사용하여 결정할 수 있는 계수이다.

예제 5.3

다음과 같은 퍼텐셜이 나타나는 3차원 퍼텐셜 유물을 고려하자.

$$V(x, y, z) = \begin{cases} 0, & 0 \le x, y, z \le L \quad (\text{영역 II}) \\ \infty, & \text{그 밖에서} \quad (\text{영역 I 과 III}) \end{cases} \tag{5.78}$$

계의 시간 독립 슈뢰딩거 방정식은

$$-\frac{\hbar^2}{2m}\nabla^2\Psi(x, y, z) = E\,\Psi(x, y, z) \tag{5.79}$$

이 방정식은 변수 분리 방법을 사용하여 풀 수 있다. 그 방법을 사용하여 파동 함수를 다음과 같이 기술할 수 있다.

$$\Psi(x, y, z) = X(x)Y(y)Z(z) \tag{5.80}$$

(5.80)식의 파동 함수를 방정식 (5.79)으로 대체하면 다음과 같은 식을 얻을 수 있다.

$$-\frac{\hbar^2}{2m}\left[\frac{1}{X}\frac{d^2X}{dx^2} + \frac{1}{Y}\frac{d^2Y}{dy^2} + \frac{1}{Z}\frac{d^2Z}{dz^2}\right] = E \tag{5.81}$$

$$k^2 = \frac{2mE}{\hbar^2} = k_x^2 + k_y^2 + k_z^2 \tag{5.82}$$

라 정의하자.

이 관계를 사용하여 방정식(5.81)을 다음과 같이 다시 쓸 수 있다.

$$\left[\frac{1}{X}\frac{d^2X}{dx^2} + k_x^2\right] + \left[\frac{1}{Y}\frac{d^2Y}{dy^2} + k_y^2\right] + \left[\frac{1}{Z}\frac{d^2Z}{dz^2} + k_z^2\right] = 0 \tag{5.83}$$

따라서 각 항은 0이 되어야 하며 다음과 같이 쓸 수 있다.

$$\frac{d^2X}{dx^2} = -k_x^2X(x), \quad \frac{d^2Y}{dy^2} = -k_y^2Y(y), \quad \frac{d^2Z}{dz^2} = -k_z^2Z(z) \tag{5.84}$$

경계 조건을 사용하면 각 독립 방정식의 해는 다음과 같다.

$$\Psi_{n_x,n_y,n_z}(x, y, z) = \left(\frac{2}{L}\right)^{3/2} \sin\left(\frac{n_x\pi}{L}\right)\sin\left(\frac{n_y\pi}{L}\right)\sin\left(\frac{n_z\pi}{L}\right) \tag{5.85}$$

여기서 n_x, n_y, n_z =1, 2, 3…은 양의 정수이고, 점유 양자수라고도 한다.

계의 총 에너지 E는 다음과 같다.

$$E_{n_x,n_y,n_z} = \frac{\pi^2\hbar^2}{2mL^2}\left(n_x^2 + n_y^2 + n_z^2\right) \tag{5.86}$$

5.2.1.1 3차원 무한 사각 퍼텐셜 우물의 새로운 양자 특성은 무엇인가?

3차원 무한 사각 퍼텐셜 우물 내의 입자로 구성된 계의 새로운 특성은 각 준위와 관련된 사용 가능한 에너지 준위 및 축퇴 상태의 증가이다. 각 차원에 해당하는 각 양자 수 n_x, n_y, n_z는 이 두 요인에 기여한다. 그러므로, 그러한 퍼텐셜 우물 내의 입자는 1차원 무한 사각 퍼텐셜 우물 내의 입자보다 더 많은 유용 에너지 상태와 축퇴 에너지 상태를 가질 것이다. 다음의 도식(그림 5.5 및 5.6)은 3차원 무한 퍼텐셜 우물 계를 잘 기술하고 있다.

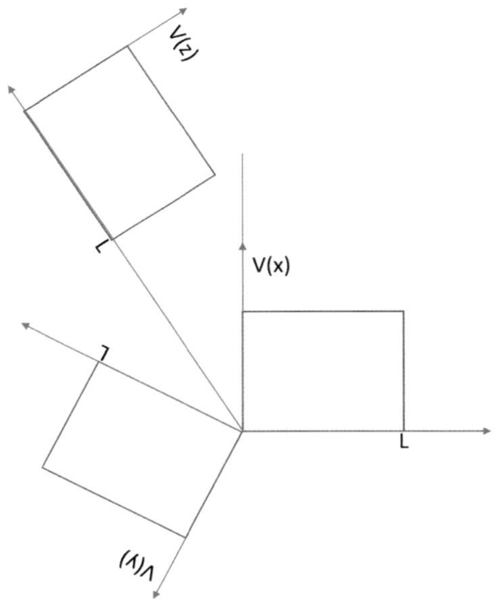

그림 5.5 3차원 무한 사각 퍼텐셜 우물의 시각화.

그림 5.6 3차원 무한 사각 퍼텐셜 우물의 축퇴 에너지 준위

문제

5.9 앞서 설명한 접근법을 사용하여 자유 입자의 3차원 파동 함수를 기술하라.

5.10 3차원 무한 사각 퍼텐셜 우물계에 대한 경계 조건을 적용하여 방정식(5.85)에 제시된 파동 함수를 유도하라(그림 5.5 및 5.6).

5.2.2 구좌표계의 슈뢰딩거 방정식

여러분은 왜 슈뢰딩거 방정식을 구좌표로 설명해야 하는지 궁금해할 수도 있다. 그렇게 하는 주된 이유는 양자 입자의 퍼텐셜 에너지가 종종 원자의 중심일 수 있는 대칭의 중심으로부터 거리 r의 함수이기 때문이다. 그러한 상황에는 원형, 원통형 및 구형 대칭이 필요하다. 따라서 슈뢰딩거 방정식을 구좌표로 표현하는 것이 더 편리하다. 그림 5.7에는 구면 좌표 반지름 r, 극각 θ 및 방위각 ϕ로 표시되었다.

구면 좌표(r, θ, ϕ)에서 슈뢰딩거 방정식의 형태는 동일하다. 그러나 라플라시안은 이제 다음과 같이 쓸 수 있다.

$$\nabla^2 = \frac{1}{r^2}\frac{\partial}{\partial r}\left(r^2\frac{\partial}{\partial r}\right) + \frac{1}{r^2\sin\theta}\frac{\partial}{\partial\theta}\left(\sin\theta\frac{\partial}{\partial\theta}\right) + \frac{1}{r^2\sin^2\theta}\left(\frac{\partial^2}{\partial\phi^2}\right) \quad (5.87)$$

구면 좌표에서, 시간 독립 슈뢰딩거 방정식은 다음과 같다.

$$\left[-\frac{\hbar^2}{2m}\left\{\frac{1}{r^2}\frac{\partial}{\partial r}\left(r^2\frac{\partial}{\partial r}\right) + \frac{1}{r^2\sin\theta}\frac{\partial}{\partial\theta}\left(\sin\theta\frac{\partial}{\partial\theta}\right) + \frac{1}{r^2\sin^2\theta}\left(\frac{\partial^2}{\partial\phi^2}\right)\right\} + V\right]\Psi = E\,\Psi \quad (5.88)$$

변수 분리 방법을 사용하여 파동 함수를 다음과 같이 쓸 수 있다.

$$\Psi(r, \theta, \phi) = R(r)Y(\theta, \phi) \quad (5.89)$$

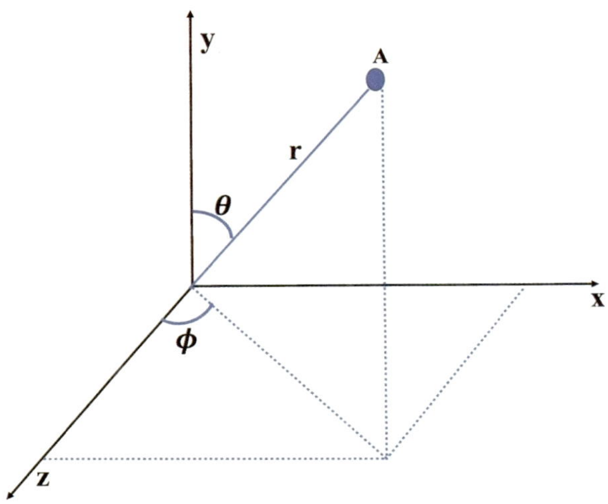

그림 5.7 대칭 중심에서 "r" 거리에 있는 점 입자의 구좌표

식(5.89)를 식(5.88)에 대입하면 다음과 같은 결과를 얻을 수 있다.

$$-\frac{\hbar^2}{2m}\left[\frac{Y}{r^2}\frac{d}{dr}\left(r^2\frac{dR}{dr}\right)+\frac{R}{r^2\sin\theta}\frac{\partial}{\partial\theta}\left(\sin\theta\frac{\partial Y}{\partial\theta}\right)+\frac{R}{r^2\sin^2\theta}\left(\frac{\partial^2 Y}{\partial\phi^2}\right)\right]+VRY=E\,RY \tag{5.90}$$

RY로 나누고 $-2mr^2/\hbar^2$를 곱하면 다음과 같은 방정식이 얻어진다.

$$\left\{\frac{1}{R}\frac{d}{dr}\left(r^2\frac{dR}{dr}\right)-\frac{2mr^2}{\hbar^2}[V(r)-E]\right\}+\frac{1}{Y}\left\{\frac{1}{\sin\theta}\frac{\partial}{\partial\theta}\left(\sin\theta\frac{\partial Y}{\partial\theta}\right)+\frac{1}{\sin^2\theta}\left(\frac{\partial^2 Y}{\partial\phi^2}\right)\right\}=0 \tag{5.91}$$

앞 방정식은 두 개의 항을 가지고 있다. 첫 번째 항은 전적으로 R에 의존하며 두 번째 항은 좌표 θ, ϕ에 의존한다. 따라서 각 항은 어떤 상수와 같아야 하며 다음과 같은 두 개의 방정식으로 나뉜다.

$$\frac{1}{R}\frac{d}{dr}\left(r^2\frac{dR}{dr}\right)-\frac{2mr^2}{\hbar^2}[V(r)-E]=-C \tag{5.92}$$

$$\frac{1}{Y}\left[\frac{1}{\sin\theta}\frac{\partial}{\partial\theta}\left(\sin\theta\frac{\partial Y}{\partial\theta}\right)+\frac{1}{\sin^2\theta}\left(\frac{\partial^2 Y}{\partial\phi^2}\right)\right]=C \tag{5.93}$$

방정식(5.92)을 지름 방정식, 방정식(5.93)을 **각도 방정식**이라고 한다. 이제, 우리는 이 방정식들의 해를 얻어 슈뢰딩거 방정식의 해를 만들기 위해 그것들을 결합해야 한다.

> **개념 질문 5**: 퍼텐셜 $V(r)$의 영향을 받는 3차원 양자역학적 계를 설명하는 데 직각 좌표계보다 구면 좌표를 사용하는 것이 좋은 점을 설명하라.

5.2.3 각도 방정식

각도 방정식은 입자의 총 각운동량과 관련이 있다. 따라서 이 방정식의 해는 총 각운동량의 고유값을 제공한다. 구면 좌표의 각운동량 연산자는 다음과 같이 설명된다.

$$\begin{aligned}\hat{L}_z&=\frac{\hbar}{i}\frac{\partial}{\partial\phi}\\ \hat{L}_x&=-\frac{\hbar}{i}\left(\sin\phi\frac{\partial}{\partial\theta}+\cot\theta\cos\phi\frac{\partial}{\partial\phi}\right)\\ \hat{L}_y&=\frac{\hbar}{i}\left(\cos\phi\frac{\partial}{\partial\theta}-\cot\theta\sin\phi\frac{\partial}{\partial\phi}\right)\end{aligned} \tag{5.94}$$

구면 좌표에서, 앞의 연산자를 사용하면, 총 각운동량의 제곱은 다음과 같이 계산된다.

$$\hat{L}^2=\hat{L}_x^2+\hat{L}_y^2+\hat{L}_z^2=-\hbar^2\left[\frac{1}{\sin\theta}\frac{\partial}{\partial\theta}\left(\sin\theta\frac{\partial}{\partial\theta}\right)+\frac{1}{\sin^2\theta}\left(\frac{\partial^2}{\partial\phi^2}\right)\right] \tag{5.95}$$

그래서

$$\hat{L}^2 f=cf \tag{5.96}$$

여기서 c = 연산자 $\hat{L}^2$의 고유값이고 f는 그 고유 함수이다. 이 연산자의 고유값을 $\hbar^2 l(l+1)$로 쓰는 것이 일반적이다. 여기서 l은 양의 정수이고 **총 각운동량 양자수**라고 한다. **방위각 양자수**라고도 한다. 방위각이라는 단어는 구면에서 각을 나타낸다. 따라서,

$$\hat{L}^2 f = \hbar^2 l(l+1) f \tag{5.97}$$

앞 연산자의 관점에서 각도 방정식은 다음과 같이 쓸 수 있다.

$$\left[\frac{1}{\sin\theta}\frac{\partial}{\partial\theta}\left(\sin\theta\frac{\partial Y}{\partial\theta}\right) + \frac{1}{\sin^2\theta}\left(\frac{\partial^2 Y}{\partial\phi^2}\right)\right] = CY = \frac{-\hat{L}^2 Y}{\hbar^2} = -l(l+1)Y \tag{5.98}$$

그래서,

$$C = -l(l+1) \tag{5.99}$$

이제 슈뢰딩거 방정식으로 돌아가서 슈뢰딩거 방정식을 각운동량 연산자로 쓰면 다음 방정식을 얻는다.

$$\left[-\frac{\hbar^2}{2m}\left\{\frac{1}{r^2}\frac{\partial}{\partial r}\left(r^2\frac{\partial}{\partial r}\right)\right\} + \frac{\hat{L}^2}{2mr^2} + V\right]\Psi = E\,\Psi \tag{5.100}$$

해밀토니안 연산자는

$$\hat{H} = -\frac{\hbar^2}{2m}\left\{\frac{1}{r^2}\frac{\partial}{\partial r}\left(r^2\frac{\partial}{\partial r}\right)\right\} + \frac{\hat{L}^2}{2mr^2} + V(r) \tag{5.101}$$

$V = V(r)$은 좌표$(\theta,\ \phi)$의 함수가 아니기 때문에 $\hat{L}^2$ 및 $\hat{L}$는 $\hat{H}$와 교환된다. 이는 이러한 연산자가 운동 상수임을 의미한다. 따라서 이러한 연산자의 기대값은 시간이 지남에 따라 변하지 않으며 양자역학상수라고 한다. 이 연산자의 고유함수는 해밀토니안의 고유함수이기도 하며 식(5.89)에서 볼 수 있듯이 이제 각도 방정식을 풀어서 이러한 고유함수를 찾아야 한다.

변수 분리 방법을 다시 사용하여 이 방정식을 푼다. 즉,

$$Y(\theta, \phi) = \Theta(\theta)\Phi(\phi) \tag{5.102}$$

각도 방정식(방정식 5.98)에서 앞 함수를 대입하여 다음 방정식을 얻는다.

$$\left\{\frac{1}{\Theta}\left[\sin\theta\frac{d}{d\theta}\left(\sin\theta\frac{d\Theta}{d\theta}\right)\right] + l(l+1)\sin^2\theta\right\} + \frac{1}{\Phi}\left(\frac{d^2\Phi}{d\phi^2}\right) = 0 \tag{5.103}$$

첫 번째 항은 θ의 함수이고 두 번째 항은 ϕ만의 함수이다. 따라서 각각은 동일한 상수와 같아야 한다.

앞의 두 방정식은 다음과 같다.

$$\frac{1}{\Theta}\left[\sin\theta\frac{d}{d\theta}\left(\sin\theta\frac{d\Theta}{d\theta}\right)\right] + l(l+1)\sin^2\theta = m^2 \tag{5.104}$$

$$\frac{1}{\Phi}\left(\frac{d^2\Phi}{d\phi^2}\right) = -m^2 \tag{5.105}$$

이 방정식을 풀면 다음을 얻는다.

$$\Phi(\phi) = e^{im\phi} \tag{5.106}$$

두 가지 해($e^{im\phi}$ 및 $e^{-im\phi}$)가 있지만 m이 양수 값과 음수 값을 모두 갖도록 허용하는 다른 해로 다룰 것이다.

$$\Phi(\phi) = \Phi(\phi + 2\pi) \tag{5.107}$$

이므로 m은 정수여야 하며 자기 양자수라 부른다.

$$m = 0,\ \pm 1,\ \pm 2,\ \pm 3,\ \pm 4, \ldots \tag{5.108}$$

이와 함께 나머지 각도 방정식은 다음과 같다.

$$\left[\sin\theta \frac{d}{d\theta}\left(\sin\theta \frac{d\Theta}{d\theta}\right)\right] + [l(l+1)\sin^2\theta - m^2]\Theta = 0 \tag{5.109}$$

앞 방정식의 해는 사소하지 않으며 다음과 같이 표시된다.

$$\Theta(\theta) = AP_l^m(\cos\theta) \tag{5.110}$$

여기서 P_l^m은 다음과 같이 정의된 연관된 르장드르(Legendre) 함수이다.

$$P_l^m(x) = (1 - x^2)^{\frac{|m|}{2}}\left(\frac{d}{dx}\right)^{|m|} P_l(x) \tag{5.111}$$

$P_l(x)$는 로드리그(Rodrigue) 공식에 의해 정의된 l번째 르장드르 다항식이다.

$$P_l(x) = \frac{1}{2^l l!}\left(\frac{d}{dx}\right)^l (x^2 - 1)^l \tag{5.112}$$

이 방정식에서 l은 음수가 아니어야 한다. 그렇지 않으면 함수의 수학적 형식이 의미가 없다. 규격화된 각도 파 함수는 **구형 조화파**라 부르며,

$$Y_l^m = b\sqrt{\frac{(2l+1)(l-|m|)!}{4\pi\,(l+|m|)!}}\, e^{im\phi} P_l^m(\cos\theta) \tag{5.113}$$

이다.

| 표 5.1

(a) 르장드르 다항식, Pl(x) 및 (b) 연관된 르장드르 함수,

$P_l(x)$		$P_l^m(\cos\theta)$	
$P_0(x)$	1	P_0^0	1
$P_1(x)$	x	P_1^1	$\sin\theta$
$P_2(x)$	$\frac{1}{2}(3x^2 - 1)$	P_1^0	$\cos\theta$
$P_3(x)$	$\frac{1}{2}(5x^3 - 3x)$	P_2^2	$3\sin^2\theta$
$P_4(x)$	$\frac{1}{8}(35x^4 - 30x^2 + 3)$	P_2^1	$3\sin^2\theta\cos\theta$
		P_2^0	$\frac{1}{2}(3\cos^2\theta - 1)$

표 5.2

처음 몇 가지 구형 조화파 $Y_l^m(\theta, \phi)$	
Y_0^0	$\left(\frac{1}{4\pi}\right)^{1/2}$
Y_1^0	$\left(\frac{3}{4\pi}\right)^{1/2}\cos\theta$
$Y_1^{\pm 1}$	$\mp\left(\frac{3}{8\pi}\right)^{1/2}\sin\theta e^{\pm i\phi}$
Y_2^0	$\left(\frac{5}{16\pi}\right)^{1/2}(3\cos^2\theta - 1)$
$Y_2^{\pm 1}$	$\left(\frac{15}{8\pi}\right)^{1/2}\sin\theta\cos\theta e^{\pm i\phi}$

여기서 $b=(-1)^m$은 $m \geq 0$이고 $b=1$은 $m \leq 0$이며 이러한 함수는 직교한다. 이러한 함수의 성질(표 5.1 및 5.2)은 수소 원자에 대해 논의할 때 중요하다. 그때까지는 세부 사항을 설명하지 않고 수학 함수로만 볼 것이다. 흥미롭게도 식(5.113)은 퍼텐셜 함수의 형태에 직접적으로 의존하지 않고 구면 좌표계의 대칭성에만 의존한다.

5.2.4 지름 방정식

다음 방정식은 좌표 r과 퍼텐셜 함수 $V(r)$에 의존한다. 이 방정식을 풀기 위해서는 퍼텐셜 함수의 형태를 알아야 한다. 이 절에서는 이 방정식을 풀지 않고, 대신 그 모양을 자세히 살펴보겠다.

$$\frac{1}{R}\frac{d}{dr}\left(r^2\frac{dR}{dr}\right) - \frac{2mr^2}{\hbar^2}[V(r) - E] = l(l+1)$$

$$\frac{1}{R}\frac{d}{dr}\left(r^2\frac{dR}{dr}\right) - \frac{2mr^2}{\hbar^2}\left[V(r) + \frac{\hbar^2}{2mr^2}l(l+1) - E\right] = 0 \tag{5.114}$$

이 방정식은 다음 함수를 대입하여 더욱 단순화할 수 있다.

$$u(r) = rR(r) \tag{5.115}$$

그러며 방정식은 다음과 같다.

$$-\frac{\hbar^2}{2m}\frac{d^2u}{dr^2} + \left[V(r) + \frac{\hbar^2}{2mr^2}l(l+1)\right]u = Eu \tag{5.116}$$

이 방정식은 두 번째 항을 제외하고는 1차원 슈뢰딩거 방정식과 동일하다. 두 번째 항을 유효 퍼텐셜이라고 한다.

$$V_{eff} = V(r) + \frac{\hbar^2}{2mr^2}l(l+1) \tag{5.117}$$

앞의 방정식의 두 번째 항은 각운동량에 기인하며 반발 퍼텐셜로 작용한다. 이 반발 퍼텐셜은 입자가 원점에서 멀어지는 각운동량을 갖는 것을 방지하는 역할을 한다는 점에서 원심력과 유사하다. $l=0$인 입자의 경우(각운동량 0) 이 퍼텐셜은 0이 된다. 이 모든 이해를 바탕으로 우리는 다음 절에서 수소 원자 문제를 다룰 것이다.

5.3 수소 원자

이 절에서는 수소 원자에 대한 3차원 슈뢰딩거 방정식을 풀 것이다. 앞 절을 이해하면 이 방정식을 푸는 것은 쉬워진다. 수소 원자의 경우 퍼텐셜 에너지 함수는 반경 방향 거리에만 의존하고 각도 변수와는 무관하다. 따라서 앞 절에서 풀었던 각도 방정식의 해는 그대로 유지된다. 여기서 수소 원자에 대한 퍼텐셜 에너지 함수를 사용하여 지름 방정식을 풀면 된다. 지름 방정식을 풀고 나면 이 두 방정식의 해를 결합하여 수소 원자의 파동 함수를 결정한다.

수소 원자는 주위를 도는 전자와 그 전자로 둘러싸인 양전하를 띤 양성자로 구성된다. 양성자와 전자의 전하는 정확히 크기는 같고 부호는 반대이며, 양성자는 $+e$ 또는 간단히 e로 표시하고 전자는 $-e$로 표시한다. 질량이 m_e인 전자와 질량이 "m_p"인 양성자가 원점으로부터 거리 r_1과 r_2에 있다는 점을 고려하면(그림 5.8), 이러한 입자에 가해지는 힘은 그 둘 사이의 상대 거리 $r_1 - r_2$의 함수인 퍼텐셜 에너지 $V(r_1 - r_2)$로 부터 얻어진다. 고전역학에 따르면 이러한 계는 다음 해밀토니안으로 설명된다.

$$H = \frac{1}{2}m_e\dot{r}_1^2 + \frac{1}{2}m_p\dot{r}_2^2 + V(r_1 - r_2) \tag{5.118}$$

처음 두 항은 전자와 양성자의 운동 에너지이고 마지막 항은 상대 퍼텐셜 에너지이다. 이 계의 운동 연구는 계의 질량 중심을 도입하여 단순화할 수 있다. 질량 중심은 계의 전체 질량이 위치한 공간의 한 지점으로 정해진다(그림 5.8). 따라서 문제는 계의 전체 운동과 관련된 계의 중심을 연구하는 것으로 단순화된다. 질량 중심 좌표는 다음과 같이 주어진다.

$$r_{cm} = \frac{m_e r_1 + m_p r_2}{m_e + m_p} \tag{5.119}$$

$$r = r_1 - r_2 \tag{5.120}$$

방정식 (5.119) 및 (5.120)을 사용하여 다음 관계를 유도할 수 있다.

$$r_1 = r_{cm} + \frac{m_p r}{m_e + m_p} \tag{5.121}$$

$$r_2 = r_{cm} + \frac{m_e r}{m_e + m_p} \tag{5.122}$$

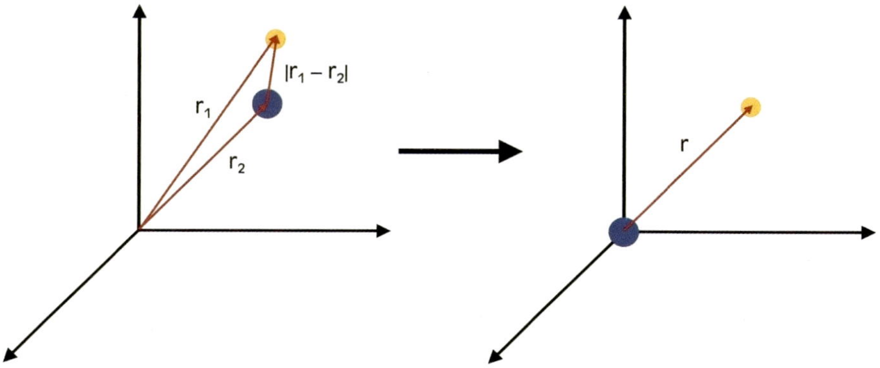

그림 5.8 양성자와 전자의 공간적 위치와 양성자가 질량 중심과 같은 위치를 차지하는 공간 및 질량 중심 근사에서의 그림.

방정식 (5.121)과 (5.122)를 방정식 (5.118)에 대입하면 다음 해밀토니안을 얻는다.

$$H = \frac{1}{2}M\dot{r}_{cm}^2 + \frac{1}{2}\mu\dot{r}^2 + \frac{2m_p m_e \dot{r}\dot{r}_{cm}}{(m_e + m_p)^2} + V(r) \tag{5.123}$$

여기서 $M = m_e + m_p$ =계의 총 질량, $\mu = \frac{m_p m_e}{m_e + m_p}$계의 환산 질량이다.

모든 힘이 내부에 있기 때문에 질량 중심에 작용하는 외부 힘이 없으며, $\dot{r}_{cm} = 0$이고 식(5.123)은 다음 형식으로 축소된다.

$$H = \frac{1}{2}\mu\dot{r}^2 + V(r) \tag{5.124}$$

또한, 양성자의 질량은 1.7×10^{-27}kg이고, 전자의 질량은 0.91×10^{-30}kg이다. $m_p \gg m_e$, $\mu \cong m_e = m$이라고 가정하는 것이 좋다. 이것은 또한 질량 중심 위치가 양성자의 위치와 동일하고 상대 입자가 전자임을 의미한다. 따라서 이러한 가정을 하면 두 입자 계는 퍼텐셜 $V(r)$에 배치된 단일 입자로 구성된 계로 환원된다. 퍼텐셜의 형태는 쿨롱의 법칙에 의해 다음과 같이 주어진 정전기 퍼텐셜 에너지이다.

$$V(r) = -\frac{e^2}{4\pi\varepsilon_0}\frac{1}{r} \tag{5.125}$$

개념적 질문 6: 전자–양성자 계의 질량 중심과 양성자가 같은 위치에 있는 이유는 무엇인가?

5.3.1 수소 원자의 지름 방정식

수소 원자에 대한 지름 방정식은 이제 다음과 같이 쓸 수 있다.

$$-\frac{\hbar^2}{2m}\frac{d^2u}{dr^2} + \left[-\frac{e^2}{4\pi\varepsilon_0}\frac{1}{r} + \frac{\hbar^2}{2mr^2}l(l+1)\right]u = Eu \tag{5.126}$$

앞 방정식 작성을 단순화하기 위해 다음 계수를 도입한다.

$$k^2 = \frac{-2mE}{\hbar^2}, \quad \rho = k\,r \text{ 그리고 } \rho_0 = \frac{me^2}{2\pi\hbar^2 k}$$

이제 방정식(5.126)에서 이러한 계수를 대입하면 방정식은 다음 형식으로 바뀐다.

$$\frac{d^2u}{d\rho^2} + \left[-1 + \frac{\rho_0}{\rho} - \frac{l(l+1)}{\rho^2}\right]u = 0 \tag{5.127}$$

5.3.1.1 점근적 행동

$\rho \to \infty$일 때 대괄호의 두 번째 및 세 번째 항은 0으로 줄어들고 방정식은 다음 형식으로 환원된다.

$$\frac{d^2u}{d\rho^2} - u = 0 \tag{5.128}$$

이 식의 일반해는

$$u(\rho) = Ae^{-\rho} + Be^{\rho} \tag{5.129}$$

이다.

$\rho \to \infty$에서 $e^{\rho} \to \infty$이므로, $B=0$이다. 그리고

$$u(\rho) = Ae^{-\rho} \tag{5.130}$$

이다.

그러나 식(5.127)에서 $\rho \to 0$의 경우 각운동량의 항이 우세하며 대략 식은 다음과 같은 형태로 축소된다.

$$\frac{d^2u}{d\rho^2} + \left[-\frac{l(l+1)}{\rho^2}\right]u = 0 \tag{5.131}$$

이 식의 일반해는 다음과 같다.

$$u(\rho) = C\rho^{l+1} + D\rho^{-l} \tag{5.132}$$

$\rho \to \infty$에서 $\rho^{-1} \to \infty$이므로, $D=0$이다. 그리고 해는 다음으로 줄어든다.

$$u(\rho) \sim C\rho^{l+1} \tag{5.133}$$

5.3.1.2 멱급수 해

앞 함수는 모든 ρ 값에 대해 수렴하지 않는다. 따라서 새로운 함수 $y(\rho)$를 멱급수 함수로 표현해야 한다.

$$u(\rho) = \rho^{l+1}e^{-\rho}\, y(\rho) \tag{5.134}$$

라 하자.

함수 $y(\rho)$는

$$y(\rho) = \sum_{j=0}^{\infty} b_j\rho^j \tag{5.135}$$

이다.

이제 지름 방정식에서 이러한 함수를 대입하여 계수 b_j를 구해 보자. 지름 방정식에 방정식 (5.134)를 대입하면 다음을 얻는다.

$$\rho\frac{d^2y}{d\rho^2} + 2(l+1-\rho)\frac{dy}{d\rho} + [\rho_0 - 2(l+1)]y = 0 \tag{5.136}$$

방정식 (5.135)를 미분하면 다음을 얻는다.

$$\frac{dy}{d\rho} = \sum_{j=0}^{\infty} jb_j\rho^{j-1} = \sum_{j=0}^{\infty}(j+1)b_{j+1}\rho^j \tag{5.137}$$

그리고

$$\frac{d^2y}{d\rho^2} = \sum_{j=0}^{\infty} j(j+1)b_{j+1}\rho^{j-1} \tag{5.138}$$

이다.

이제 앞 방정식을 (5.136)식에 대입하면 다음 방정식을 얻을 수 있다.

$$\sum_{j=0}^{\infty} j(j+1)b_{j+1}\rho^j + 2(l+1)\sum_{j=0}^{\infty}(j+1)b_{j+1}\rho^j - 2\sum_{j=0}^{\infty} jb_j\rho^j + [\rho_0 - 2(l+1)]\sum_{j=0}^{\infty} b_j\rho^j = 0 \tag{5.139}$$

멱승이 같은 계수를 동일하게 하면 다음 관계가 얻어진다.

$$b_{j+1} = \left[\frac{2(j+l+1)-\rho_0}{(j+1)(j+2l+2)}\right]b_j \tag{5.140}$$

재귀 공식은 계수를 결정하고 따라서 함수 $y(\rho)$를 결정한다. 앞의 계수의 형태가 무엇인지 보자. 단순함을 위해 재귀 공식에서 "l"과 ρ_0를 제거하겠다. 따라서 이러한 계수는 다음과 같이 줄어든다.

$$b_{j+1} = \left[\frac{2(j)}{(j+1)(j)}\right]b_j = \frac{2}{j+1}b_j \tag{5.141}$$

방정식은 첫 번째 항과 다음 항 사이의 관계를 준다. $b_1 = 2b_0$, $b_2 = b_1$, $b_3 = \frac{2}{3}b_2 \ldots.$ 따라서 b_j는 b_0에 대해 다음과 같이 쓸 수 있다.

$$b_j = \frac{2^j}{j!}b_0 \rightarrow y(\rho) = b_0 \sum_{j=0}^{\infty} \frac{2^j}{j!}\rho^j = e^{2\rho}b_0 \tag{5.142}$$

그리고,

$$u(\rho) = b_0\rho^{l+1}e^{\rho} \tag{5.143}$$

이다.

그러나 이제 우리가 원하지 않는 점근적 행동, 즉 $\rho \rightarrow \infty$에서 $u \rightarrow \infty$인 경우로 돌아가자. 따라서 우리는 그러한 상황을 없앨 수 있는 조치를 취해야 한다. 가능한 유일한 방법은 재귀 급수 계수가 "j"의 일부 값에서 종료(0이 됨)되도록 하는 것이다. 즉, $j = j_{\max}$인 경우

$$b_{j_{\max}+1} = \left[\frac{2(j_{\max}+l+1)-\rho_0}{(j_{\max}+1)(j_{\max}+2l+2)}\right]b_{j_{\max}} = 0 \tag{5.144}$$

로 놓는다.

이는 다음과 같은 경우에만 가능하다.

$$2(j_{\max}+l+1)-\rho_0 = 0 \tag{5.145}$$

$$j_{\max}+l+1 = n \tag{5.146}$$

라 하자.

여기에서 n은 어떤 양의 정수, 즉 n=1, 2, 3 ⋯ 이다. 그리고

$$\rho_0 = 2n \tag{5.147}$$

이다.

우리는 $k^2 = \frac{-2mE}{\hbar^2}$, $k = \frac{me^2}{2\pi\hbar^2\rho_0}$라는 것을 알고 있다(5.3절의 시작 부분 참조). 따라서,

$$E = -\frac{\hbar^2k^2}{2m} = -\frac{me^4}{8\pi^2\varepsilon_0^2\hbar^2\rho_0^2} \tag{5.148}$$

이다.

그러므로 수소 원자의 허용 에너지 준위는 다음과 같다.

$$E_n = -\left[\frac{m}{2\hbar^2}\left(\frac{e^2}{4\pi\varepsilon_0}\right)^2\right]\frac{1}{n^2} \tag{5.149}$$

수소 원자의 파동 함수는 다음과 같다.

$$\Psi(r, \theta, \phi) = R(r)Y(\theta, \phi) \tag{5.150}$$

$$u(\rho) = \rho^{l+1}e^{-\rho}\ y(\rho) \tag{5.151}$$

$$u(r) = rR(r) \tag{5.152}$$

그래서

$$R(r) = \frac{1}{r}\rho^{l+1}e^{-\rho}\ y(\rho) \tag{5.153}$$

이다.

$y(\rho)$는 ρ의 차수가 $j_{\max} = n-l-1$인 다항식이다. 여기서 l, n 및 m을 양자수라고 한다. 지름 함수에서 이 숫자를 첨자로 사용하여 다음과 같이 다시 쓸 수 있다.

$$R_{nl}(r) = \frac{1}{r}\rho^{l+1}e^{-\rho}\ y(\rho) \tag{5.154}$$

바닥 상태, $n=1$ 및 $l=0$의 경우 수소 원자의 에너지는 다음과 같다.

$$E_1 = -\left[\frac{m}{2\hbar^2}\left(\frac{e^2}{4\pi\varepsilon_0}\right)^2\right] = -13.6\,\mathrm{eV} \tag{5.155}$$

지름 파동함수는 다음과 같다.

$$R_{10}(r) = \frac{1}{r}\rho e^{-\rho}\ y(\rho) \tag{5.156}$$

여기에서 $j_{\max}=1-0-1=0$, 그리고 $y(\rho) = \sum_{j=0}^{j_{\max}} b_j\rho^j = b_0$이다. 그래서,

$$R_{10}(r) = \frac{1}{r}\rho e^{-\rho}\ b_0 \tag{5.157}$$

이다.

$k^2 = \frac{-2mE}{\hbar^2}$, $k = (\frac{me^2}{4\pi\varepsilon_0\hbar^2})\frac{1}{n}$이기 때문에 바닥 상태 $k = (\frac{me^2}{4\pi\varepsilon_0\hbar^2}) = \frac{1}{a}$에서 a를 보어 반경이라 한다. $\rho = kr = \frac{r}{a}$이므로 지름 함수는 다음과 같이 된다.

$$R_{10}(r) = \frac{1}{a}e^{-(r/a)}\ b_0 \tag{5.158}$$

우리가 해야 할 일은 지름 함수에 대한 규격화 조건을 사용하여 계수 b_0를 찾는 것이다.

$$\int_0^\infty |R_{10}|^2 r^2\,dr = \frac{|b_0|^2}{a^2}\int_0^\infty e^{-\frac{2r}{a}} r^2\,dr = 1 \tag{5.159}$$

앞 함수를 적분하면 계수 $b_0 = \frac{2}{\sqrt{a}}$를 얻는다.

또한 바닥 상태의 경우 $l=0$, $m=0$이고 각도 함수는 다음과 같다.

$$Y_{lm} = Y_{00} = \frac{1}{\sqrt{4\pi}} \tag{5.160}$$

따라서 바닥 상태 파동 함수는 다음과 같다.

$$\Psi(r, \theta, \phi) = \Psi_{nlm} = R_{nl}(r)Y_{lm}(\theta, \phi) \rightarrow \Psi_{100} = R_{10}(r)Y_{00}(\theta, \phi) = \frac{1}{\sqrt{\pi a^3}}e^{-r/a} \tag{5.161}$$

표 5.3 다양한 에너지 상태에 대한 지름 함수의 수학적 형태

$n=1$	$R_{10}=2a^{-3/2}e^{-r/a}$
$n=2$	$R_{20}=\frac{1}{\sqrt{2}}a^{-\frac{3}{2}}\left(1-\frac{1}{2}\frac{r}{a}\right)e^{-r/2a}$
	$R_{21}=\frac{1}{\sqrt{24}}a^{-\frac{3}{2}}\left(\frac{r}{a}\right)e^{-r/2a}$
$n=3$	$R_{30}=\frac{2}{\sqrt{27}}a^{-\frac{3}{2}}\left(1-\frac{2}{3}\frac{r}{a}+\frac{2}{27}\left(\frac{r}{a}\right)^2\right)e^{-r/3a}$
	$R_{31}=\frac{8}{27\sqrt{6}}a^{-\frac{3}{2}}\left(1-\frac{1}{6}\frac{r}{a}\right)\left(\frac{r}{a}\right)e^{-r/3a}$
	$R_{32}=\frac{4}{81\sqrt{30}}a^{-\frac{3}{2}}\left(\frac{r}{a}\right)^2e^{-r/3a}$

다른 더 높은 에너지 상태에 대한 지름 함수는 유사한 방식으로 유도될 수 있지만 이전에 표시된 대로 규격화 조건을 사용하여 전개 계수를 찾아야 한다.

표 5.3은 더 높은 에너지 상태에 대한 지름 함수 $R_{nl}(r)$을 제공한다.

5.3.1.3 라게르 다항식 및 연관 라게르(Laguerre) 다항식

식 (5.129)에 설명된 다항식 $y(\rho)$와 식 (5.132)의 재귀 공식에 설명된 계수는 라게르 다항식을 사용하여 다음과 같이 단순화된 형식으로 설명할 수 있다.

$$y(\rho)=L_{n-l-1}^{2l+1}(2\rho) \tag{5.162}$$

여기에서

$$L_{a-b}^{b}(x)=(-1)^b\left(\frac{d}{dx}\right)^a L_a(x) \tag{5.163}$$

는 연관된 라게르 다항식이고,

$$L_a(x)=e^x\left(\frac{d}{dx}\right)^a(e^{-x}x^a) \tag{5.164}$$

는 a번째 라게르 다항식이다. 표 5.4는 이러한 다항식 몇 가지를 보여준다.

완전 규격화 파동 함수는 다음과 같다.

$$\Psi_{nlm}=\sqrt{\left(\frac{2}{na}\right)^3\frac{(n-l-1)!}{2n[(N+l)!]^3}}e^{-r/na}\left(\frac{2r}{na}\right)^l\left[L_{n-l-1}^{2l+1}\left(\frac{2r}{na}\right)\right]Y_l^m(\theta,\varphi) \tag{5.165}$$

여기에서 앞 함수의 규격화 유도는 그다지 중요하지 않고 주로 수학적 절차이기 때문에 논의하지 않았다.

표 5.4 라게르 다항식의 수학적 형태 및 연관된 라게르 다항식

라게르 다항식 $L_a(x)$	연관된 라게르 다항식 $L_{a-b}^{b}(x)$
$L_0(x)=1$	$L_0^0=1,\ L_0^1=1,\ L_0^2=2$
$L_1(x)=1-x$	$L_1^0=1-x,\ L_1^1=-2x+4,\ L_1^2=-6x+18$
$L_2(x)=x^2-4x+2$	$L_2^0=x^2-4x+2,\ L_2^1=3x^2-18x+18,\ L_2^2=12x^2-96x+144$

일반적으로 체적소 $d^3r = r^2\,dr\,d\Omega$ 내의 점 $(r,\ \theta,\ \phi)$에 위치한 전자의 위치 확률은 다음과 같이 주어진다.

$$dP_{n,l,m} = |\Psi_{nlm}|^2 r^2\,dr\,d\Omega = |R_{n,l}|^2 r^2\,dr\ X\ |Y_l^m(\theta,\phi)|^2 \sin\theta\,d\theta\,d\phi \tag{5.166}$$

고려 중인 입체각 내부에서 r과 $r+dr$ 사이에서 전자를 찾을 확률은 단순히 $|R_{n,l}|^2\,r^2\,dr$에 비례한다. 따라서 해당 확률 밀도는 $|R_{n,l}|^2\,r^2$이다. 수소의 다양한 에너지 상태에 대한 확률 밀도(방정식 5.166)는 그림 5.9에 나와 있다.

예제 5.4

수소 원자의 바닥 상태에 있는 전자에 대해 $\langle r\rangle$ 및 $\langle r^2\rangle$을 찾아라.

수소 원자의 기저 상태 파동 함수는 (그림 5.9),

$$\Psi_{100} = \frac{1}{\sqrt{\pi a^3}} e^{-r/a} \tag{5.167}$$

$$\langle r\rangle = \int \Psi_{100} r \Psi_{100}^* r^2 \sin\theta\,d\theta\,d\phi \tag{5.168}$$

$$= \frac{1}{\pi a^3}\int_0^\infty r^3 e^{-2r/a}\,dr \int_0^{2\pi} d\phi \int_0^\pi \sin\theta\,d\theta$$

$$= \frac{12}{a^3}\left(\frac{a}{2}\right)^4 = \frac{3}{2}a \tag{5.169}$$

이다. 그리고

$$\langle r^2\rangle = \frac{1}{\pi a^3}\int_0^\infty r^4 e^{-2r/a}\,dr \int_0^{2\pi} d\phi \int_0^\pi \sin\theta\,d\theta = 3a^2 \tag{5.170}$$

이다.

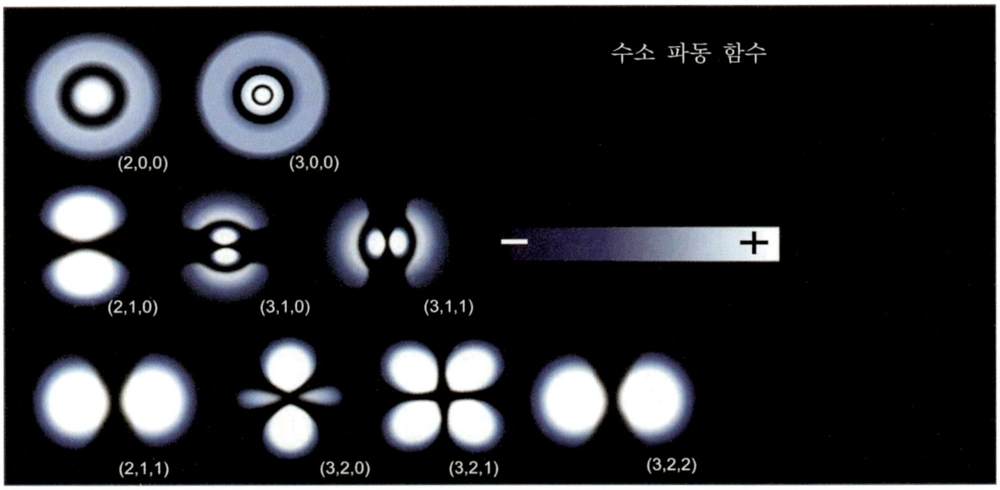

| 그림 5.9 이 이미지는 서로 다른 에너지 상태($n,\ l,\ m$)에 대한 수소 원자 파동함수의 확률 밀도 분포를 나타낸다. 이 이미지는 하오청 인(aocheng Yin)이 제작했다.

5.3.1.4 수소 원자의 축퇴

수소 원자의 에너지 준위는 주양자수 n에만 의존하고 다른 양자수 l과 m에는 의존하지 않는다. 따라서 주 양자수를 알면 수소 원자의 에너지 준위를 결정할 수 있다. 주 양자수 n의 값에 대해 l의 가능한 값은 $l=0, 1, 2, 3 \cdots n-1$이다. 각 l에 대해 가능한 m 값은 $(2l+1)$이다. 이것은 많은 양자 상태가 동일한 에너지를 가지므로 계가 축퇴되었다는 것을 의미한다. 바닥 상태의 경우 $n=1$, $l=0$ 및 $m=0$이다. $n=2$인 에너지 상태의 경우 l은 $l=0$, 1의 두 값을 가지며 각 l에 대해 해당하는 m 값이 있다. $l=0$, $m=0$, $l=1$의 경우 $m=-1$, 0, +1과 같은 세 가지 m 값이 있다. 따라서 에너지 준위 E_n의 총 축퇴는 다음과 같다.

$$D(n) = \sum_{l=0}^{n-1} (2l+1) = 2\frac{(n-1)n}{2} + n = n^2 \tag{5.171}$$

주로 주 양자수에 의존하는 이러한 에너지 의존 특성은 수소 원자만의 특성이며 쿨롱 퍼셜의 특성 때문이다. 다른 원자에서 에너지는 "n"뿐만 아니라 "l" 양자수에도 의존한다. 다른 전자의 스크리닝 효과로 인해 퍼텐셜 함수가 쿨롱 퍼텐셜에서 벗어나기 때문이다.

역사적으로 주 양자수 "n"은 껍질이라고 하며 s로 표시됩니다. 각 껍질에는 양자 번호 "l"에 해당하는 n개의 하위 껍질이 있다. 각 하위 껍질에는 양자수 "m"과 관련된 $(2l+1)$ 상태가 있다. 이러한 수소 원자의 에너지 상태는 그림 5.10에 나와 있다.

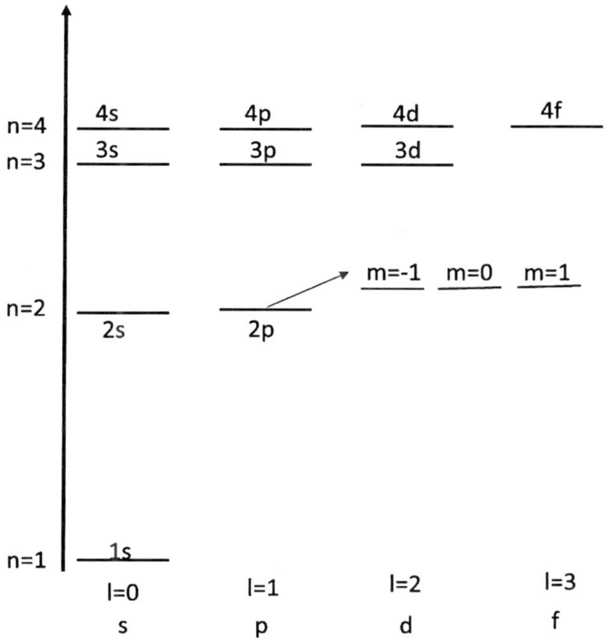

그림 5.10 수소 원자, 껍질 및 하위 껍질의 에너지 상태 분포가 묘사되어 있다.

5.3.2 수소 원자 스펙트럼

수소 기체 및 기타 많은 기체(He, Ne, Xe 등)의 방출 또는 흡수 스펙트럼은 20세기 초에 20년 넘게 집중적인 연구 주제였다. 사실, 과학 실험실에서 그러한 스펙트럼의 관찰은 가장 초기의 "양자 효과"의 관찰이었다. 흥미롭게도 그러한 스펙트럼의 원인에 대해 아무 단서가 없었고 과학자들은 그 존재에 대해 의아해했다. 그 기원에 대한 설명은 나중에 와서 양자역학의 예비 버전의 기초를 마련했다. 양자역학의 학습은 수소기체 스펙트럼의 이면에 대한 이야기를 모르면 불완전할 것이므로, 여기서 수소 원자 스펙트럼의 기원에 대한 짧은 이야기로 시작하겠다.

1910년 프랑스의 화학자이자 발명가인 조지 클로드(George Claude)는 오늘날 단순히 네온 불빛으로 알려진 최초의 방전관을 발명했다. 방전관은 저압에서 네온, 헬륨 또는 크세논과 같은 기체로 채워진 각 끝에 금속 전극이 있는 밀봉된 유리관이다. 전극 사이에 전압이 가해지면 튜브에 포함된 기체의 유형에 따라 튜브가 색상으로 빛난다. 튜브의 수소 가스는 분홍색을, 네온 가스는 주황색에서 빨간색을, 헬륨은 흰색, 회색 또는 파란색을 나타낸다. 각각의 기체에서 이러한 빛과 다른 색상을 나타내는 원인은 무엇인가? 당시 과학자들은 이러한 방전관 현상을 설명하기 위해 고군분투하고 있었다. 그것을 완전히 이해하는 데 10여 년이 걸렸다. 이제는 양자역학 원리를 이용하여 이 현상을 쉽게 설명할 수 있게 되었고, 이는 수소 원자 스펙트럼과 다른 많은 기체의 스펙트럼에 대한 이해로 이어졌다. 이 현상을 설명하기 위해 지금까지 배운 수소 원자의 구조에 대한 이해를 적용한다.

앞 절에서 논의한 바와 같이, 수소 원자의 에너지 준위는 불연속적이다. 양자역학에 따르면 이러한 에너지 준위는 다음 방정식으로 주어진다.

$$E_n = -\left[\frac{m}{2\hbar^2}\left(\frac{e^2}{4\pi\varepsilon_0}\right)^2\right]\frac{1}{n^2} \tag{5.172}$$

전자가 더 높은 에너지 준위에서 더 낮은 에너지 준위로 하강할 때 두 준위 사이의 에너지 차이와 동일한 에너지를 전달하는 광자를 방출하며 그 에너지 차이는 다음과 같이 주어진다.

$$E_{photon} = -13.6\,\mathrm{eV}\left[\frac{1}{{n_f}^2} - \frac{1}{{n_i}^2}\right] \tag{5.173}$$

다시 방전관으로 돌아가서 방전관의 전극 사이에 전압을 가하면 기체의 H_2 분자가 수소 원자로 해리되고 이러한 원자가 서로 충돌하고 관의 벽에 충돌하여 수소 원자내 전자들이 더 높은 에너지 준위에서 더 낮은 에너지 준위로 하강하여 준위 사이의 에너지 차이에 해당하는 에너지를 운반하는 복사선 또는 광자를 방출한다. 튜브에서 관찰되는 복사선의 빛과 색상은 이러한 전자에서 방출되는 가장 강렬한 복사선이다. 방전관을 통해 나오는 빛을 프리즘에 통과시키면 빛의 스펙트럼이 관찰된다. 수소 기체의 경우 아래 그림과 같이 4개의 좁은 개별 밴드 또는 선이 있다. 각 선은 그림 5.11에서와 같이 전자가 높은 준위에서 낮은 준위으로 방출하는 복사에 해당한다. 이 선 스펙트럼은 뜨거운 필라멘트의 빛에서 얻은 연속적인 색상 띠의 스펙트럼과 매우 다르다. 방전관에서 나오는 빛의 연속적인 대역 스펙트럼 대신 선 스펙트럼을 관찰한 것은 당시 과학자들을 어리둥절하게 했다. 좁은 대역 스펙트럼의 불연속성은 주로 원자에서 원자 구조의 불연속성으로 인해 발생한다. 원자 구조는 선 스펙트럼에서 드러난 원자의 고유한 특성이다. 모든 원자는 원자 구조로 인해 다른 원자와 완전히 구별된다. 따라서 빛의 선 스펙트럼을 보면 원천에 대한 정보를 알 수 있다. 이것이 바로 별에서 오는 빛의 근원이 확인되는 방법이다. 수소 스펙트럼의 첫 번째 발견은 실험실이 아니라 별에서 오는 빛의 스펙트럼에서 발견된 것이다. 1881년 윌리엄 휴긴스(William Huggins) 경은 항성 스펙트럼의 첫 번째 사진을 보고 10개의 수소 방출 스펙트럼을 확인했다. 이 선은 적색 가시광선에서 근자외선까지로 파장으로 다양했다. 1885년에 천문학적 측정을 통해 요한 자코브 발머(Johann Jakob Balmer)는 간단한 실험 공식을 적용하여 알려진 모든 선의 위치

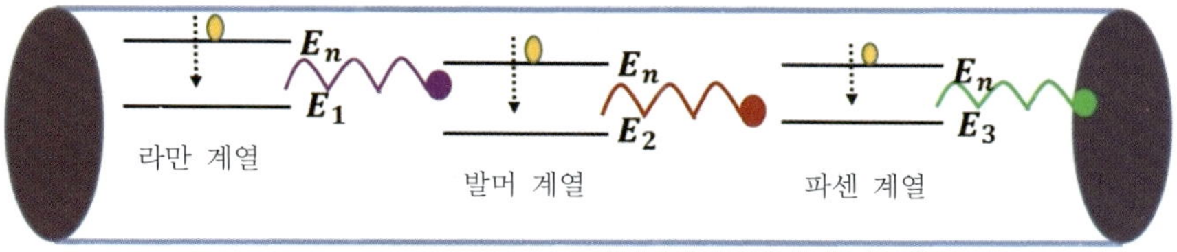

그림 5.11 선 스펙트럼의 관찰을 유발하는 수소 원자의 여러 전자 전이가 일어나는 것을 보여주는 방전관 또는 단순히 "네온 빛".

를 설명할 수 있음을 발견했다. 전체 선 세트는 발머 계열로 알려지게 되었다. 원적외선 영역의 또 다른 계열 군은 리만(Lyman) 계열과 파셴(Paschen) 계열이라고 한다. 발머 계열은 그림 5.11과 같이 상위 준위 "n"에서 하위 준위 2로의 전환으로 인해 발생한다. 계열의 모든 선은 동일한 하위 상태를 공유한다. 유사하게, 리만 및 파셴 계열도 동일한 하위 상태를 공유한다. 이 선은 원자내 전자의 궤도 및 스핀 각운동량과 관련된 상대론적 및 자기적 상호작용으로 인해 더 가까운 선으로 더 분할될 수 있다. 이 분할을 스펙트럼의 미세 구조라고 한다. 원자 스펙트럼을 연구함으로써 수소 원자에 대해 밝혀낼 수 있는 것이 너무 많다. 수소 스펙트럼에 대한 새로운 발견은 스펙트럼을 얻기 위한 새로운 도구가 제공됨에 따라 계속될 것이다. 수소 스펙트럼에 대한 자세한 내용은 이 책의 참고 절에 참조가 언급되어 있다(그림 5.11 및 5.12).

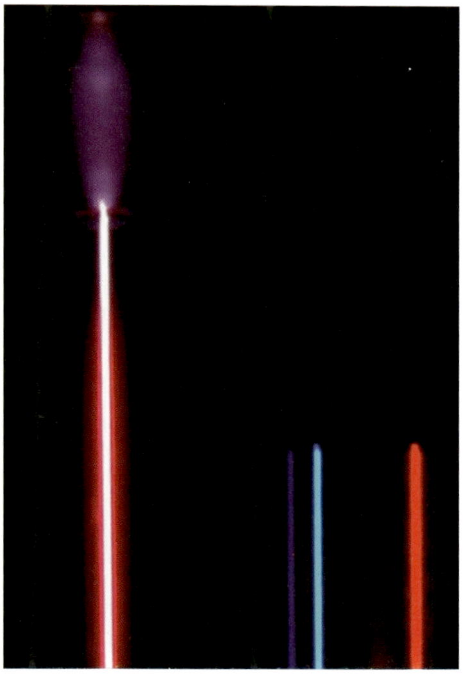

그림 5.12 왼쪽에는 5000볼트 변압기에 의해 여기된 수소 스펙트럼 튜브가 있다. 튜브에서 얻은 복사선의 스펙트럼에서 관찰된 세 개의 두드러진 선이 600lines/mm 회절 격자를 통해 이미지 오른쪽에 표시된다. 이들은 스펙트럼의 가시 범위에 있는 발머 라인이다.
(이 이미지는 HyperPhysics 웹사이트 http://hyperphysics.phy-astr.gsu.edu/hbase/hyde.html에서 가져왔다. 크레딧: Dr. Rod Nav.)

개념적 질문 7: 선 스펙트럼과 연속 대역 스펙트럼의 차이점을 설명하라.

문제

5.11 복사파 함수 R_{20} 및 R_{21}을 결정하라. 이러한 복사 함수를 사용하여 규격화된 파동 함수 Ψ_{200} 및 Ψ_{210}을 찾아라.

5.12 1s, 2s 및 2p 껍질에 있는 전자의 확률 밀도에 대한 수학적 표현을 구하라. 해당 복사형 확률 밀도를 그려라.

5.13 1과 2s 껍질에서 반지름 "r"의 가장 가능성 있는 값을 찾아라. 이 껍질에 있는 전자의 퍼텐셜 에너지의 기대값을 구해라.

5.14 구형 조화파가 직교 함수임을 증명하라.

5.15 수소 원자의 전자가 바닥 상태에 있다고 가정하자. 핵에서 위치의 기대값을 계산하라. 이 기대값은 시간에 따라 변하는가?

5.16 수소 원자의 주 양자수 $n=5$와 관련된 껍질과 부껍질의 수를 구하라.

5.17 실험실에서 관찰된 원자 스펙트럼과 관련된 최초의 양자 효과는 무엇인가? 설명하라. 리만, 발머 및 파셴 계열의 차이점은 무엇인가?

5.4 각운동량

고전역학에서 계 또는 물체의 각운동량은 공간에서의 회전과 관련이 있다. 각운동량은 계에 작용하는 알짜 외부 토크가 0일 때 운동 상수이다. 따라서 닫힌계의 경우 물체의 각운동량은 공간의 등방성으로 인해 보존되는 양이다. 이 등방성은 닫힌계에서 물체가 공간에서 어떤 식으로든 전체적으로 회전할 때 물체의 각운동량이 변하지 않는다는 것을 의미한다. 일반적으로 닫힌계의 에너지, 운동량 및 각운동량은 보존되는 양이다. 고전적으로 질량 "m"인 입자의 각운동량은 다음과 같이 정의된다.

$$\vec{L} = \vec{r} \times \vec{p} \tag{5.174}$$

여기서 $\vec{r}$은 공간에서 입자의 위치를 나타내는 지름 벡터이고 $\vec{p}$는 선형 운동량이다.

$$\vec{L} = \begin{vmatrix} \hat{i} & \hat{j} & \hat{k} \\ x & y & z \\ p_x & p_y & p_z \end{vmatrix}$$

그래서

$$L_x = yp_z - zp_y, \quad L_y = zp_x - xp_z, \quad L_z = xp_y - yp_x \tag{5.175}$$

위의 변수에 대한 교환 관계는 다음과 같이 기술할 수 있다.

$$[L_x, L_y] = L_z, \quad [L_y, L_z] = L_x, \quad [L_z, L_x] = L_y \tag{5.176}$$

고전역학에서 동역학적 변수(각운동량)의 운동 방정식은 다음과 같다.

$$\frac{d\vec{L}}{dt} = [H, \vec{L}] \tag{5.177}$$

만약

$$[H, \vec{L}\,] = 0 \tag{5.178}$$

이면

$$\frac{d\vec{L}}{dt} = 0 \tag{5.179}$$

$$\vec{L} = \text{const.} \tag{5.180}$$

이다.

따라서 각운동량 L은 운동 상수이며 보존된 양이다. 고전역학에서 해밀토니안과 교환되는 계의 모든 역학 변수는 운동 상수이다.

예제 5.5

구 대칭 퍼텐셜 $V(r)$의 해밀토니안을 고려하라.

$$H = \frac{p^2}{2m} + V(r) \tag{5.181}$$

이 퍼텐셜의 영향아래 회전하는 입자의 각운동량은 보존된다. 그 이유를 살펴보자.

$$[H, L\,] = \frac{1}{2m}[H, L] = \frac{1}{2m}\big[[p^2, L_x] + [p^2, L_y] + [p^2, L_z]\big] + [V(r), L] \tag{5.182}$$

$$\big[p_x^2, L_x\big] = p_x[p_x, L_x] + [p_x, L_x]p_x \tag{5.183}$$

$$[p_x, L_x] = [p_x, yp_z - zp_y] = y[p_x, p_z] + [p_x, y]p_z - [p_x, z]p_y - z[p_x, p_y] = 0 \tag{5.184}$$

$$[p_x, L_y] = [p_x, zp_x - xp_z] = z[p_x, p_x] + [p_x, z]p_x - [p_x, x]p_z - x[p_x, p_z] = p_z \tag{5.185}$$

$$[p_x, L_z] = [p_x, xp_y - yp_x] = [p_x, x]p_y + x[p_x, p_y] - [p_x, y]p_x - y[p_x, p_x] = -p_y \tag{5.186}$$

$$[p_y, L_x] = -p_z, \quad [p_z, L_x] = p_y \tag{5.187}$$

$$[p^2, L_x] = \big[p_x^2, L_x\big] + \big[p_y^2, L_x\big] + \big[p_z^2, L_x\big] \tag{5.188}$$

$$\big[p_x^2, L_x\big] = 0 \tag{5.189}$$

$$\big[p_y^2, L_x\big] = -p_y p_z - p_z p_y \tag{5.190}$$

$$\big[p_z^2, L_x\big] = p_z p_y + p_y p_z \tag{5.191}$$

그래서

$$\left[p^2, L_x\right] = \left[p_x^2, L_x\right] + \left[p_y^2, L_x\right] + \left[p_z^2, L_x\right] = -p_y p_z - p_z p_y + p_z p_y + p_y p_z = 0 \tag{5.192}$$

이고, 유사하게

$$\left[p^2, L_y\right] = \left[p_x^2, L_y\right] + \left[p_y^2, L_y\right] + \left[p_z^2, L_y\right] = 0 \tag{5.193}$$

$$\left[p^2, L_z\right] = \left[p_x^2, L_z\right] + \left[p_y^2, L_z\right] + \left[p_z^2, L_z\right] = 0 \tag{5.194}$$

이다.

그래서

$$[H, L] = \frac{1}{2m}[H, L] = \frac{1}{2m}\big[[p^2, L_x] + [p^2, L_y] + [p^2, L_z]\big] + \ [V(r), L] = 0 \tag{5.195}$$

이다. 여기에서

$$[V(r), L] = r \times \nabla V = r \times \hat{r}\frac{\partial V}{\partial r} = 0 \tag{5.196}$$

때문이다.

각 운동량의 운동방정식에 따르면,

$$\frac{d\vec{L}}{dt} = [H, \vec{L}] = 0 \tag{5.197}$$

따라서 L은 운동 상수이며 보존되는 양이다.

5.2절에서 각운동량 양자수 l과 m이 논의되었다. 양자역학에서 각운동량의 의미는 무엇인가? 우리는 이 절에서 이러한 질문에 답하려고 노력할 것이다.

수소 원자의 경우, 핵 주위를 도는 전자는 핵의 중심을 통과하는 축을 중심으로 회전하는 입자로 간주할 수 있다. 이러한 입자의 각운동량은 L이고 성분은 L_x, L_y 및 L_z이다. 이러한 각운동량은 연산자 형태로 다음과 같이 기술할 수 있다.

$$\hat{L}_x = \frac{\hbar}{i}\left(-\sin\phi\ \frac{\partial}{\partial\theta} - \cos\phi\cot\theta\ \frac{\partial}{\partial\phi}\right) \tag{5.198}$$

$$\hat{L}_y = \frac{\hbar}{i}\left(\cos\phi\ \frac{\partial}{\partial\theta} - \sin\phi\cot\theta\ \frac{\partial}{\partial\phi}\right) \tag{5.199}$$

$$\hat{L}_z = \frac{\hbar}{i}\ \frac{\partial}{\partial\phi} \tag{5.200}$$

올림 및 내림 연산자는 다음과 같다.

$$\hat{L}_\pm = \hat{L}_x \pm i\,\hat{L}_y \tag{5.201}$$

$$\hat{L}_\pm = \pm\hbar e^{\pm i\phi}\left(\frac{\partial}{\partial\theta} \pm i\cot\theta\ \frac{\partial}{\partial\phi}\right) \tag{5.202}$$

$$\hat{L}^2 = \hat{L}_x{}^2 + \hat{L}_y{}^2 + \hat{L}_z{}^2 = -\hbar^2\left[\frac{1}{\sin\theta}\frac{\partial}{\partial\theta}\left(\sin\theta\frac{\partial}{\partial\theta}\right) + \frac{1}{\sin^2\theta}\left(\frac{\partial^2}{\partial\phi^2}\right)\right] \tag{5.203}$$

5.4.1 이 연산자의 고유 함수와 고유값은 무엇인가?

5.2.3절에서 논의된 바와 같이, $\hat{L}^2$에 대한 각도 방정식의 해는 구면 조화파($Y_l^m(\theta, \phi)$)의 고유치와 고유함수를 제공한다.

$$\hat{L}^2 f_l^m = \hbar^2 l(l+1) f_l^m \tag{5.204}$$

또한 연산자의 고유 함수이다.

$$\hat{L}_z f_l^m = \hbar m f_l^m \tag{5.205}$$

여기서 함수 f_l^m은 구면 조화파($Y_l^m(\theta, \phi)$)와 동일하다. 따라서 구면 조화파는 $\hat{L}_z$와 $\hat{L}^2$의 동시 고유 함수이다.

5.2절에서 다루었던 해밀토니안 연산자를 다시 쓰자.

$$\hat{H} = -\frac{\hbar^2}{2m}\left\{\frac{1}{r^2}\frac{\partial}{\partial r}\left(r^2\frac{\partial}{\partial r}\right)\right\} + \frac{\hat{L}^2}{2mr^2} + V(r) \tag{5.206}$$

여기에서 각운동량 연산자 L^2와 H는 동일한 에너지 고유함수(구면 조화)를 가지므로 다음과 같이 교환된다.

$$[\hat{H}, \hat{L}^2] = 0 \tag{5.207}$$

유사하게

$$[\hat{H}, \hat{L}] = 0 \tag{5.208}$$

따라서 $\hat{L}^2$ 및 $\hat{L}$은 운동 상수이다.

$\hat{L}_x$, $\hat{L}_y$ 및 $\hat{L}_z$의 교환 관계에 대해 논의해 보자. 양자역학에서 그러한 교환 관계는 다음과 같다.

$$[\hat{L}_x, \hat{L}_y] = i\hbar\hat{L}_z, [\hat{L}_y, \hat{L}_z] = i\hbar\hat{L}_x, [\hat{L}_z, \hat{L}_x] = i\hbar\hat{L}_y \tag{5.209}$$

따라서 $\hat{L}_x$, $\hat{L}_y$ 및 $\hat{L}_z$는 호환되지 않는 관측량(비교환적)이며 동시 고유 함수가 없다. $\hat{H}$, $\hat{L}^2$ 및 $\hat{L}_z$만 동시 고유 함수를 갖는다.

이러한 관측량에 대한 하이젠버그의 불확실성 관계는 다음과 같이 설명할 수 있다.

$$\sigma_x \sigma_y \geq \frac{\hbar}{2}|\langle\hat{L}_z\rangle| \tag{5.210}$$

여기에서

$$\sigma_x^2 = \langle(\hat{L}_x - \langle\hat{L}_x\rangle)^2\rangle, \quad \sigma_y^2 = \langle(\hat{L}_y - \langle\hat{L}_y\rangle)^2\rangle \tag{5.211}$$

이것은 관측량 $\hat{L}_x$, $\hat{L}_y$ 및 $\hat{L}_z$가 동시에 명확한 값을 가질 수 없음을 의미한다. L_z가 잘 정의된 값을 가지고 있다면 $\hat{L}_x$와 $\hat{L}_y$는 그렇지 않다. $\hat{L}_x$가 잘 정의된 값을 가지고 있다면, $\hat{L}_y$와 $\hat{L}_z$는 그렇지 않다. 따라서 공간에서 회전하는 양자 입자는 일정한 각운동량을 결정할 수 없다.

5.4.2 양자역학계에서 각운동량은 보존되는가?

불확정성의 원리에 따르면 각운동량의 세 성분을 동시에 정확히 결정할 수는 없다. 각운동량 성분을 동시에 측정할 수 없는 최고의 장치가 없는 것은 아니다. 양자역학계의 경우 구성 요소 중 하나의 각운동량을 알고 있으면 나머지 두 구성 요소에 대해서는 완전히 불확실하다. 간단히 말해서, 다른 두 성분은 존재하지도 않으며, 다른 두 성분이 없으면 계의 각운동량을 알 수 없다. 따라서 양자역학계의 경우 각운동량에 대해 불확실하므로 고전역학에서와 같이 각운동량 보존에 대해 확신할 수 없다. 다음 예에서는 양자역학에서 각운동량 보존의 가장 가까운 의미에 대해 설명한다.

예제 5.6

다음 해밀토니안 $\hat{H} = \frac{\hat{p}^2}{2m} + V(r)$을 고려하여

$$\frac{d\langle \hat{L} \rangle}{dt} = 0 \tag{5.212}$$

를 보여라.

각운동량의 x 성분에 대한 기대값 방정식을 사용하여,

$$\frac{d\langle \hat{L}_x \rangle}{dt} = \frac{i}{\hbar}\langle [\hat{H}, \hat{L}_x] \rangle \tag{5.213}$$

$$[\hat{H}, \hat{L}_x] = \frac{1}{2m}\left[[\hat{p}^2, \hat{L}_x]\right] + [\hat{V}, \hat{L}_x] \tag{5.214}$$

$$[\hat{H}, \hat{L}_x] = \frac{1}{2m}\left[[\hat{p}_x{}^2, \hat{L}_x] + [\hat{p}_y{}^2, \hat{L}_x] + [\hat{p}_z{}^2, \hat{L}_x]\right] + [\hat{V}, \hat{L}_x] \tag{5.215}$$

$$[\hat{p}^2, \hat{L}_x] = \left[\hat{p}_x{}^2, \hat{L}_x\right] + \left[\hat{p}_y{}^2, \hat{L}_x\right] + \left[\hat{p}_z{}^2, \hat{L}_x\right] = 0 \tag{5.216}$$

을 구하고, 그리고

$$\begin{aligned}[\hat{V}, \hat{L}_x] &= [\hat{V}, y\hat{p}_z - z\hat{p}_y] = [\hat{V}, y\hat{p}_z] - [\hat{V}, z\hat{p}_y] \\ &= y[\hat{V}, \hat{p}_z] + [\hat{V}, y]\hat{p}_z - z[\hat{V}, \hat{p}_y] - [\hat{V}, z]\hat{p}_y\end{aligned} \tag{5.217}$$

$$[\hat{V}, \hat{p}_z] = -\frac{\hbar}{i}\frac{\partial V}{\partial z}, \quad [\hat{V}, \hat{p}_y] = -\frac{\hbar}{i}\frac{\partial V}{\partial y} \tag{5.218}$$

$$[\hat{V}, \hat{L}_x] = y[\hat{V}, \hat{p}_z] - z[\hat{V}, \hat{p}_y] = -\frac{\hbar}{i}\left[y\frac{\partial V}{\partial z} - z\frac{\partial V}{\partial y}\right] = -\frac{\hbar}{i}[r \; X \; \nabla V]_x \tag{5.219}$$

을 얻는다.

유사하게, 다른 두 성분도 같은 방식으로 얻을 수 있다.

따라서, 구형 대칭 퍼텐셜인 $V = V(r)$에 대해,

$$\frac{d\langle \hat{L} \rangle}{dt} = \langle [r \times \nabla V] \rangle = 0 \tag{5.220}$$

을 얻는다.

$$\nabla V = \frac{\partial V}{\partial r}\hat{r} \text{ 그리고 } \vec{r} \times \hat{r} = 0$$

때문에 성립한다.

이것은 각운동량의 기대값이 시간에 따라 일정하게 유지된다는 것을 의미한다. 평균 각운동량은 보존된 양이다. 따라서 양자역학적으로 각운동량은 $\hat{L}^2$ 및 $\hat{L}_z$ 또는 각운동량의 다른 구성요소 중 하나와 관련이 있다. 물리학에서 실험적으로 결정하거나 측정할 수 없는 물리량이나 동적 변수는 의미가 없다. 각운동량의 세 가지 성분을 동시에 측정할 수 없기 때문에 각운동량 자체는 의미가 없지만 $\hat{L}^2$와 $\hat{L}_z$는 의미 있는 양으로 남는다. 따라서 우리는 양의 정수 또는 반 정수인 총 각양자수 "l"의 제곱으로 원자 껍질을 설명한다. 그리고 자기양자수 "m"은 $-l$, $l+1$, …, $l-1$, l 사이의 값 중 하나를 취한다. 주어진 l 값에 대해 $2l+1$개의 m 값이 있다.

각운동량은 고전역학에서 개념이 매우 잘 알려져있다. 강체와 지구와 같은 천체의 회전은 이러한 중요한 이해를 기반으로 하지만 여기서 양자역학에서 각운동량의 의미는 위치 및 운동량과 유사한 방식으로 우리를 놀라게 했다.

개념 질문 8: 양자계의 각운동량 측정의 불확실성을 설명하라.

문제

5.18 올림 및 내림 연산자는 "m"의 값을 1씩 변경한다. $\hat{L}_{\pm} Y_1^1(\theta, \phi)$을 구하라. 이 연산자는 조화진동자의 것과 같은 올림 연산자의 역할을 하는가?

5.19 $[\hat{V}, \hat{L}_y]$ 및 $[\hat{V}, \hat{L}_z]$에 대한 식을 유도하라.

5.20 운동량 보존과 방정식(5.220)의 차이는 무엇인가?
양자 입자의 각운동량은 보존량인가?

5.21 방정식 (5.175)에 표시된 교환 관계를 사용하여 $[\hat{L}_z, x] = i\hbar y$ 및 $[\hat{L}_z, y] = -i\hbar x$의 교환 관계를 증명하라.

5.22 $[\hat{L}_2, \hat{L}]=0$을 보여라.

5.5 튜토리얼

5.5.1 각운동량

목적

고전 각운동량과 양자 각운동량의 차이점 이해하기.

개념

- 고전역학적으로 각운동량은 공간에서 물체의 회전과 관련이 있으며 계에 작용하는 알짜 외부 토크가 0일 때 일정하거나 보존된다.
- 각운동량은 3차원 벡터로 기술한다. 공간에서 반경 퍼텐셜의 영향을 받아 회전을 수행하는 모든 고전계의 해밀토니안은 다음과 같이 설명할 수 있다.

$$H = \frac{p_r^2}{2m} + \frac{L^2}{2mr^2} + V(r)$$

여기서 p_r은 지름 각운동량이고 L은 각운동량 벡터이다. 각도의 세 가지 구성 성분은 모든 계에 대해 동시에 결정할 수 있다.

- 양자계의 각 운동량은 이산적이며 양의 정수 또는 반 정수인 양자수 "l"과 그리고 $-l$, $l+1, \cdots$, $l-1$, l로 주어지는 l 값에 대해 $2l+1$개의 m 값에 의하여 기술 된다.
- 양자역학적으로는 각운동량(L)은 각운동량의 제곱(L^2)과 각운동량 중 하나(L_z)만 동시에 구할 수 있다. 따라서 이들 두 량은 물리적 의미를 갖는다. 그러나 각운동량의 성분 중 하나를 확실히 안다면 다른 두 성분은 불확실하다.

두 친구 크래시오와 콴텍스의 다음 대화를 들어보고 다음 질문에 답하라.

크래시오: "누군가 내 테이블의 크기를 설명하라고 하면 테이블의 높이가 $1m$, 길이가 $1/2m$, 너비가 $1/4m$라고 말할 것이다. 따라서 내 테이블의 크기 벡터(M)을 다음과 같이 설명할 수 있다.

$$\vec{M} = 1m\,\hat{i} + 0.5m\,\hat{j} + 0.25m\,\hat{k}.$$

이 벡터의 크기는 다음과 같다.

$$\left|\vec{M}\right| = \sqrt{1m^2 + 0.25m^2 + 0.06m^2}$$

그런데 오늘 양자역학 수업에서 각운동량을 공부하면서 이 질문이 떠올랐다. 테이블의 길이와 너비를 모르면 테이블의 크기 벡터의 크기를 알 수 있을까?"

콴틱스: "음, 양자역학에 따르면 그렇다. 크기 벡터의 다른 두 성분을 모르더라도 크기 벡터(M^2)의 제곱은 여전히 결정할 수 있다.

테이블의 정확한 길이와 너비를 결코 알지 못할 수도 있지만 크기 벡터의 제곱의 크기는 여전히 알 수 있다."

크래시오: "나에게는 매우 어리둥절하게 들린다. 이는 기본법칙 위반이다."

퀀틱스: "양자역학에 따르면 모든 테이블이 같은 방식으로 만들어지지 않는다. 같은 크기의 테이블 두 개를 사더라도 여전히 크기가 다를 수 있다."

질문 1 크래시오 또는 퀜틱스에 동의/반대하는가? 각운동량 개념을 사용하여 설명하라.

질문 2 크래시오가 "이것은 기본법칙에 어긋난다"는 말에 동의하는가? 사실인가?

질문 3 양자역학계의 각운동량은 왜 물리적 의미가 없을까? 설명하라.

질문 4 고전 해밀토니안과 양자 해밀토니안을 설명하는 다음 두 방정식의 차이점을 설명하라.

고전 해밀토니안	양자 해밀토니안
$H = \frac{p_r^2}{2m} + \frac{L^2}{2mr^2} + V(r)$	$\hat{H} = -\frac{\hbar^2}{2m}\left\{\frac{1}{r^2}\frac{\partial}{\partial r}\left(r^2\frac{\partial}{\partial r}\right)\right\} + \frac{\hat{L}^2}{2mr^2} + V(r)$

질문 5 앞의 양자역학 해밀토니안의 파동함수를 써라. 이 파동함수를 이용하여 수소원자의 바닥상태에 있는 전자의 파동함수를 구하라.

질문 6 주어진 원자에서 전자의 각운동량을 실험적으로 측정하려 한다고 가정하자. 그때, 이러한 원자 빔이 준비되고 다음 그림 5.13과 같이 일련의 접착 슬릿을 통과하도록 만들어졌다.

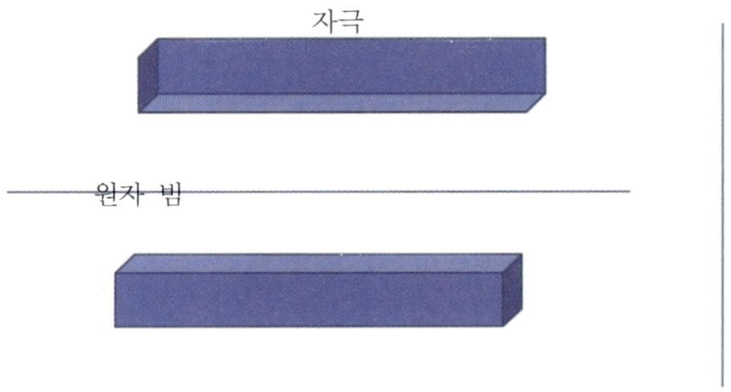

그림 5.13 자극을 통과하는 원자 빔의 그림.

빔은 원자의 운동 방향에 수직인 자기장이 있는 영역으로 들어간다. 균질한 장에서 원자는 다음 힘을 받는다.

$$F = \nabla(\mu . B)$$

여기서 μ는 원자에 있는 전자의 자기 모멘트이고 B는 자기장이다.

$$\mu = \frac{eL}{2mc}$$

각 원자는 전자 각운동량의 z 성분에 비례하는 힘을 받는다는 것을 보여라.

빔은 서로 다른 L_z의 원자가 분리될 수 있도록 충분히 멀리 떨어진 지점에서 자석으로부터 일정 거리에 수집된다. 빔의 편향을 측정하여 원자의 각운동량 L_z를 계산하는 방법을 설명하라.

화면에 모든 편향된 빔을 보여주는 다이어그램을 그려라.

고전적으로 편향된 빔 대신 관측해야 하는 것은 무엇인가? 도표를 그려라.

6 섭동 이론

6.1 시간 독립 섭동

이전 장에서 우리는 무한한, 유한한 포텐셜 우물, 산란, 조화 진동자 및 수소 원자의 입자등 여러 계에 대한 슈뢰딩거 방정식을 푸는 방법을 보여주었다. 이 모든 계에 대해서 슈뢰딩거 방정식을 정확하게 풀 수 있었다. 그러나 슈뢰딩거 방정식을 정확히 풀 수 없는 복잡한 퍼텐셜 계가 있다. 이러한 상황에서 우리는 슈뢰딩거 방정식에 대한 근사해를 찾기 위한 근사 방법에 의존해야 한다. 이 장에서는 슈뢰딩거 방정식을 푸는 몇 가지 근사 방법에 대해 논의한다.

무한 사각 퍼텐셜 우물 내 있는 입자를 생각해 보자. 그러한 계에 대해 우리는 슈뢰딩거 방정식의 해를 정확히 알고 있다. 이제 무한 퍼텐셜 함수의 형태를 약간 변경하는 섭동이 작용되고 있다고 가정하자. 이러한 섭동 계에 대한 슈뢰딩거 방정식의 해를 찾기를 원한다. 이러한 계에 일반적으로 취급하는 섭동 이론이라고 하는 밥법이 있다. 이 방법은 비 섭동계인 정확한 해를 기반으로 해를 전개하여 섭동계에 대한 근사 해를 체계적으로 얻는 것에 기반을 둔다.

이러한 접근 방식을 이해하기 위하여 다음 해밀토니안을 고려하자.

$$H = H^0 + \lambda\, H' \tag{6.1}$$

여기서 H' = 섭동, H_0 = 섭동되지 않은 계의 해밀토니안이고, λ는 0과 1 사이에서 변하는 작은 숫자이다. 이 숫자의 크기는 섭동의 강도 또는 약한 정도를 결정한다. 섭동계에 대한 파동 함수와 에너지는 이제 다음과 같이 쓸 수 있다.

$$\psi_n = \psi_n^0 + \lambda\psi_n^1 + \lambda^2\psi_n^2 + \lambda^3\psi_n^3 + \cdots \tag{6.2}$$

$$E_n = E_n^0 + \lambda E_n^1 + \lambda^2 E_n^2 + \lambda^3 E_n^3 + \cdots \tag{6.3}$$

여기서 ψ_n^1과 E_n^1은 n번째 에너지 상태와 n번째 에너지 상태의 파동 함수에 대한 1차 보정이다. 유사하게, ψ_n^2과 E_n^2은 2차 보정이다. 계의 슈뢰딩거 방정식은 다음과 같이 쓸 수 있다.

$$H\psi_n = E_n\psi_n \tag{6.4}$$

방정식 (6.4)에 방정식 (6.2)와 (6.3)을 대입하면 다음을 얻는다.

$$\begin{aligned}&\left[H^0 + \lambda\, H'\psi_n^0 + \lambda\psi_n^1 + \lambda^2\psi_n^2 + \lambda^3\psi_n^3 + \cdots\right]\\ &= \left[E_n^0 + \lambda E_n^1 + \lambda^2 E_n^2 + \lambda^3 E_n^3 + \cdots\right]\\ &\quad\times\left[\psi_n^0 + \lambda\psi_n^1 + \lambda^2\psi_n^2 + \lambda^3\psi_n^3 + \cdots\right]\end{aligned} \tag{6.5}$$

개념적 질문 1: 매개변수 λ의 중요성은 무엇인가?

6.1.1 비-축퇴 섭동

6.1.1.1 1차 수정

앞의 방정식에서 λ의 멱승을 수집하여 1차 수정을 다음과 같이 작성할 수 있다.

$$H^0\psi_n^1 + H'\psi_n^0 = E_n^0\psi_n^1 + E_n^1\psi_n^0 \tag{6.6}$$

$\langle\psi_n^0|$으로 내적을 취함으로써 앞 방정식은 다음과 같다.

$$\langle\psi_n^0|H^0|\psi_n^1\rangle + \langle\psi_n^0|H'|\psi_n^0\rangle = \langle\psi_n^0|E_n^0|\psi_n^1\rangle + \langle\psi_n^0|E_n^1|\psi_n^0\rangle \tag{6.7}$$

H^0는 에르미션이므로 이 방정식은 다음과 같다.

$$E_n^0\langle\psi_n^0|\psi_n^1\rangle + \langle\psi_n^0|H'|\psi_n^0\rangle = E_n^0\langle\psi_n^0|\psi_n^1\rangle + E_n^1\langle\psi_n^0|\psi_n^0\rangle \tag{6.8}$$

여기서

$$E_n^1 = \langle\psi_n^0|H'|\psi_n^0\rangle \tag{6.9}$$

는 앞 방정식은 에너지에 대한 1차 섭동 보정이다. 이 값을 n번째 준위의 섭동되지 않은 에너지를 추가하면 섭동된 계의 n번째 준위의 에너지를 얻을 수 있다.

이제 파동 함수에 대한 1차 보정을 찾아보자. 먼저 식 (6.6)을 다음과 같이 다시 쓴다.

$$(H^0 - E_n^0)\psi_n^1 = -(H' - E_n^1)\psi_n^0 \tag{6.10}$$

ψ_n^1은 다른 함수의 선형 중첩으로 표현할 수 있는 함수이다. 따라서 섭동되지 않은 계의 알려진 함수인 ψ_n^0을 해당 함수로 선택한다. 따라서,

$$\psi_n^1 = \sum\nolimits_{m\neq n} c_m^n\psi_m^0 + c_m^m\psi_m^0 \tag{6.11}$$

앞의 방정식에서 두 번째 항은 $n=m$인 경우이다.

식 (6.10)은 다음과 같이 쓸 수 있다.

$$c_m^m(E_m^0 - E_m^0)\langle\psi_l^0|\psi_m^0\rangle + \sum\nolimits_{m\neq n}(E_m^0 - E_n^0)c_m^n\langle\psi_l^0|\psi_m^0\rangle = -\langle\psi_l^0|H'|\psi_n^0\rangle + E_n^1\langle\psi_l^0|\psi_n^0\rangle \tag{6.12}$$

앞 방정식의 첫 번째 항은 사라지고 나머지 방정식은 다음과 같다.

$$\sum\nolimits_{m\neq n}(E_m^0 - E_n^0)c_m^n\langle\psi_l^0|\psi_m^0\rangle = -\langle\psi_l^0|H'|\psi_n^0\rangle + E_n^1\langle\psi_l^0|\psi_n^0\rangle \tag{6.13}$$

$n=1$이면 좌변은 0이지만 $l\neq n$이면 이 방정식은 다음과 같다.

$$c_m^n = \frac{\langle\psi_m^0|H'|\psi_n^0\rangle}{(E_n^0 - E_m^0)} \tag{6.14}$$

그러므로

$$\psi_n = \psi_n^0 + \lambda c_n^n\psi_n^0 + \lambda\sum\nolimits_{m\neq n}\frac{\langle\psi_m^0|H'|\psi_n^0\rangle}{(E_n^0 - E_m^0)}\psi_m^0 \tag{6.15}$$

을 얻는다.

$$\langle\psi_n|\psi_n\rangle = 1 = \left[\langle\psi_n^0| + \lambda c_n^{n*}\langle\psi_n^0| + \lambda\sum_{m\neq n}\frac{\langle\psi_m^0|H'|\psi_n^0\rangle}{(E_n^0 - E_m^0)}\langle\psi_m^0|\right]$$
$$\times\left[|\psi_n^0\rangle + \lambda c_n^n\Big|\psi_n^0\rangle + \lambda\sum_{m\neq n}\frac{\langle\psi_m^0|H'|\psi_n^0\rangle}{(E_n^0 - E_m^0)}|\psi_m^0\rangle|\right].$$

이므로 다음을 얻는다.

$$1 = 1 + \lambda c_m^m + \ \lambda c_m^{m^*} + \text{항 in } \lambda^2$$

그러므로 $c_m^m + c_m^{m^*} = 0$ 이는 순전히 허수 $i\alpha$ 여야 함을 의미한다. 따라서,

$$c_m^m = 1 + i\lambda\alpha + \lambda^2 \text{ 항}$$
$$c_m^m = e^{i\lambda\alpha} = 1 + i\lambda\alpha + \lambda^2 \text{ 항}$$

이다.

$$\psi_n^1 = e^{i\lambda\alpha}\,\psi_n^0 + \sum\nolimits_{m\neq n}\frac{\langle\psi_m^0|H'|\psi_n^0\rangle}{(E_n^0 - E_m^0)}\psi_m^0 \tag{6.16}$$

계의 에너지 상태가 비축퇴인 경우 이 방정식이 쓰인다. 그러나 비축퇴성 경우에도 이 항의 분자는 상당히 까다로워 문제를 일으킬 수 있다. 따라서 파동 함수에 대한 1차 보정은 좋은 근사값이 아닐 수 있다.

예제 6.1

무한 퍼텐셜 우물에 V_0 만큼 퍼텐셜을 가한 섭동이 적용되고 있다고 가정하자. 계의 섭동 해밀토니안은 다음과 같이 쓸 수 있다.

$$H' = V_0 \tag{6.17}$$

무한 사각 퍼텐셜 우물 계의 섭동되지 않은 에너지는 다음과 같다.

$$E_n = \frac{n^2\pi^2\hbar^2}{2\,mL^2} \tag{6.18}$$

1 계 보정 에너지는 다음과 같다.

$$E_n^1 = \langle\psi_n^0|H'|\psi_n^0\rangle = V_0 \tag{6.19}$$

그래서 정확한 에너지는 다음과 같다.

$$E_n = \frac{n^2\pi^2\hbar^2}{2\,mL^2} + V_0 \tag{6.20}$$

6.1.1.2 2차 보정

일부 계의 경우 1차 보정이 없으며 2차 보정을 고수할 필요가 있다.

우리는 이전과 동일한 단계를 따르고 다음과 같이 2차 방정식을 쓸 수 있다.

$$\langle\psi_n^0|H^0|\psi_n^2\rangle + \langle\psi_n^0|H'|\psi_n^1\rangle = \langle\psi_n^0|E_n^0|\psi_n^2\rangle + \langle\psi_n^0|E_n^1|\psi_n^1\rangle + \langle\psi_n^0|E_n^2|\psi_n^0\rangle \tag{6.21}$$

H^0는 에르미션이므로 이 방정식은 다음과 같다.

$$E_n^0\langle\psi_n^0|\psi_n^2\rangle + \langle\psi_n^0|H'|\psi_n^1\rangle = E_n^0\langle\psi_n^0|\psi_n^2\rangle + E_n^1\langle\psi_n^0|\psi_n^1\rangle + E_n^2\langle\psi_n^0|\psi_n^0\rangle \tag{6.22}$$

$$\langle\psi_n^0|H'|\psi_n^1\rangle - E_n^1\langle\psi_n^0|\psi_n^1\rangle = E_n^2 \tag{6.23}$$

이 방정식에서 방정식 (6.16)을 사용하여 다음을 얻는다.

$$\begin{aligned} &e^{-i\lambda\alpha}\langle\psi_n^0|H'|\psi_n^0\rangle + \sum\nolimits_{m\neq n} c_m^n\langle\psi_n^0|H'|\psi_m^0\rangle - E_n^1 e^{-i\lambda\alpha}\langle\psi_n^0|\psi_n^0\rangle \\ &- E_n^1\langle\psi_n^0|\psi_m^0\rangle\left[\sum\nolimits_{m\neq n}\frac{\langle\psi_m^0|H'|\psi_n^0\rangle}{(E_n^0 - E_m^0)}\right] = E_n^2 \end{aligned} \tag{6.24}$$

이므로

$$\begin{aligned} &\langle\psi_n^0|\psi_n^1\rangle = \sum\nolimits_{m\neq n} c_m^n\langle\psi_n^0|\psi_m^1\rangle = 0 \\ &E_n^1 e^{-i\lambda\alpha} + \sum\nolimits_{m\neq n} c_m^n\langle\psi_n^0|H'|\psi_m^0\rangle - E_n^1 e^{-i\lambda\alpha} = E_n^2 \end{aligned} \tag{6.25}$$

이다.

그래서

$$E_n^2 = \sum\nolimits_{m\neq n} c_m^n\langle\psi_n^0|H'|\psi_m^0\rangle = \sum\nolimits_{m\neq n}\frac{\langle\psi_m^0|H'|\psi_n^0\rangle\langle\psi_n^0|H'|\psi_m^0\rangle}{(E_n^0 - E_m^0)} \tag{6.26}$$

$$E_n^2 = \sum\nolimits_{m\neq n}\frac{|\langle\psi_n^0|H'|\psi_m^0\rangle|^2}{(E_n^0 - E_m^0)} \tag{6.27}$$

을 얻는다.

이것은 에너지에 대한 2차 보정이다. 여기에서 우리는 파동 함수에 대한 2차, 3차 및 4차 보정을 찾는 데 더 깊이 들어가지 않고 오히려 에너지 축퇴의 경우에 대해 논의할 것이다.

6.1.2 축퇴 섭동

6.1.2.1 축퇴 상태란 무엇인가?

양자 공식 취급 장(3장)에서 논의한 바와 같이 축퇴 상태는 동일한 에너지를 갖는 두 개 이상의 상태이다. 섭동이 그러한 계에 적용된다면, 섭동 이론은 (파동 함수에 대한 1차 보정과 에너지의 2차 보정에 대한 항이 발산할 것이기 때문에) 그러한 계에서 올바른 에너지와 파동 함수를 얻는 방법은 실패할 것이다. 따라서 우리는 이러한 계를 처리하기 위한 몇 가지 새로운 방법을 찾아야 한다.

계의 다음 축퇴 상태를 고려하자.

$$H^0\psi_\alpha^0 = E^0\psi_\alpha^0, \quad H^0\psi_\beta^0 = E^0\psi_\beta^0, \quad \left\langle \psi_\alpha^0 \middle| \psi_\beta^0 \right\rangle = 0 \tag{6.28}$$

앞 축퇴 상태의 선형 중첩은 다음과 같이 쓸 수 있다.

$$\psi^0 = a\,\psi_\alpha^0 + b\,\psi_\beta^0 \tag{6.29}$$

이제 섭동이 적용될 때 계의 해밀토니안을 고려하자.

$$H = H^0 + \lambda\,H' \tag{6.30}$$

와 함께,

$$E = E^0 + \lambda E^1 + \lambda^2 E^2 + \cdots \tag{6.31}$$

$$\psi = \psi^0 + \lambda\psi^1 + \lambda^2\psi^2 + \cdots \tag{6.32}$$

라 놓자.

방정식 (6.30)에 앞 방정식을 대입하고 λ의 같은 멱승에서 다음을 얻는다.

$$H^0\psi^1 + H'\psi^0 = E^0\psi^1 + E^1\psi^0 \tag{6.33}$$

ψ_α^0로 이 방정식의 내적을 취하면 다음을 얻는다.

$$\langle\psi_\alpha^0|H^0|\psi^1\rangle + \langle\psi_\alpha^0|H'|\psi^0\rangle = E^0\langle\psi_\alpha^0|\psi^1\rangle + E^1\langle\psi_\alpha^0|\psi^0\rangle \tag{6.34}$$

H^0는 에르미션이므로 왼쪽의 첫 번째 항은 오른쪽의 첫 번째 항과 지워짐으로 다음을 얻는다.

$$\langle\psi_\alpha^0|H'|\psi^0\rangle = E^1\langle\psi_\alpha^0|\psi^0\rangle \tag{6.35}$$

식 (6.29)를 대입하면 다음을 얻는다.

$$a\langle\psi_\alpha^0|H'|\,\psi_\alpha^0\rangle + b\left\langle\psi_\alpha^0|H'\middle|\,\psi_\beta^0\right\rangle = aE^1 \tag{6.36}$$

$$aW_{\alpha\alpha} + bW_{\alpha\beta} = aE^1 \tag{6.37}$$

여기에서, $W_{\alpha\alpha} = \langle\psi_\alpha^0|H'|\,\psi_\alpha^0\rangle$, 그리고

$$W_{\alpha\beta} = \left\langle\psi_\alpha^0|H'\middle|\,\psi_\beta^0\right\rangle$$

이다. 유사하게, ψ_β^0 내적은 다음을 산출한다.

$$aW_{\beta\alpha} + bW_{\beta\beta} = bE^1 \tag{6.38}$$

b를 풀기 위해 약간의 대수를 이행하고 앞의 두 방정식을 사용하면 다음을 얻는다.

$$b[W_{\alpha\beta}W_{\beta\alpha} - (E^1 - W_{\alpha\alpha})(E^1 - W_{\beta\beta})] = 0 \tag{6.39}$$

$b \neq 0$이면 E^1에 대한 방정식은 다음 쌍이차 식을 산출한다.

$$(E^1)^2 - E^1(W_{\alpha\alpha} + W_{\beta\beta}) + (W_{\alpha\alpha}W_{\beta\beta} - W_{\alpha\beta}W_{\beta\alpha}) = 0 \tag{6.40}$$

이 방정식을 풀면 다음과 같은 근을 얻을 수 있다.

$$E_{\pm}^{1} = \frac{1}{2}\left[W_{\alpha\alpha} + W_{\beta\beta} \pm \sqrt{(W_{\alpha\alpha} - W_{\beta\beta})^2 + 4|W_{\alpha\beta}|^2}\right] \tag{6.41}$$

여기서 $W_{\alpha\beta} = W_{\alpha\beta}^{*}$를 사용했다. 이것은 섭동으로 인한 축퇴 상태의 에너지 준위의 분할이다. 따라서 섭동은 에너지 준위의 분열을 일으킨다. 동일한 에너지의 두 에너지 준위를 두 다른 에너지 준위로 분리한다.

6.1.3 스타크 효과

원자에 섭동으로 외부 균일 전기장을 가하면 축퇴 에너지 준위가 분할되며 이를 스타크(Stark) 효과라고 한다. 외부 전기장으로 인한 섭동은 다음과 같이 주어진다.

$$H' = eE.z = eEr\cos\theta \tag{6.42}$$

수소 원자의 바닥 상태에 대한 앞의 섭동을 고려하자. 바닥 상태에는 다음과 같은 파동 함수가 있다($n=1$, $l=0$, $m=0$).

$$\Psi_{100} = R_{10}(r)Y_{00}(\theta, \phi) = \frac{1}{\sqrt{\pi a^3}}e^{-r/a} \tag{5.146}$$

에너지에 대한 1차 섭동에 따르면:

$$E_1^1 = \langle\psi_{100}^0|H'|\psi_{100}^0\rangle = \frac{eE}{\pi a^3}\int e^{-(2r/a)}(r\cos\theta)r^2\sin\theta\,dr\,d\theta\,d\phi = 0 \tag{6.43}$$

따라서 기저 상태에 대한 앞의 섭동은 에너지에 대한 1차 보정을 갖지 않는다.

수소 원자의 $n=2$ 에너지 준위의 섭동은 어떻게 될까?

이 질문에 답하려면 파동 함수의 홀짝성을 이해해야 한다.

6.1.3.1 홀짝성

위치 좌표 "r"이 원점을 통해 반영되어 "r"이 $-r$로 대체 되거나 또는 $\theta \to \pi - \theta$, $\phi \to \phi + \pi$로 바뀌면 "r"은 그대로 유지되므로 다음과 같이 된다.

$$\psi_{nlm}(r,\ \theta,\ \phi) \to \psi_{nlm}(-r,\ \theta,\ \phi) \to \psi_{nlm}(r,\ \pi-\theta,\ \phi+\pi)$$

만약

$$\psi_{nlm}(r,\ \pi-\theta,\ \phi+\pi) = \psi_{nlm}(r,\ \theta,\ \phi) \tag{6.44}$$

이면 짝수 홀짝성을 가지므로 앞의 연산이래 파동 함수가 변경되지 않은 상태로 유지된다. 만약에

$$\psi_{nlm}(r,\ \pi-\theta,\ \phi+\pi) = -\psi_{nlm}(r,\ \theta,\ \phi) \tag{6.45}$$

이면 파동 함수는 홀수 홀짝성을 갖는다.

구 대칭 퍼텐셜의 에너지 고유 함수는 양자 수 "l"에 의존하는 홀짝성을 갖는다.

따라서,

$$\psi_{nlm}(r,\ \pi-\theta,\ \phi+\pi)=(-1)^l\psi_{nlm}(r,\ \theta,\ \phi) \tag{6.46}$$

또는

$$\psi_{nlm}(-r,\ \theta,\ \phi)=(-1)^l\psi_{nlm}(r,\ \theta,\ \phi)$$

이다.

논의된 바와 같이 기저 상태(1, 0, 0)는 짝수 홀짝성을 가지므로 1차 스타크 효과가 없다.

수소원자의 첫 번째 여기 상태($n=2$)는 (2, 0, 0), (2, 1, 0), (2, 1, 1) 및 (2, 1, −1)의 4중 축퇴 상태이다. 에너지 준위에 대한 섭동을 찾기 위해 행렬 방법을 사용하여 섭동 에너지를 찾는다.

단순화를 위해 다음 표기법을 사용하겠다.

$$(2,\ 0,\ 0)\to|0\rangle,\ (2,\ 1,\ 0)\to|1\rangle,\ (2,\ 1,\ 1)\to|2\rangle,\ (2,\ 1,\ -1)\to|3\rangle$$

그때, $\langle\psi_{200}|H'|\psi_{200}\rangle=\langle 0|H'|0\rangle=W_{00}$, 그리고 다음과 같이 주어진 4×4 행렬의 16개의 요소가 있을 것이다.

고유값 방정식은 다음과 같다.

$$\begin{pmatrix} W_{00}-\lambda & \cdots & W_{03} \\ \vdots & \ddots & \vdots \\ W_{30} & \cdots & W_{33}-\lambda \end{pmatrix}=0 \tag{6.47}$$

섭동이 홀수이므로 사라지지 않는 H'의 유일한 행렬 요소는 반 홀짝성을 갖는 섭동되지 않은 상태에 대한 행렬 요소이다.

H'의 비소실 행렬 요소는

$$\langle 2,1,0|H'\ |2,0,0\rangle=\frac{eE}{16\pi a^4}\int\left(1-\frac{r}{2a}\right)e^{-(2r/a)}re^{-(2r/a)}\cos\theta(r\cos\theta\,)r^2\sin\theta\,dr\,d\theta\,d\phi$$

$$=\frac{eE}{16\pi a^4}\int_0^\infty\int_{-1}^{1}r^4\left(2-\frac{r}{a}\right)e^{-(r/a)}w^2\,dw\,dr=-3eEa$$

행렬 방정식(방정식 6.47)의 4개의 근은 0, 0, $3eEa$ 및 $-3eEa$이므로 3개의 섭동된 에너지 준위만 있다.

$$E_2,\ E_2,\ E_2+3eEa,\ E_2-3eEa$$

수소 원자의 에너지 준위 $n=2$는 외부 전기장의 영향을 받아 세 구별되는 에너지 준위로 나뉜다.

문제

6.1 1차원 조화진동자는 추가 퍼텐셜 에너지 ax^3에 의해 섭동되며 여기서 "a"는 일정하다. 1차 및 2차 섭동 보정에 대한 에너지 변화를 계산하라.

6.2 3차원 무한 사각 퍼텐셜 우물이 섭동을 받는다. 섭동되지 않은 퍼텐셜 우물은 다음과 같다.

$$V(x,\ y,\ z)=\begin{cases}0, & \text{if } 0<x<L,\quad 0<y<L,\quad 0<z<L \\ \infty, & \text{이 외에서}\end{cases}$$

섭동은 다음과 같다.

$$H' = \begin{cases} V_0, & \text{if } 0 < y < L/2, \quad 0 < z < L/2 \\ \infty, & \text{그 외에서} \end{cases}$$

바닥 상태 에너지에 대한 1차 보정을 구하라.

6.3 식(6.47)에서 행렬의 모든 요소를 찾고, 짝수 및 홀수 홀짝성 행렬 요소가 0이고 홀수 짝수 홀짝성 전용 행렬 요소가 0이 아님을 보여라. 행렬에 대한 특성 방정식을 풀어서 세 가지 에너지 고유값을 결정하라.

6.4 2차원 조화진동자를 고려하자. 해밀토니안은 다음과 같다.

$$H_0 = \frac{p_x^2}{2m} + \frac{p_y^2}{2m} + \frac{m\omega^2}{2}(x^2 + y^2)$$

바닥 상태의 에너지를 구하라. 축퇴된 에너지 준위가 있는가?

섭동

$$V = bm\omega^2 xy$$

이 앞의 계에 적용된다. 바닥 상태에 대한 1차 보정을 구하라. 그것은 축퇴 에너지 준위의 분리를 일으키는원인이 되는가? 그들의 에너지를 찾아라.

6.2 변분 원리

이상화된 계에 대한 슈뢰딩거 방정식의 정확한 해를 이미 알고 있는 경우 앞 절에서 논의한 섭동 방법이 잘 이용된다. 그러나 어떤 상황에서는 정확한 해를 알지 못한다. 이러한 계의 경우 변분 방법을 사용한다. 이 방법은 정확한 해를 알 수 없을 때 계의 바닥 상태 에너지를 근사하는 데 매우 유용하다.

이 방법에 따르면 계의 특성에 대한 이해를 바탕으로 바닥 상태 파동 함수 $|\tilde{\psi}_0\rangle$을 추측한다. 이러한 함수를 시험 파동 함수라 한다. 그런 다음 시행 파동 함수를 사용하여 해밀토니안의 기대값을 구한다. 이 바닥 상태 에너지의 기댓값은 다음과 같은 변분 원리에 의해 주어진 상한을 갖는다.

$$E_0 \leq \frac{\langle\tilde{\psi}_0|H|\tilde{\psi}_0\rangle}{\langle\tilde{\psi}_0|\tilde{\psi}_0\rangle} \tag{6.48}$$

증명: 다음 계를 고려해보자. H는 해밀토니안이고 $|\tilde{\psi}_0\rangle$은 시험 파동함수이다. 또한 $|\psi_k\rangle$가 다음과 같은 계의 정확한 파동 함수라고 하자.

$$1 = \sum_{k=0}^{\infty} |\psi_k\rangle\langle\psi_k| \tag{6.49}$$

앞 방정식을 사용하여 시도 파동 함수를 다음과 같이 쓸 수 있다.

$$|\tilde{\psi}_0\rangle = \sum_{k=0}^{\infty} |\psi_k\rangle\langle\psi_k|\tilde{\psi}_0\rangle \tag{6.50}$$

또한

$$H|\psi_k\rangle = E_k|\psi_k\rangle \tag{6.51}$$

그래서

$$H|\tilde{\psi}_0\rangle = \sum_{k=0}^{\infty} E_k|\psi_k\rangle \langle\psi_k|\tilde{\psi}_0\rangle \tag{6.52}$$

그리고

$$\frac{\langle\tilde{\psi}_0|H|\tilde{\psi}_0\rangle}{\langle\tilde{\psi}_0|\tilde{\psi}_0\rangle} = \frac{\sum_{k=0}^{\infty} E_k\langle\tilde{\psi}_0|\psi_k\rangle\langle\psi_k|\tilde{\psi}_0\rangle}{\sum_{k=0}^{\infty}\langle\tilde{\psi}_0|\psi_k\rangle\langle\psi_k|\tilde{\psi}_0\rangle} \tag{6.53}$$

이다.

그러나 $E_k = E_k - E_0 + E_0$이고 이를 앞 방정식에 대입하면 다음을 얻는다.

$$\frac{\langle\tilde{\psi}_0|H|\tilde{\psi}_0\rangle}{\langle\tilde{\psi}_0|\tilde{\psi}_0\rangle} = \frac{\sum_{k=0}^{\infty} (E_k - E_0)|\langle\tilde{\psi}_0|\psi_k\rangle|^2}{\sum_{k=0}^{\infty} |\langle\tilde{\psi}_0|\psi_k\rangle|^2} + E_0 \tag{6.54}$$

그래서

$$\frac{\langle\tilde{\psi}_0|H|\tilde{\psi}_0\rangle}{\langle\tilde{\psi}_0|\tilde{\psi}_0\rangle} \geq E_0 \tag{6.55}$$

시험 파동 함수를 사용하여 계의 바닥 상태 에너지를 얻을 수 있다. 이 바닥 상태 에너지는 평가에 올바른 시험 파동 함수가 사용되는 경우 항상 정확한 바닥 상태 에너지에 가깝다. 따라서 올바른 파동 함수를 추측하는 것이 이 방법을 사용하는 열쇠이다.

예제 6.2

무한 사각 퍼텐셜 우물에 있는 입자를 생각해 보자. 변분 방법을 사용하여 입자의 바닥 상태 에너지를 찾아라. 퍼텐셜은 다음과 같은 값을 갖는다.

$$V(x) = \begin{cases} 0, & -L \leq x \leq L \quad (\text{영역 II}) \\ \infty, & \text{그 외에} \quad (\text{영역 I과 III}) \end{cases} \tag{6.56}$$

이 계의 경우 정확한 바닥 상태 에너지는 다음 값을 갖는다는 것을 알고 있다.

$$E_0 = \frac{\pi^2\hbar^2}{8\,L^2 m} \tag{6.57}$$

따라서 이 계에 대한 변분 방법의 적용을 쉽게 확인할 수 있다.

퍼텐셜의 앞 형태에서 알 수 있듯이 이 계의 파동 함수는 $x = \pm L$에서 사라져야 한다. 따라서 우리는 시험 파동함수가 다음과 같은 형태를 가질 것이라고 추측할 수 있다.

$$\tilde{\psi}_0 = A\,(L^2 - x^2) \tag{6.58}$$

첫 번째 단계로 이 함수를 규격화해 보자.

$$\langle\tilde{\psi}_0|\tilde{\psi}_0\rangle = 1 = A^2\left[\int_{-L}^{L} (L^2 - x^2)^2\,dx\right] \tag{6.59}$$

$$A = \sqrt{\frac{15}{16\,L^5}} \tag{6.60}$$

$$\tilde{\psi}_0 = \sqrt{\frac{15}{16\,L^5}}\,(L^2 - x^2) \tag{6.61}$$

이 규격화된 함수를 사용하면 해밀토니안의 기대값은 다음과 같다.

$$\langle\tilde{\psi}_0|H|\tilde{\psi}_0\rangle = \frac{(-\hbar^2/2m)A^2\int_{-L}^{L}(L^2-x^2)(d^2/dx^2)(L^2-x^2)}{\langle\tilde{\psi}_0|\tilde{\psi}_0\rangle = 1} \tag{6:62}$$

$$\langle\tilde{\psi}_0|H|\tilde{\psi}_0\rangle = \frac{10}{\pi^2}\left(\frac{\pi^2\hbar^2}{8\,L^2m}\right) \approx 1.013E_0 \tag{6:63}$$

따라서 시험 파동 함수는 정확한 값에 매우 가까운 바닥 상태 에너지를 제공한다. 바닥 상태에 대한 좋은 근사치를 제공할 수 있는 이러한 시도 파동 함수를 찾는 것이 가장 어렵지만 연습을 통해 그러한 함수를 더 잘 추측할 수 있다.

6.2.1 헬륨 원자의 바닥 상태

변분 방법의 첫 번째 응용 프로그램 중 하나는 헬륨 원자의 바닥 상태 에너지를 결정하는 것이다. 헬륨 원자는 여러 전자로 구성되어 있고 3체 계로 간주되기 때문에 수소 원자보다 조금 더 복잡하다. 헬륨 원자의 핵(양성자 2개와 중성자 1개 또는 2개임)은 단일 정상체로 간주되며 다른 두 개의 비 정상체처럼 주위를 도는 2개의 전자가 있다. 핵은 헬륨의 경우 훨씬 무거우므로 운동은 거의 무시할 수 있으며 계 질량의 중심에 위치한 정지된 물체로 간주할 수 있다. 다음 그림은 헬륨의 구조를 설명한다(그림 6.1).

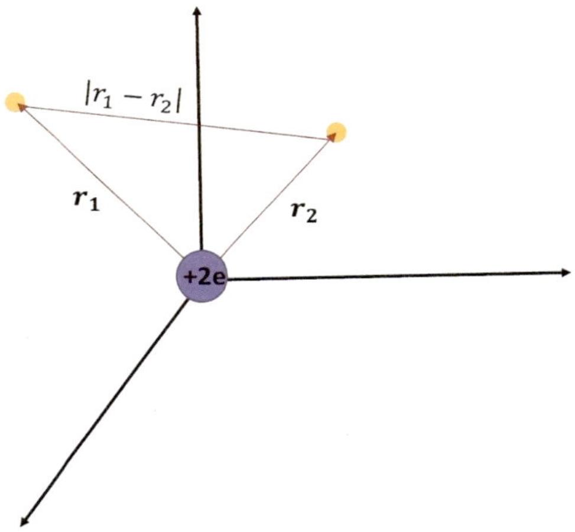

그림 6.1 헬륨 원자의 그림.

이 계에 대한 해밀토니안은 다음과 같다.

$$H = -\frac{\hbar^2}{2m}\left(\nabla_1^2+\nabla_2^2\right) - \frac{e^2}{4\pi\varepsilon_0}\left(\frac{2}{r_1}+\frac{2}{r_2}-\frac{1}{|r_1-r_2|}\right) \tag{6.64}$$

처음 두 항은 전자의 운동 에너지이고, 세 번째 항은 두 전자와 핵의 두 양성자 사이의 상호작용 퍼텐셜(정전기 인력)과 두 전자 사이의 상호작용(정전기 반발)을 포함한다.

서로 영향을 미치지 않는 두 개의 전자를 독립적으로 취급하면 시험 파동 함수는 단순히 두 개의 수소 원자 바닥 상태 파동 함수의 곱이다.

$$\psi_1(r_1,\ r_2)=\frac{8}{\pi a^3}e^{-2\,(r_1+r_2)/a} \tag{6.65}$$

여기서 이 방정식에서 8과 2의 숫자는 핵 전하 Z=2 때문에 나온다. 만약 우리가 전자들 사이의 상호작용이 핵과의 전반적인 상호작용에 영향을 미친다고 생각한다면, 우리는 각 전자가 Z=2보다 훨씬 작은 핵 전하를 보는 방식으로 각 전자들이 핵으로부터 다른 전자를 가린다는 것을 고려할 필요가 있다. 따라서 시험 파동 함수는 다음과 같이 쓸 수 있다.

$$\psi_1(r_1,\ r_2)=\frac{Z^3}{\pi a^3}e^{-Z(r_1+r_2)/a} \tag{6.66}$$

여기서 Z는 알 수 없는 매개변수로, 변분 방법을 사용하여 찾아야 한다. 다음 그림은 차폐 효과를 설명한다(그림 6.2).

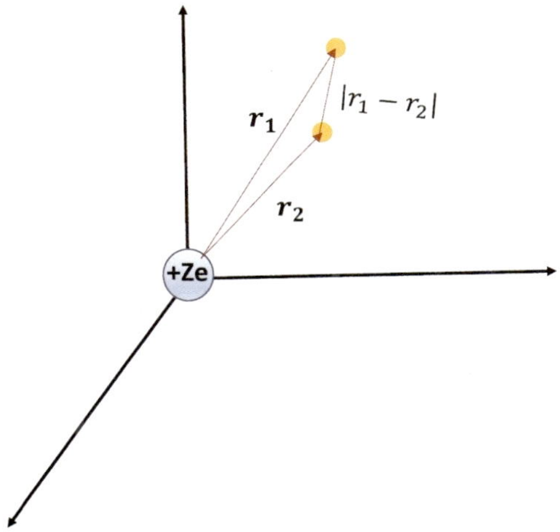

그림 6.2 차폐된 핵 전하 +Z의 헬륨 원자와 두 개의 주변 전자에 대한 그림.

우리는 매개변수 Z의 관점에서 앞의 해밀토니안을 다음과 같이 다시 쓸 필요가 있다.

$$H=-\frac{\hbar^2}{2m}(\nabla_1^2+\nabla_2^2)-\frac{e^2}{4\pi\varepsilon_0}\left(\frac{Z}{r_1}+\frac{Z}{r_2}\right)+\frac{e^2}{4\pi\varepsilon_0}\left(\frac{Z-2}{r_1}+\frac{Z-2}{r_2}+\frac{1}{|r_1-r_2|}\right) \tag{6.67}$$

바닥 상태 에너지는 식(6.66)에 설명된 시험 파동 함수를 사용한 이 해밀토니안의 기대값이 된다.

처음 세 항은 단순히 바닥 상태에 있는 수소 원자의 총 에너지의 두 배이며, 이러한 이해를 사용하면 해밀토니안의 기대값은 다음과 같다.

$$\langle\psi_1|H|\psi_1\rangle=2\,Z^2E_1+(Z-2)\left(\frac{e^2}{4\pi\varepsilon_0}\right)\left\langle\psi_1\left|\frac{1}{r_1}+\frac{1}{r_2}\right|\psi_1\right\rangle+\frac{e^2}{4\pi\varepsilon_0}\left\langle\psi_1\left|\frac{1}{|r_1-r_2|}\right|\psi_1\right\rangle \tag{6.68}$$

$$\left\langle\psi_1\left|\frac{1}{r_1}\right|\psi_1\right\rangle=\left\langle\psi_1\left|\frac{1}{r_2}\right|\psi_1\right\rangle=\left\langle\psi_1\left|\frac{1}{r}\right|\psi_1\right\rangle=\left(\frac{Z^3}{\pi a^3}\right)^2\int e^{-2Zr'/a}\,d^3r'\int e^{-2Z\,r/a}\left(\frac{1}{r}\right)d^3r \tag{6.69}$$

$$\frac{Z^3}{\pi a^3}\int e^{-2Zr'/a}d^3r' = 1$$

이므로

$$\langle\psi_1|\tfrac{1}{r}|\psi_1\rangle = \frac{Z^3}{\pi a^3}\int_0^\infty e^{-2Z\,r/a}\left(\frac{1}{r}\right)r^2\,dr\int_0^\pi \sin\theta\ d\theta\int_0^{2\pi}d\varphi = \frac{4Z^3}{a^3}\int_0^\infty e^{-2Z\,r/a}r\,dr \quad (6.70)$$

$$\begin{aligned}\frac{4Z^3}{a^3}\int_0^\infty e^{-2Z\,r/a}\,r\,dr &= \frac{4Z^3}{a^3}\left\{\left(r\,e^{-2Zr/a}\right)_0^\infty + \left(\frac{a}{2z}\right)\int_0^\infty e^{-2Zr/a}\,dr\right\}\\ &= \frac{4Z^3}{a^3}\left(\frac{a^2}{4\,Z^2}\right)\\ &= \frac{Z}{a}\end{aligned}$$

$$\left\langle\psi_1\left|\frac{1}{r}\right|\psi_1\right\rangle = \frac{Z}{a} \quad (6.71)$$

이다. 그리고

$$\langle\psi_1|H|\psi_1\rangle = 2\,Z^2E_1 + 2(Z-2)\left(\frac{e^2}{4\pi\varepsilon_0}\right)\left(\frac{Z}{a}\right) + \frac{e^2}{4\pi\varepsilon_0}\left\langle\psi_1\left|\frac{1}{|r_1-r_2|}\right|\psi_1\right\rangle \quad (6.72)$$

이제 이 방정식의 마지막 항을 계산해야 한다.

$$\left\langle\psi_1\left|\frac{1}{|r_1-r_2|}\right|\psi_1\right\rangle = I_1 = \left(\frac{Z^3}{\pi a^3}\right)^2\int e^{-2Zr_1/a}\,d^3r_1\int\left(\frac{1}{r_{12}}\right)e^{-2Z\,r_2/a}\,d^3r_2 \quad (6.73)$$

$$r_{12} = |r_1-r_2| = \sqrt{r_1^2+r_2^2-2r_1r_2\cos(\gamma)}$$

여기서 γ는 r_1과 r_2 벡터 사이의 각도이다. 벡터 사이의 각도는 스칼라 곱에서 얻을 수 있다.

$$\vec{r_1}.\vec{r_2} = r_1r_2(\cos\theta_1\cos\theta_2 + \sin\theta_1\sin\theta_2\cos\theta_1\cos(\varphi_2-\varphi_1)) \quad (6.74)$$

$\theta_1, \varphi_1, \theta_2, \varphi_2$는 벡터 $\vec{r_1}$ 및 $\vec{r_2}$의 극각이다.

따라서,

$$\cos(\gamma) = \cos\theta_1\cos\theta_2 + \sin\theta_1\sin\theta_2\cos\theta_1\cos(\varphi_2-\varphi_1) \quad (6.75)$$

이고, 함수 $1/r_{12}$는 구면 조화파로 전개될 수 있다.

$$\begin{aligned}\frac{1}{r_{12}} &= \frac{1}{r_1}\sum_{n=0}^{\infty}\left(\frac{r_2}{r_1}\right)^n P_n(\cos\gamma) \quad r_1 > r_2\\ &= \frac{1}{r_2}\sum_{n=0}^{\infty}\left(\frac{r_1}{r_2}\right)^n P_n(\cos\gamma) \quad r_2 > r_1\end{aligned} \quad (6.76)$$

식 (6.76)을 식 (6.73)에 대입하고 구면 조화파의 직교성을 사용할 때 $\vec{r_1}$의 극각에 대한 적분은 $n=0$을 제외한 모든 항을 사라지게 한다.

따라서 적분은 다음 형식을 취한다.

$$I_1 = \left(\frac{Z^3}{\pi a^3}\right)^2 \int_0^\infty \left[(4\pi)^2 \left(\frac{1}{r_1}\int_0^{r_1} r_2^2\, e^{-2Z(r_2/a)}\, dr_2 + \int_{r_1}^\infty r_2\, e^{-2Z(r_2/a)}\, dr_2\right)\right] r_1^2\, e^{-2Zr_1/a}\, dr_1 \quad (6.77)$$

$$4\pi\left(\frac{1}{r_1}\int_0^{r_1} r_2^2\, e^{-2Z(r_2/a)}\, dr_2 + \int_{r_1}^\infty r_2\, e^{-2Z(r_2/a)}\, dr_2\right) = \frac{4\pi a^3}{4Z^3 r_1}\left[1 - \left(1 + \frac{Zr_1}{a}\right) e^{-2Z(r_1/a)}\right] \quad (6.78)$$

그래서

$$\begin{aligned} I_1 &= 4\pi \left(\frac{Z^3}{\pi a^3}\right)^2 \frac{4\pi a^3}{4Z^3} \int_0^\infty \frac{1}{r_1}\left[1 - \left(1 + \frac{Zr_1}{a}\right) e^{-2Z(r_1/a)}\right] e^{-2Z\, r_1/a}\, r_1^2 dr_1 \\ &= 4\pi\left(\frac{Z^3}{\pi a^3}\right)\int_0^\infty r_1\left[1 - \left(1 + \frac{Zr_1}{a}\right) e^{-2Z(r_1/a)}\right] e^{-2Z\, r_1/a}\, dr_1 \end{aligned} \quad (6.79)$$

이고 결국

$$\left\langle \psi_1 \left| \frac{1}{|r_1 - r_2|} \right| \psi_1 \right\rangle = \frac{5Z}{8a}$$

이다. 그리고

$$\frac{e^2}{4\pi\varepsilon_0}\left\langle \psi_1 \left| \frac{1}{|r_1 - r_2|} \right| \psi_1 \right\rangle = \frac{e^2}{4\pi\varepsilon_0}\left(\frac{5Z}{8\, a}\right) = -\frac{5Z}{4} E_1 \quad (6.80)$$

이며, 여기서 E_1은 수소 원자의 바닥 상태 에너지이다.

앞에서 얻은 모든 항을 모으면:

$$\langle \psi_1 | H | \psi_1 \rangle = 2\, Z^2 E_1 - 4Z\,(Z-2)E_1 - \frac{5Z}{4}E_1 = \left[-2Z^2 + \frac{27}{4}\, Z\right] E_1 \quad (6.81)$$

이다. 그러나 우리는 여전히 Z의 값을 모른다. 찾아보자.

$$\frac{d\langle H \rangle}{dZ} = 0 = \left[-4Z + \frac{27}{4}\right] = 0 \quad (6.82)$$

$$Z = \frac{27}{16} = 1.69$$

방정식(6.81)에서 Z 값을 대입하면 다음을 얻는다.

$$\langle H \rangle = \frac{27^2 E_1}{128} = -77.5\,\text{eV} \quad (6.83)$$

헬륨 원자의 바닥상태 실험값은 −78.975 eV인 것으로 밝혀졌다. 따라서 여기에 얻은 이론값은 실험값에 매우 가깝다. 이 예는 변분 방법이 헬륨 원자의 바닥 상태 에너지에 대한 좋은 근사치를 제공한다는 것을 보여준다. $Z=2$가 아닌 $Z=27/16$에 대해 변분 방법은 실험값에 가까운 바닥 상태 에너지를 제공하며, 이는 각 전자가 다른 전하로부터 핵을 차단하여 전자 전하의 5/16(식 6.68)으로 유효 핵 전하를 감소시킨다는 것을 나타낸다.

개념적 질문 2: 근사 방법의 각각이 다른 방법보다 더 나은 시나리오를 설명하라.

개념적 질문 3: 실험자가 계의 바닥 상태 에너지를 결정했다고 가정하자. 그러나 그가 가지고 있는 값이 정확한지 아닌지 확신이 서지 않고 그는 자신의 측정값이 올바른지 여부를 알아내기 위해 당신(이론 물리학자)에게 도움을 요청한다. 그의 답변을 검증하기 위해 어떤 방법(섭동 이론 또는 변분 방법)을 사용하겠는가? 이유는?

문제

6.5 1차원 조화진동자의 기저 상태 에너지를 찾아라. 기저 상태 에너지를 찾기 위해 시험 파동 함수 $\psi(x) = Ae^{-\alpha x^2}$를 사용하라. 여기에서 A는 규격화 상수이고 α는 결정해야 하는 상수이다.

6.6 다음 시험 파동 함수 $\psi(r) = Ae^{-r/a}$를 사용하여 퍼텐셜 $V(r) = V_0 e^{-r/a}$에 의해 묶인 질량 "m"의 입자의 바닥 상태 에너지를 찾아라. 여기서 V_0는 상수이다.

6.7 식 (6.64)와 (6.65)에서 해밀토니안과 파동 함수를 사용하여 헬륨 원자의 바닥 상태 에너지를 구하라. 이 값을 실험값과 비교하라.

6.8 질량 "m"의 입자가 퍼텐셜 $V(x) = \alpha x^4$의 영향을 받는다. $x=0$에서 함수가 최대가 되어 V가 최소이고 짝수 홀짝성을 가지며 $x \to \infty$에서 0이 되는 성질을 기반으로 시험파동 함수를 구성하라. 이 함수를 사용하여 입자의 바닥 상태 에너지를 구하라.

6.3 WKB 방법

WKB(웬첼-크래머스-브릴루앙, Wentzel-Kramers-Brillouin) 방법은 주로 시간 독립적이고 천천히 변하는 퍼텐셜과 상호 작용하는 양자계의 파동 함수를 근사하는 데 사용된다. 천천히 변하는 퍼텐셜은 물질의 파동-입자 이중성에서 발생하는 양자역학적 특징을 일으키지 않기 때문에 이 경우를 반고전적 근사(semiclassical approximation)라고 한다. 그러한 경우에는 고전적인 설명이 현상을 설명하기에 충분하다. 큰 양자수의 거의 고전적인 한계에서 주로 유용하다.

1차원 양자계에 대한 시간 독립 슈뢰딩거 방정식은 다음과 같이 쓸 수 있다.

$$-\frac{\hbar^2}{2m}\frac{d^2\psi(x)}{dx^2} + V(x)\psi = E\psi$$

또는

$$\frac{d^2\psi(x)}{dx^2} + \frac{2m}{\hbar^2}(E - V(x))\psi = 0 \tag{6.84}$$

고전적으로 이러한 계의 총 에너지는 다음과 같이 주어진다.

$$\frac{p(x)^2}{2m} + V(x) = E \tag{6.85}$$

여기서 $p(x)$는 공간의 함수인 계 또는 입자의 운동량, $V(x)$는 퍼텐셜 에너지 함수, E는 총 에너지이다. 이것은 입자의 운동량(또는 운동 에너지)이 공간의 모든 지점에서 변한다는 것을 의미한다. 드 브로이 파동–입자 이중성 관계를 사용하여 다음을 수행할 수 있다. 또한 입자의 파장을 공간의 함수로 쓸 수 있다.

$$\lambda(x) = \frac{h}{p(x)} \tag{6.86}$$

여기서 $p(x) = \sqrt{2m(E - V(x))} > 0$; 그렇지 않으면 $p(x)$는 허수이다. 앞 식(식 6.86)은 고전적이기도 양자역학적이기도 아니다(운동량 p는 연산자가 아니다). 순전히 반고전적이다. 식(6.85)을 사용하여 슈뢰딩거 방정식을 다음과 같이 쓴다.

$$\left[\frac{d^2}{dx^2} + \frac{p^2}{\hbar^2}\right]\psi(x) = 0 \tag{6.87}$$

파동 함수를 사인파 함수로 작성해 보자. 앞 장에서 논의했듯이 대부분의 1차원 양자계의 파동 함수는 사인파 함수로 근사화될 수 있다. 그러므로,

$$\psi(x) = A(x)\,e^{i\phi(x)} \tag{6.88}$$

여기서 $A(x)$는 공간의 함수인 파동 함수의 진폭이고 $\phi(x)$는 위상이다.

앞 함수를 식(6.87)에 대입하면 다음을 얻는다.

$$\frac{d^2A(x)}{dx^2} + 2i\frac{dA(x)}{dx}\frac{d\phi(x)}{dx} + iA(x)\frac{d^2\phi(x)}{dx^2} - A(x)\left(\frac{d\phi(x)}{dx}\right)^2 = -\frac{p^2}{\hbar^2}A(x) \tag{6.89}$$

앞 방정식의 실수부와 허수부는 다음과 같이 두 방정식으로 분리할 수 있다.

$$\frac{d^2A(x)}{dx^2} - A(x)\left(\frac{d\phi(x)}{dx}\right)^2 = -\frac{p^2}{\hbar^2}A(x) \tag{6.90}$$

$$2i\frac{dA(x)}{dx}\frac{d\phi(x)}{dx} + iA(x)\frac{d^2\phi(x)}{dx^2} = 0 \tag{6.91}$$

천천히 변하는 퍼텐셜은 파동 함수의 진폭도 천천히 그리고 아주 작은 양만큼 변하게 한다. 따라서 식 (6.90)에서 진폭의 2차 도함수는 무시할 수 있다. 이것을 WKB 근사라고 한다. 방정식은 다음과 같다.

$$\left(\frac{d\phi(x)}{dx}\right)^2 = \frac{p^2}{\hbar^2} \tag{6.92}$$

앞 방정식의 적분을 취하면 다음을 얻는다.

$$\phi(x) = \pm\frac{1}{\hbar}\int p(x)\,dx \tag{6.93}$$

따라서 파동 함수의 위상은 위치에 따른 변화율이 입자의 운동량과 같기 때문에 물리적 의미를 갖는다. 식 (6.91)은 다음과 같이 간단히 쓸 수 있다.

$$\frac{d}{dx}\left[A^2\frac{d\phi(x)}{dx}\right]=0 \tag{6.94}$$

그래서

$$A^2\frac{d\phi(x)}{dx}=\text{const}=C \tag{6.95}$$

이고, 여기서 C는 실수이다.

$$A(x)=\sqrt{\frac{\hbar C}{p(x)}}=\sqrt{\frac{A(x_0)^2p(x_0)}{p(x)}} \tag{6.96}$$

여기서 오른쪽 항은 초기 조건에서 얻을 수 있다.

이제 파동 함수를 다음과 같이 쓸 수 있다.

$$\psi(x)=A(x)e^{\pm(i/\hbar)\int p(x)dx} \tag{6.97}$$

방정식(6.96)을 사용하면 앞 방정식은 다음과 같이 쓸 수 있다.

$$\psi(x)=A(x_0)\sqrt{\frac{p(x_0)}{p(x)}}\exp\left[\pm\frac{i}{\hbar}\int_{x_0}^{x}p(x)\,dx\right] \tag{6.98}$$

$\psi(x_0)=A(x_0)$로 정의하면 앞 함수를 다음과 같이 쓸 수 있다.

$$\psi(x)=\psi(x_0)\sqrt{\frac{p(x_0)}{p(x)}}\exp\left[\pm\frac{i}{\hbar}\int_{x_0}^{x}p(x)\,dx\right] \tag{6.99}$$

어떤 위치 'x'의 공간에서 입자의 확률 밀도는 다음과 같다.

$$P(x)=|\psi(x)|^2\alpha\ \frac{1}{p(x)}=\frac{1/m}{v(x)} \tag{6.100}$$

따라서 공간의 특정 위치에서 입자를 찾을 확률은 입자의 고전적 속도에 반비례한다. 입자가 빠르게 움직이면 입자를 찾기 어려울 것이다. 이것은 입자가 소비하는 시간이 해당 영역의 속도에 반비례하기 때문에 고전 앙상블에서 정확히 예상되는 것이다. 따라서 $P(x)$는 기존 분포 함수와 동일하다.

이제 파동 함수의 진폭이 다음과 같이 매우 느리게 변해야 하는 이유를 알 수 있다.

$$|\psi(x)|\alpha\frac{1}{\sqrt{p(x)}}\alpha\frac{1}{\sqrt{v(x)}} \tag{6.101}$$

따라서 WKB 근사는 $V(x)$가 충분히 부드럽고 천천히 변화하는 함수에서 좋은 근사가 될 것이다.

예제 6.3

퍼텐셜 함수 $V(x)$가 다음과 같이 정의되는 퍼텐셜 우물내의 입자 문제를 고려하자(그림 6.3).

$$V(x) = \begin{cases} F(x), & 0 < x < L \\ \infty, & \text{그 외에} \end{cases} \tag{6.102}$$

이제 WKB 방법을 사용하여 다음과 같이 파동 함수의 위상을 나타내 보자.

$$\phi(x) = \pm \frac{1}{\hbar} \int p(x)\, dx \tag{6.103}$$

우물 내부에서 $p(x)$는 실수이고 $E > V(x)$이므로 파동 함수는 다음과 같이 쓸 수 있다.

$$\psi(x) = \frac{1}{\sqrt{p(x)}} \{B_+ e^{i\phi(x)} + B_- e^{-i\phi(x)}\} \tag{6.104}$$

다음 모양으로 더 단순화할 수 있다.

$$\psi(x) = \frac{1}{\sqrt{p(x)}} \{B_1 \sin \phi(x) + B_2 \cos \phi(x)\} \tag{6.105}$$

우물 내에서 위상은 다음과 같이 쓸 수 있다.

$$\phi(L) - \phi(0) = \frac{1}{\hbar} \int_0^L p(x)\, dx \tag{6.106}$$

무한 우물의 경계는 회귀점이라고 부른다. 이 지점 매우 가까이에서 WKB 근사는 여전히 유효해야 하며 파동 함수는 유한하다. 그러나 위치 에너지는 이러한 지점에서 무한대가 된다. 따라서 파동 함수는 다음 지점에서 사라져야 한다.

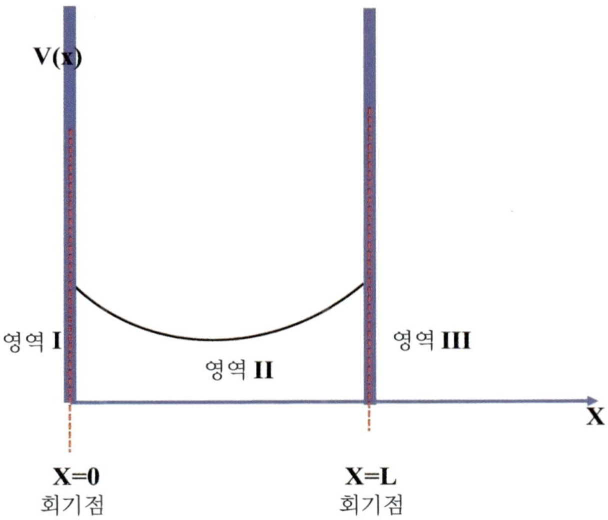

그림 6.3 퍼텐셜 골에 대한 WKB 방법의 적용; $x=0$ 및 $x=L$은 회기점이다.

$$\psi(x=0)=0, \quad \text{and} \quad \phi(0)=0, \quad B_2=0$$
$$\psi(x=L)=0, \quad \text{and} \quad \phi(L)=n\pi, \quad B_2=0$$

여기에서 $n=1, 2, 3\cdots\cdots$

그래서

$$\int_0^L p(x)\,dx = n\pi\hbar \tag{6.107}$$

이다.

이것은 4장에서 슈뢰딩거 방정식을 풀어서 직접 얻은 운동량과 허용 에너지에 대한 양자화 조건이다.

$$\int_0^L \sqrt{2m(E-V(x))}\; dx = n\pi\hbar \tag{6.108}$$

$$\sqrt{2mE_n}L = n\pi\hbar$$

우물 내에서 $V(x)=0$이면 다음과 같다.

$$E_n = \frac{n^2\pi^2\hbar^2}{2mL^2} \tag{6.109}$$

이것은 우물 내부의 입자의 양자화된 에너지이다.

예제 6.4 장벽을 통한 터널링

20세기 초에 두 개의 양성자와 두 개의 중성자로 구성된 알파 입자(α)가 방사성 원자의 핵에서 자발적으로 방출된다는 것이 실험적으로 관찰되었다. 고전 물리학에 따르면, 알파 입자를 핵에 묶인 상태로 유지하는 핵의 강한 쿨롱 힘으로 인해 이러한 입자는 핵에서 방출될 수 없다. 이 입자에 대한 실험적 관찰은 당시 물리학자들을 당황하게 했다.

알파 입자 붕괴의 이러한 현상에 대한 설명은 양자역학의 초기 적용 중 하나였다. 설명은 1928년에 조지 가므브(George Gamow)가 또한 콘돈(Condon)과 거니(Gurney)에 의해 독립적으로 제공되었다. 이것은 핵물리학에 양자역학을 처음으로 적용한 것이었고 실험 결과와 매우 잘 일치했다(그림 6.4).

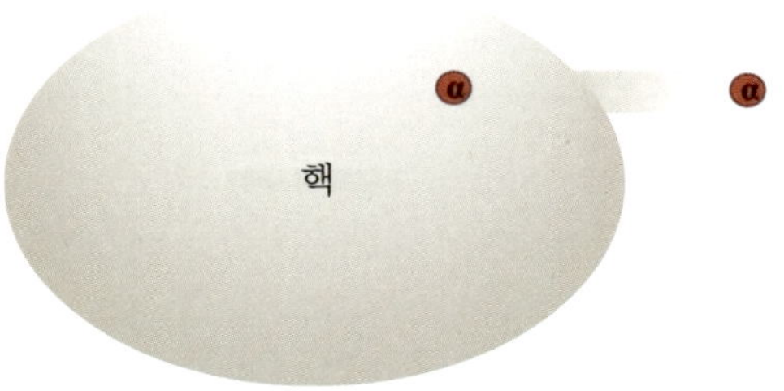

그림 6.4 그림은 원자핵을 통한 알파 입자의 터널링을 보여준다.

가므브의 모델에 따르면, 핵 내에서 퍼텐셜은 다음 형식($V(r) = V_0$)의 구형 대칭 일정 퍼텐셜 $V(r)$로 간주될 수 있다. 핵 외부에서 퍼텐셜은 $V(r) = + ZZ'e^2/r$이며, 여기서 Z는 최종핵(딸핵)의 원자핵 전하이고 $Z' = +2$는 핵전하이다. 이것은 딸핵과 영역 II의 입자 사이의 핵 반발이다.

앞 퍼텐셜은 다음과 같은 형을 가진다(그림 6.5).

$$V(r) = \begin{cases} -V_0, & 0 < r < R \\ \dfrac{ZZ'e^2}{r}, & R < r < \infty \end{cases} \tag{6.110}$$

WKB 방법을 사용하면 α-입자의 파동 함수는 다음과 같다.

$$\psi(r) = \frac{B}{\sqrt{|p(r)|}}\left[\text{Exp}\left[\pm\frac{1}{\hbar}\int |p(r)|\,dr\right]\right] \tag{6.111}$$

여기서 $p(r)$은 입자의 에너지가 쿨롱 퍼텐셜보다 훨씬 작기 때문에 허수이다.
여기에서

$$p(r) = \left[2\mu\left[V(r) + \frac{\hbar^2 l(l+1)}{2\mu r^2} - E\right]\right]^{1/2} \tag{6.112}$$

이고 원심항이 이 식에 포함된다. 장벽을 통과하는 투과 확률은 다음과 같다.

$$P = \exp\left[-\frac{2}{\hbar}\int_{r_1}^{r_2}\left\{2\mu\left[V(r) + \frac{\hbar^2 l(l+1)}{2\mu r^2} - E\right]\right\}^{1/2} dr\right] \tag{6.113}$$

그리고

$$P = \exp[-2\gamma] \tag{6.114}$$

이다.

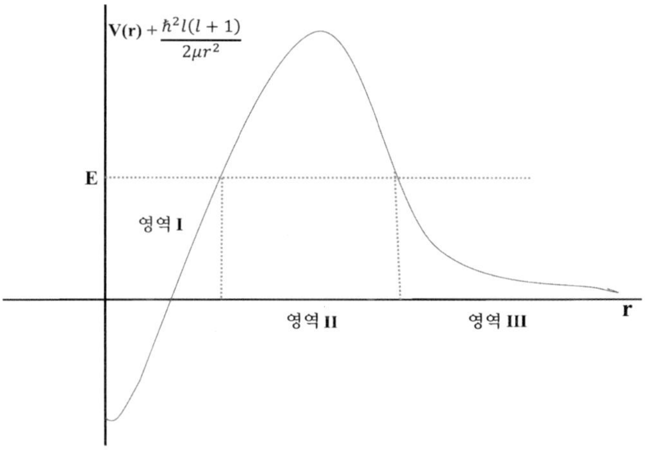

그림 6.5 지름 좌표를 사용하여 퍼텐셜 장벽에 WKB 방법을 적용한다. 원심항이 포함된다.

이 표현은 핵의 전위 장벽을 통과할 확률이 지수적으로 감소하는 함수임을 보여준다. α-입자 붕괴의 수명은 방정식(6.107)에서 얻은 함수 P로 나눈 특성 시간 τ 정도가 될 것으로 예상된다.

WKB 방법의 모든 앞의 응용 프로그램에서 퍼텐셜 함수가 회귀점에서 급격하게 변하는 경계 조건에 대해 논의하지 않았으며 고전 영역이 비고전적 영역으로 매우 원활하게 전환되지 않고 근사가 무너졌다. 이러한 상황에서는 두 영역의 WKB 해를 연결해야 한다. 다음 절에서는 이러한 시나리오에 대해 설명한다.

6.3.1 속박 상태의 회귀점

지금까지 WKB 방법을 사용하여 경계에서 해를 얻을 때 발생하는 어려움에 대해 자세히 논의하지 않았다. 그림 6.6과 같이 퍼텐셜 함수와 상호 작용하는 입자를 고려하자.

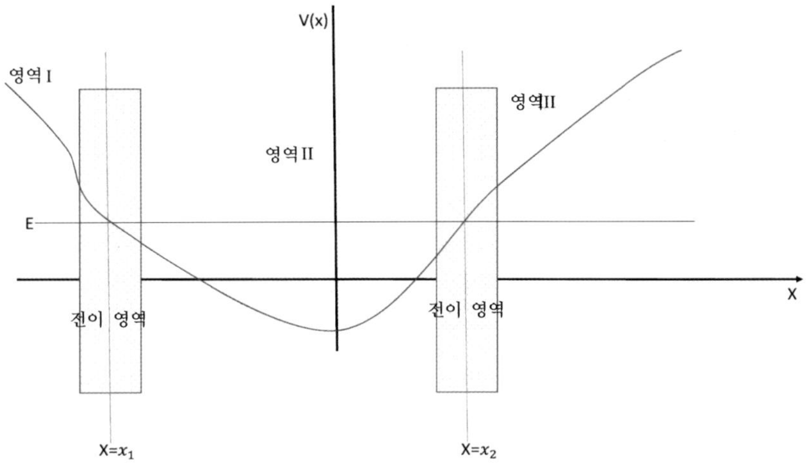

그림 6.6 파동 함수에 대한 WKB 근사는 고전적인 회귀점 x_1 및 x_2 근처의 음영 영역을 제외하고 잘 맞는다. 각 영역 내에서 선형 함수로 퍼텐셜을 근사한 후 이 영역에서 슈뢰딩거 방정식을 풀고 파동 함수 ψ_I, ψ_{II}, ψ_{III}를 연결한다.

회귀점 x_1 및 x_2는 에너지 E에 대한 고전적인 회귀점이다. 영역 I 및 III에서 입자의 에너지는 위치 에너지보다 훨씬 적고 운동량은 허수이며 파동 함수는 지수적으로 감쇠하는 함수이다. 고전적으로 이러한 영역을 금지 영역이라고 한다. 영역 III에서 파동 함수는 다음과 같이 쓸 수 있다.

$$\psi_{III}(x) \sim \frac{1}{\sqrt{2m[V(x)-E]}}\left[\mathrm{Exp}\left[-\frac{1}{\hbar}\int\sqrt{2m[V(x')-E]}\,dx'\right]\right] \tag{6.115}$$

전통적으로 허용된 영역인 영역 II에서 파동 함수는 다음과 같이 표시된 주기 함수가 된다.

$$\psi_{II}(x) = \frac{B}{\sqrt{p(x)}}\left[\sin\left[\frac{1}{\hbar}\int p(x')\,dx' + C\right]\right] \tag{6.116}$$

여기서 B, C는 실제 상수이다.

그러나 회귀점, 예를 들어 $x=x_1$, $V(x_1)=E$에서 앞의 함수는 모두 발산한다. $x=x_1$, $p(x_1)\to 0$에서 파장은 무한대가 되고, 이 지점에서 퍼텐셜 함수가 천천히 변한다는 WKB 근사는 입자의 파장도 천천히 변할 것을 요구한다. 즉, WKB 근사가 무너지고, 각 영역에서 슈뢰딩거 방정식을 풀어서 얻은 근사 파동함수가 회기점에서 일치하지 않게 된다. 그러한 문제를 어떻게 해결할까?

이 문제를 해결하려면 회기점 근처의 영역을 슈뢰딩거 방정식을 풀 필요가 있는 일부 전이 영역으로 정의해야 한다. 두 개의 회기점이 있기 때문에 두 개의 전환 영역이 있다. 이 영역에서 퍼텐셜이 천천히 변하는 함수로 가정되면 다음과 같은 선형 함수여야 한다.

$$\begin{aligned} V(x) &\sim V(x_1) + \frac{dV}{dx}\bigg|^{x=x_1}(x-x_1) \\ &= E + V'(x-x_1) \end{aligned} \tag{6.117}$$

이 영역의 이 퍼텐셜을 사용하여 슈뢰딩거 방정식의 정확한 해를 얻은 다음 일치시킨다. 단순화를 위해 이 영역에서 슈뢰딩거 방정식의 해로 이어지는 수학적 단계는 표시하지 않는다. 오히려 최종 해에 대해 논의할 것이다. 영역 II에서 회귀점 x_1 근처에서 슈뢰딩거 방정식의 해는 다음 파동 함수를 준다.

$$\psi_{II}(x) = \frac{B}{\sqrt{p(x)}}\left[\sin\left[\frac{1}{\hbar}\int_{x_1}^{x} p(x')\ dx' - \frac{\pi}{4}\right]\right] \tag{6.118}$$

회기점 x_2 근처에서 파동 함수는 다음과 같다.

$$\psi_{II}(x) = \frac{B'}{\sqrt{p(x)}}\left[\sin\left[\frac{1}{\hbar}\int_{x_2}^{x} p(x')\,dx' + \frac{\pi}{4}\right]\right] \tag{6.119}$$

앞의 두 해가 일치하려면 $B=B'$이고 두 사인 함수의 위상 차이는 π의 정수배여야 한다.

$$\frac{1}{\hbar}\int_{x_1}^{x} p(x')\ dx' - \frac{\pi}{4} - \frac{1}{\hbar}\int_{x_2}^{x} p(x')\,dx' - \frac{\pi}{4} = n\pi \tag{6.120}$$

그래서

$$\int_{x_1}^{x_2} p(x)\,dx = \left(n+\frac{1}{2}\right)\pi\hbar \tag{6.121}$$

$n=0,\ 1,\ 2,\ 3,\cdots$이 된다.

앞 방정식을 에너지 양자화 규칙이라고 한다. 이 규칙을 사용하여 양자계의 양자화된 에너지를 결정할 수 있다. 이 근사를 통해 슈뢰딩거 방정식을 풀지 않고도 양자화된 에너지를 찾을 수 있다.

예제 6.5

선형 퍼텐셜 $V(x) = k|x|$의 영향을 받는 입자를 고려하자. 입자의 양자화된 에너지 준위를 찾아라. 에너지 준위를 결정하기 위해 식(6.122)의 적분을 계산하려면 회기점을 사용할 필요가 있다. 회기점은 $x_1 = E/k,\ x_2 = -E/k$이다. 따라서 적분은 다음과 같다.

$$\int_{x_1}^{x_2} p(x)\,dx = \int_{-E/k}^{E/k} \sqrt{2m(E - V(x)}\,dx = \left(n + \frac{1}{2}\right)\pi\hbar \tag{6.122}$$

$$\int_{-E/k}^{E/k} \sqrt{2m(E - V(x)}\,dx = 2\int_{0}^{E/k} \sqrt{2m(E - kx)}\,dx \tag{6.123}$$

적분을 단순화하기 위해 다음을 정의하자.

$$z = \frac{k}{E}\,x \tag{6.124}$$

$$2\int_{0}^{1} \frac{E}{k}\sqrt{2mE(1 - z)}\,dz = \frac{2}{k}.2^{3/2}E^{3/2}m^{1/2} = \left(n + \frac{1}{2}\right)\pi\hbar \tag{6.125}$$

그래서

$$E_n = \left(\frac{k(n + (1/2))\pi\hbar}{2^{5/2}m^{1/2}}\right)^{2/3} \tag{6.126}$$

이다.

개념적 질문 4: WKB를 준고전적 근사치라고 하는 이유는 무엇인가? 설명하라.

개념적 질문 5: 예제 6.5에서 논의된 선형 퍼텐셜 함수를 그리고 회기점을 설명하라.

문제

6.9 방정식(6.95)과 방정식(6.94)을 사용하여 방정식(6.96)을 유도하라.

6.10 퍼텐셜 우물(예 6.3)의 경우, 입자의 확률 밀도가 속도에 반비례하지 않음을 보여라.

6.11 WKB 방법을 사용하여 조화진동자($V(x) = \frac{1}{2}m\omega^2x^2$)의 허용 에너지 준위를 찾아라.

6.12 퍼텐셜 $V(x) = k|x|^3$의 영향을 받는 입자를 고려하자. WKB 근사를 사용하여 입자의 양자화된 에너지 준위를 구하라.

6.13 WKB 방법에서 반고전적인 것이 무엇인지 명확하게 설명하라. 입자의 운동량이 공간의 함수라면 양자역학적으로 고려될 수 있을까?

7 시간 의존 섭동 이론

7.1 서론

양자 이론의 공식 논의의 모든 적용에서 우리는 주로 시간 독립 퍼텐셜 함수 $V(r,\ t) = V(r)$를 고려했다. 이러한 퍼텐셜은 슈뢰딩거 방정식을 정확히 풀거나 또는 섭동 이론을 사용하여 근사적으로 슈뢰딩거 방정식을 푸는 것을 더 쉽게 했었다. 시간 독립 퍼텐셜에 대한 슈뢰딩거 방정식의 해는 변수 분리 방법을 사용하여 구한다. 시간 독립 슈뢰딩거의 해는 정상 상태를 제공하고 파동 함수의 시간 의존성은 정상 상태에 위상 인자를 추가하여 얻었다. 다음 개략도는 이러한 접근 방식을 설명한다(그림 7.1).

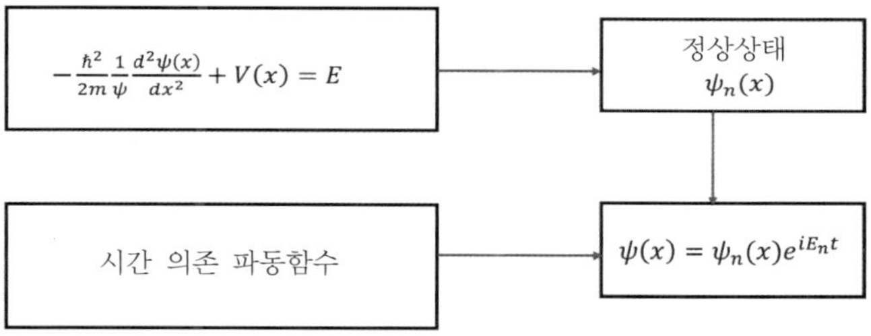

그림 7.1 변수 분리 방법을 설명하는 개략도.

그러나 이러한 접근 방식은 시간과 무관한 퍼텐셜에 대해서만 적용된다. 양자계의 퍼텐셜이 시간 종속적일 때는 변수 분리 접근 방식을 사용할 수 없다. 이 장에서는 시간 종속 퍼텐셜 함수를 사용하여 슈뢰딩거 방정식을 풀기 위한 접근 방식을 개발할 것이다. 먼저 시간 종속 섭동 이론을 이해하는 것으로 시작한다. 이 방법에 따르면 시간 종속 퍼텐셜이 작을 때 계에 대한 섭동으로 취급할 수 있다. 해밀토니안은 다음과 같이 쓸 수 있다.

$$H = H_0 + H'(t) \tag{7.1}$$

해밀토니안의 시간 종속 부분은 섭동되지 않은 해밀토니안 H_0의 한 정상 상태에서 다른 상태로의 전이를 유발한다. 이러한 전이는 한 에너지 준위와 다른 에너지 준위 사이, 또는 한 정상 상태와 다른 에너지 준위 사이의 양자 점프라고도 한다. 이러한 전이로 인해 계의 파동 함수의 중첩 상태 계수는 시간에 따라 더 복잡한 방식으로 변화한다. 이 접근 방식에서 우리의 목표는 그러한 계수를 결정하는 것이다. 그러한 계수를 사용하여 이러한 전이에 대한 확률을 결정할 수 있다. 그러한 계수를 결정하기 위해 시간 독립 섭동 이론의 접근 방식을 다루자.

> **개념적 질문 1**: 시간 종속 섭동 이론은 특정 종류의 퍼텐셜에만 적용할 수 있다. 그러한 퍼텐셜들의 예를 들어 기술하라.

7.2 1계 섭동 이론

이 접근 방식을 개발하기 위해 파동 함수 대신 상태 벡터를 고려한다. 이것은 전환 확률을 얻는 것을 단순화한다. 상태 벡터 또는 상태 케트의 관점에서 슈뢰딩거 방정식을 고려하자.

$$i\hbar\frac{\partial|\Psi(t)\rangle}{\partial t}=\hat{H}|\Psi(t)\rangle \tag{7.2}$$

여기서 $\hat{H}$는 식(7.1)에 주어진 해밀토니안이다. 우리의 목표는 이 방정식을 푸는 것이다. 섭동 $H'(t)$가 작기 때문에 $H_0\,(|E_n^0\rangle)$의 정상 상태 또는 고유케트로 상태 케트를 쓸 수 있다.

$$|\psi(t)\rangle=\sum\nolimits_n c_n(t)|E_n^0\rangle \tag{7.3}$$

3장에서 우리는 시간 독립 해밀토니안에 대한 스핀 상태의 관점에서 입자의 상태를 다음과 같이 쓸 수 있다는 것을 배웠다.

$$|\Psi,t\rangle=c_\uparrow(t)|\uparrow\rangle+c_\downarrow(t)|\downarrow\rangle \tag{7.4}$$

여기에서

$$c_\uparrow(t)=c_\uparrow(0)e^{-\frac{i\omega t}{2}} \tag{7.5}$$

$$c_\downarrow(t)=c_\downarrow(0)e^{\frac{i\omega t}{2}} \tag{7.6}$$

이다.

마찬가지로 시간 종속적 해밀토니안의 경우 상태 벡터를 다음과 같이 쓴다.

$$|\psi(t)\rangle=\sum\nolimits_n a_n(t)e^{-iE_n^0t/\hbar}|E_n^0\rangle \tag{7.7}$$

여기에서

$$c_n(t)=a_n(t)e^{-iE_n^0t/\hbar} \tag{7.8}$$

이며 계수는 시간에 따른 섭동 때문에 시간에 따라 변한다. 식 (7.7)을 식 (7.2)에 대입하면 다음을 얻는다.

$$0=\sum\nolimits_n\left[i\hbar\frac{da_n}{dt}-H'(t)a_n(t)\right]e^{-iE_n^0t/\hbar}|E_n^0\rangle \tag{7.9}$$

앞의 방정식에서 H_0에 대한 의존성은 없으며 섭동 부분에서 완전히 의존한다. 앞 방정식에 $\langle E_m^0|e^{iE_m^0t/\hbar}>$를 곱하면 다음을 얻는다.

$$i\hbar\frac{da_m}{dt}=\sum\nolimits_n\left[\langle E_m^0|H'(t)|E_n^0\rangle\right]a_n(t)\ e^{i(E_m^0-E_n^0)t/\hbar} \tag{7.10}$$

이 방정식에서 보어 진동수를 다음과 같이 정의할 수 있다.

$$\omega_{mn}=\frac{E_m^0-E_n^0}{\hbar} \tag{7.11}$$

앞 식을 식 (7.10)에 대입하면 다음을 얻는다.

$$i\hbar\frac{da_m}{dt}=\sum\nolimits_n\left[\langle E_m^0|H'(t)|E_n^0\rangle\right]a_n(t)\ e^{i\omega_{mn}t} \tag{7.12}$$

앞 방정식 가까이에서 우리는 해밀토니안의 시간 독립 부분을 완전히 제거했다. 섭동 이론을 적용하기 위해 식 (7.1)에서 H'를 $\lambda H'$로 바꾸고 멱 급수에 의하여 전개 계수를 바꾼다.

$$a_n = a_n^0 + \lambda a_n^1 + \lambda^2 a_n^2 + \cdots \tag{7.13}$$

여기서 λ는 0과 1 사이에서 변한다. 식 (7.13)과 식 (7.12)에 $\lambda H'$를 대입하여 다음 식을 얻는다.

$$\frac{da_m^0}{dt} = 0 \tag{7.14}$$

$$i\hbar \frac{da_m^1}{dt} = \sum_n [\langle E_m^0 | H'(t) | E_n^0 \rangle] \, a_n^0(t) \, e^{i\omega_{mn} t} \tag{7.15}$$

방정식(7.14)은 0차 계수 a_m^0이 시간적으로 상수임을 보여준다. 그 값은 문제의 초기 조건이며 섭동이 적용되기 전 계의 상태를 지정한다.

초기에 계는 섭동되지 않은 상태에 있으며 a_m^0은 다음과 같이 가정할 수 있다.

$$a_n^0 = \langle E_n^0 | E_k^0 \rangle = \delta_{nk} \tag{7.16}$$

식 (7.16)을 식 (7.15)에 대입하면 다음을 얻다.

$$i\hbar \frac{da_m^1}{dt} = \sum_n [\langle E_m^0 | H'(t) | E_k^0 \rangle] \, e^{i\omega_{nk} t} \tag{7.17}$$

앞의 방정식은 다음과 같이 계수를 얻기 위해 간단히 적분할 수 있다.

$$a_m^1(t) = \frac{1}{i\hbar} \int_0^t \langle E_m^0 | H'(t') | E_k^0 \rangle e^{i\omega_{mk} t'} \, dt' \tag{7.18}$$

1차 보정을 위해 파동 함수의 전개 계수는 다음과 같이 설명될 수 있다.

$$a_n(t) = \delta_{nk} + \frac{1}{i\hbar} \int_0^t \langle E_n^0 | H'(t') | E_k^0 \rangle e^{i\omega_{nk} t'} \, dt' \tag{7.19}$$

에너지 고유 벡터가 에너지 E_0 및 E_1에 해당하는 $|0\rangle$, $|1\rangle$인 2준위 계를 고려한다. 일부 "시간" 종속 섭동 $H'(t)$는 시간 0에서 t 사이에 계에 작용한다. 입자가 더 낮은 상태에서 전이할 때 상태 $|0\rangle$에서 $|1\rangle$로, 입자가 더 높은 상태에서 전이할 때 $|1\rangle$에서 $|0\rangle$으로의 전이 확률을 결정한다.

따라서 계는 초기에 낮은 상태에 있으므로 높은 상태의 0차 섭동은 0이어야 한다. 그러므로,

$$a_1^0 = 0 \tag{7.20}$$

1차 보정까지의 전개 계수는 다음과 같다.

$$a_1(t) = \frac{1}{i\hbar} \int_0^t \langle E_1^0 | H'(t') | E_0^0 \rangle e^{i\omega_{10} t'} \, dt' \tag{7.21}$$

전이 확률은

$$P_{0\to 1} = |a_1(t)|^2 \tag{7.22}$$

이다.

예제 7.1

앞의 시간 종속 섭동이 다음과 같은 모양이라고 가정해 보자.

$$H'(t) = \gamma\, e^{-i\omega t}|E_1^0\rangle\langle E_0^0| \tag{7.23}$$

γ는 실제 상수이고 ω는 섭동의 구동 진동수이다. 낮은 상태에서 높은 상태로의 전이 확률을 계산하라.

식 (7.23)을 식 (7.19)에 대입하면 다음을 얻는다.

$$a_1(t) = \frac{\gamma}{i\hbar}\int_0^t e^{-i\omega t'}e^{i\omega_{10}t'}\,dt' \tag{7.24}$$

$$a_1(t) = \frac{\gamma}{i\hbar}\left[\frac{e^{i(\omega_{10}-\omega)t}-1}{i(\omega_{10}-\omega)}\right] \tag{7.25}$$

$$a_1(t) = -\frac{\gamma}{\hbar}e^{-i\frac{(\omega_{10}-\omega)}{2}t}\left[\frac{e^{i\frac{(\omega_{10}-\omega)}{2}t}-e^{-i\frac{(\omega_{10}-\omega)}{2}t}}{(\omega_{10}-\omega)}\right] \tag{7.26}$$

$$a_1(t) = -2i\frac{\gamma}{\hbar}e^{-i\frac{(\omega_{10}-\omega)}{2}t}\left[\frac{\sin\frac{(\omega_{10}-\omega)}{2}t}{(\omega_{10}-\omega)}\right] \tag{7.27}$$

따라서 전이확률은 다음이 같다.

$$P_{0\to 1} = |a_1(t)|^2 = 4\left(\frac{\gamma}{\hbar}\right)^2\left[\frac{\sin\frac{(\omega_{10}-\omega)}{2}t}{(\omega_{10}-\omega)}\right]^2 \tag{7.28}$$

전이 확률은 외부 섭동 사이의 진동수 차이와 준위 사이의 에너지 차이, $\omega_{10}-\omega$에 따라 달라진다. $\omega_{10}-\omega=\pi$의 경우 전이 확률이 최대이다.

개념적 질문 2: 시간에 따른 작은 섭동이 계에 미치는 영향은 무엇인가? 예를 들어 설명하라.

예제 7.2

시간 $t=-\infty$에서 바닥 상태 $|0\rangle$에 있는 1차원 조화진동자와 시간 종속적 섭동을 고려하라. 방정식(7.29)은 $t=-\infty$에서 $t=\infty$ 사이의 시간 "t"에 적용된다. $t=\infty$에서 상태 $|n\rangle$ 로의 전이 확률을 구하여라.

$$H'(t) = -e \in \left(\frac{\hbar}{2m\omega}\right)^{\frac{1}{2}}(a+a^\dagger)e^{-t^2/\tau^2} \tag{7.29}$$

섭동 계의 파동 함수에 대한 전개 계수는 다음과 같이 쓸 수 있다.

$$a_n(t=\infty) = \frac{1}{i\hbar}\int_{-\infty}^{\infty}\langle n|H'(t')|0\rangle e^{i\omega_{10}t'}\,dt' \tag{7.30}$$

앞의 적분은 $n=1$인 경우에만 소멸되지 않는다. 따라서 전이는 준위 0에서 1로 진행된다.

$$a_1(t=\infty)=\frac{1}{i\hbar}\int_{-\infty}^{\infty}\langle 1|H'(t')|0\rangle e^{i\omega_{10}t'}\,dt'$$

$$=\frac{ie\in}{\hbar}\left(\frac{\hbar}{2m\omega}\right)^{\frac{1}{2}}\int_{-\infty}^{\infty}e^{-t^2/\tau^2}e^{i\omega_{10}t}\,dt \tag{7.31}$$

$$=\frac{ie\in}{\sqrt{2\hbar m\omega}}(\pi\tau^2)^{1/2}e^{-\omega^2\tau^2/4}$$

전이 확률은 다음과 같다.

$$P_{0\to 1}=|a_1(t=\infty)|^2=\frac{e^2\in^2\pi\tau^2}{2\hbar m\omega}e^{-\omega^2\tau^2/2} \tag{7.32}$$

개념적 질문 3: n번째 에너지 준위(E_n)에 있는 무한 사각 퍼텐셜 우물 내의 입자를 고려하라. 시간 종속 섭동이 있는 경우와 없는 경우 입자의 양자 거동을 비교하라.

7.3 주기적인 섭동

주기적인 섭동이 계의 방정식(7.33)에 작용한다고 가정하자. 주기적인 섭동이란 섭동이 시간에 따라 최대와 최소가 되므로 시간에 따라 섭동의 세기가 달라지는 것을 의미한다. 섭동의 주기적인 특성은 초기 상태 "i"에서 최종 상태 "n"으로의 전이 확률에 어떤 영향을 주는가?

$$H'(r,t)=\hat{V}_{ni}\cos(\omega t) \tag{7.33}$$

여기서 $\hat{V}_{ni}=V_0|n\rangle\langle i|$ V_0는 실수이다. 전개 계수는 다음과 같다.

$$a_n(t)=\frac{1}{i\hbar}\int_0^t\langle n|H'(t')|i\rangle e^{i\omega_{ni}t'}\,dt'=\frac{V_0}{2i\hbar}\int_0^t(e^{i\omega t'}+e^{-i\omega t'})e^{i\omega_{ni}t'}\,dt'$$

$$=\frac{-V_0}{2\hbar}\left[\frac{e^{i(\omega_{ni}+\omega)t}-1}{\omega_{ni}+\omega}+\frac{e^{i(\omega_{ni}-\omega)t}-1}{\omega_{ni}-\omega}\right] \tag{7.35}$$

여기서 ω_{ni}는 전이 진동수이고 ω는 섭동의 구동 진동수이다.

구동 진동수와 전이 진동수가 가까우면 앞의 방정식의 첫 번째 항이 0에 접근하고(분모가 매우 크기 때문에) 남은 항은 두 번째 항뿐이다.

따라서 표현식은 다음과 같다.

$$a_n(t)=\frac{-V_0}{2\hbar}\left[\frac{e^{i(\omega_{ni}-\omega)t}-1}{\omega_{ni}-\omega}\right]=\frac{-V_0}{2\hbar}e^{i(\omega_{ni}-\omega)t/2}\left[\frac{e^{i(\omega_{ni}-\omega)t/2}-e^{-i(\omega_{ni}-\omega)t/2}}{\omega_{ni}-\omega}\right] \tag{7.36}$$

$$a_n(t)=\frac{-V_0}{2\hbar}\left[\frac{e^{i(\omega_{ni}-\omega)t}-1}{\omega_{ni}-\omega}\right]=\frac{iV_0}{\hbar}e^{i(\omega_{ni}-\omega)t/2}\left[\frac{\sin(\omega_{ni}-\omega)t/2}{(\omega_{ni}-\omega)}\right] \tag{7.37}$$

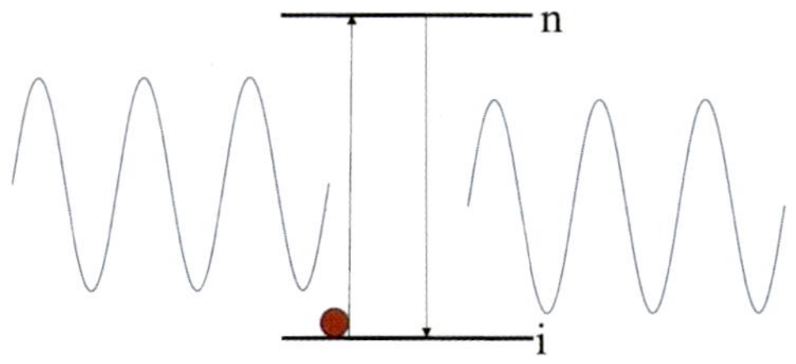

그림 7.2 이 그림은 사인파 전이 확률을 보여준다. 섭동이 오랫동안 켜져 있으면 입자가 더 낮은 상태와 여기 상태 사이에서 앞뒤로 계속 전이된다.

전이 확률은 다음과 같다.

$$P_{i\to n} = |a_n(t)|^2 = \frac{V_0^2}{\hbar^2}\left[\frac{\sin(\omega_{ni}-\omega)t/2}{(\omega_{ni}-\omega)}\right]^2 \tag{7.38}$$

전이 확률은 주기적이며 최대값과 최소값 사이에서 앞뒤로 진동한다. 최대 전이 확률은 $\frac{V_0^2}{\hbar^2}\left[\frac{1}{(\omega_{ni}-\omega)}\right]^2$이고 최소값은 0이다. 이는 특정 시간에 입자가 여기 상태로 전이될 가능성이 높다는 것을 의미한다. 전이 확률이 0일 때 입자는 더 낮은 상태로 돌아가거나 초기 상태를 유지한다. 섭동이 오랫동안 켜져 있으면 입자가 더 낮은 상태와 들뜬 상태 사이에서 앞뒤로 계속 전이 되지만 섭동의 주요 목적이 입자를 여기 상태로 전환하는 것이라면 섭동을 오랫동안 적용할 필요 없다. 입자가 들뜬 상태로 영구적으로 전이되기 위해서는 전이 확률이 최대일 때 섭동을 꺼야 한다. 그림 7.2는 전이 확률을 설명합니다.

문제

7.1 외부 섭동이 시간적으로 일정할 때 계의 전이 확률을 계산하라.
예제 7.2의 시간 의존 섭동을 일정한 퍼텐셜로 대체하여 이 문제를 해결하라.

7.2 식 (7.5)를 사용하여 외부 시간 의존 섭동이 적용될 때 2-준위 계에 대한 전개 계수를 유도하라.

7.3 수소 원자는 $t=-\infty$에서 바닥 상태에 있다. 전기장 $E(t) = E_0\hat{k}e^{t^2/\tau^2}$는 $t=\infty$까지 가해진다. 원자가 들뜬 상태로 전이할 확률을 계산하라.

7.4 급격한 근사

섭동 이론과 관련된 이전의 모든 논의에서 우리는 파동 함수의 변화로 이어지는 섭동으로 인한 계의 해밀토니안의 변화에 대해 논의했다. 이러한 섭동으로 인해 상태 간에 전이가 발생한다. 그러나 어떤 상황에서는 섭동이 매우 짧은 시간 동안 거의 "순간적"이어서 해밀토니안의 변화가 파동 함수의 변화를 일으키지 않을 수 있다.

더 명확하게 이해하기 위해 $\tau\to 0$인 짧은 시간 간격 τ에 걸쳐 해밀토니안이 갑자기 변하는 계를 고려하자. 계의 슈뢰딩거 방정식은 다음과 같다.

$$i\hbar\frac{\partial|\Psi(t)\rangle}{\partial t} = \hat{H}(t)|\Psi(t)\rangle \tag{7.39}$$

갑작스러운 섭동이 적용되는 시간 간격이 여전히 τ가 되도록하고 시간 간격 $-\tau/2$에서 $\tau/2$에 대한 앞의 방정식을 적분하자.

$$|\Psi(t=\tau/2)\rangle - \left|\Psi\left(t=-\frac{\tau}{2}\right)\right\rangle = \frac{1}{i\hbar}\int_{-\tau/2}^{\tau/2} H(t)|\Psi(t)\rangle dt \tag{7.40}$$

$\tau \to 0$ 극한에서 오른쪽의 적분은 0이 되므로,

$$|\Psi(t=-\tau/2)\rangle = \left|\Psi\left(t=\frac{\tau}{2}\right)\right\rangle \tag{7.41}$$

이 된다. 이는 해밀토니안에 순간적인 변화가 있는 경우 파동 함수가 방해받지 않고 유지된다는 것을 의미한다.

전이 확률은 어떻게 될까? 계의 갑작스러운 섭동의 결과로 더 낮은 상태 또는 들뜬 상태로 점프할까?

식 (7.41)에 따르면 계의 파동 함수는 동일하게 유지된다. 따라서 계가 초기에 고유 상태 또는 정상 상태에 있는 경우 이러한 상태는 해밀토니안의 순간적인 변화의 결과로 방해받지 않고 유지된다. 따라서 갑작스러운 섭동으로 인해 상태 간에 전이나 점프가 발생하지 않는다. 이러한 이유로 전이 확률은 0이 된다.

위의 추론을 예제 7.2에 적용해 보자. 이 예에서 1차원 조화진동자는 일정 시간 τ 동안 섭동을 겪는다. 섭동으로 인해 바닥 상태에서 첫 번째 들뜬 상태로의 전이 확률은 다음과 같다.

$$P_{0\to1} = |a_1(t=\infty)|^2 = \frac{e^2 \in^2 \pi\tau^2}{2\hbar m\omega} e^{-\omega^2\tau^2/2}$$

따라서 전이 확률은 지속 섭동(τ)에 따라 달라진다. 이제 $\tau \to 0$이면

$$P_{0\to1} = 0$$

그러나 $\tau \to 0$이라고 하는 것은 현실적인 상황이 아닌 것처럼 보일 수 있다. 실제 시나리오에서 지속시간은 작지만 0이 아니다. 그러한 현실적인 시나리오에서 전환 확률은 여전히 0인가?

이러한 질문에 답하기 위해 시간 $t=0$에서 H_0에서 H_1으로 갑자기 변하고 그 후에도 동일하게 유지되는 계의 해밀토니안을 생각해 보자. 섭동으로 인해 계의 새로운 에너지 고유 함수는 다음과 같다.

$$H_1 v_m = E_m v_m \tag{7.42}$$

섭동이 적용되기 전의 고유함수는 $u_m e^{-iE_m t/\hbar}$이고 계가 어떤 초기 고유상태에 있었다고 가정해 보자. 그러나 섭동 후에 슈뢰딩거 방정식의 해는 식(7.42)에 표시된 고유함수이다. 그러나 $t=0$에서 슈뢰딩거 방정식의 해는 나중에 "t"에서 해와 연결되어야 한다. 따라서 파동 함수는 다음과 같이 쓸 수 있다.

$$\psi(x) = u_n(x) = \sum\nolimits_m C_{mn} v_m(x) \tag{7.43}$$

여기서 계수 C_{mn}은 직교 규격화 조건을 사용하여 얻을 수 있다. 이러한 방식으로 계의 파동 함수는 섭동 전후에 변경되지 않는다. 파동 함수는 이제 변경된 해밀토니안의 고유 함수의 선형 중첩 상태이다. 그것은 더 이상 이 해밀토니안의 고유 함수나 정지 상태가 아니다. 파동 함수는 중첩 상태에 있기 때문에 변경된 해밀토니안의 모든 고유 상태로 전환할 수 있다.

앞의 발견을 이해하기 위해 핵 전하 Z의 원자로부터 β 붕괴의 경우를 고려하자. 전하 Z의 원자는 상대론적 전자를 방출하고 전하를 Z+1로 변경함으로써 β 붕괴를 겪는다. 방출된 전자가 첫

번째 껍질($n=1$)에서 나오는 데 걸리는 시간은 다음과 같다.

$$\tau \cong a_0/Zc \tag{7.44}$$

a_0=상수, c=빛의 속도.

전자가 첫 번째 껍질에서 보내는 시간인 특성 시간은 다음과 같다.

$$T = \frac{a_0}{Z^2 \alpha c} \tag{7.45}$$

그래서

$$\frac{\tau}{T} = Z\alpha \tag{7.46}$$

Z가 매우 작다는 것은 우리가 아주 짧은 시간 동안 섭동을 가했고 그러한 섭동이 전자의 파동 함수를 바꾸지 않았다고 말할 수 있다. 그러나 그러한 파동 함수는 이제 새로운 전하 원자(Z+1)의 고유 상태의 선형 중첩이다(식 7.43). 이 파동 함수는 더 이상 새로운 전하 원자(Z+1)의 정상 상태에 해당하지 않는다. 이는 갑작스런 β 붕괴 과정으로 인해 원자가 새로운 원자의 들뜬 상태로 남을 확률이 있음을 의미한다. 이 들뜬 상태는 원자에서 방출된 복사선을 감지하여 관찰할 수 있다. 앞 절에서 우리는 시간 의존 섭동이 섭동되지 않은 해밀토니안의 다른 에너지 준위로 전이를 유발한다는 것을 보여주었다. 이러한 방식으로 갑작스러운 섭동은 시간 의존 섭동과 동일한 변화를 일으킨다.

개념적 질문 4: 바닥 상태에 있는 무한 사각 퍼텐셜 우물 내의 입자를 고려하라. 퍼텐셜 우물의 크기를 두 배로 늘리는 퍼텐셜 우물의 갑작스러운 섭동이 적용된다. 이 섭동으로 인해 새로운 퍼텐셜 우물 내 입자가 바닥 상태로 전이될까? 이유를 설명하라.

문제

7.4 식 (7.43)에 주어진 파동함수를 고려하라. 고유 함수에 대한 직교 규격화 조건을 사용하여 전개 계수 C_{mn}에 대한 수학적 관계를 얻어라.

7.5 초기에 바닥 상태에 있던 조화진동자에 갑작스러운 섭동이 가해지는 것을 고려하자. 섭동은 조화진동자의 진동 주기보다 훨씬 짧은 시간 동안 일정한 힘(F=const)을 가한다. 힘을 끈 후 원자가 첫 번째 들뜬 상태에서 발견될 확률을 구하라.

7.5 단열 근사

앞 절 섭동 이론에서 계에 대한 섭동이 계의 에너지, 파동 함수를 변경하고 에너지 상태 간의 전이를 유발한다는 것을 배웠다. 예를 들자면, 계가 섭동이 계에 적용되기 전에 처음에 정상 상태에 있었다면 섭동의 효과는 이를 다른 정상 상태로 전이하고 정상 상태의 선형 중첩 상태로 변화하는 것 등이다. 따라서 섭동은 계에 변화를 일으키며, 이는 정상 상태, 에너지, 운동량 및 위치와 같은 계의 매개변수에 변화를 야기한다는 것을 의미한다. 계에 대한 섭동으로 인한 변경으로 인해 계의 동작을 예측하기 어렵다. 섭동의 결과로 계의 특정 매개변수가 변경되지 않은 상태로 유지되도록 계의 특정 매개변수를 변경하지 않는 섭동이 있는 경우에는 어떻게 될까?

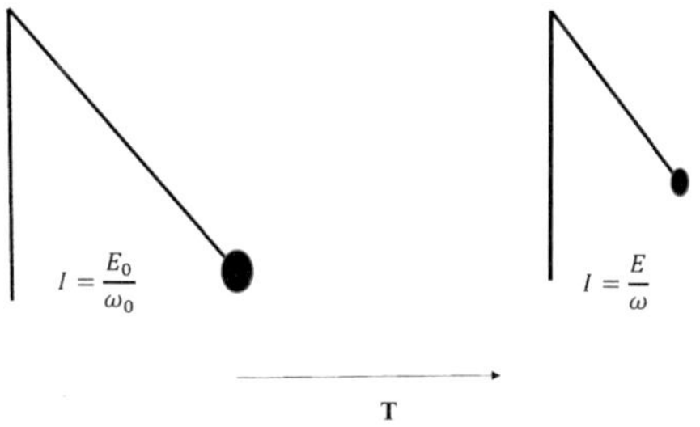

그림 7.3 진자의 단열 불변량 그림.

7.5.1 단열 과정

고전 물리학에서 단열 과정은 주로 열역학 및 역학과 관련이 있다. 열역학에서 계가 항상 환경과 평형 상태를 유지하고 엔트로피가 일정하게 유지되도록 계에 변화가 발생할 때 계에 이러한 변화가 발생하는 과정을 단열 과정이라고 한다. 예를 들어, 단열재로 된 용기 내부의 기체를 고려하자. 이제 기체가 열 에너지를 얻거나 잃지 않고 팽창하거나 수축하면 이러한 기체의 팽창 또는 수축 과정을 단열 과정이라고 한다. 열 에너지와 엔트로피는 항상 일정하다. 따라서 열 에너지와 엔트로피를 단열 불변량이라고 한다.

역학계에서 계의 운동을 정의하는 매개변수 중 하나가 오랜 시간에 걸쳐 매우 천천히 변화하면 에너지는 더 이상 시간에 따라 일정하지 않다. 그러나 그러한 계에 대한 작용 변수는 시간에 따라 일정하게 유지되므로 단열 불변이다. 예를 들어, 길이 "l_0"가 긴 시간(T)에 걸쳐 매우 천천히 어떤 길이 "l"로 감소되는 진자를 고려하자. $I = \frac{E}{\omega}$인 진자의 작용 변수(여기서 E는 에너지이고 ω는 진자의 각진동수)는 시간에 따라 일정하게 유지된다. 아주 오랜 시간 "T"가 지나면 진자의 진동 에너지와 각진동수는 변하지만 단열 불변인 작용 변수는 그림 7.3과 같이 일정하게 유지된다. 줄이 짧아지면 진자의 에너지와 각진동수가 증가한다.

양자역학에서 시간 $t=0$에서 계의 해밀토니안 "$H(0)$"가 매우 긴 시간 "T"에서 $H(T)$로 매우 천천히 변하는 것을 고려하자. 계가 처음에 정상 상태 $|n(0)\rangle$에서 시작한다면 시간 "T" 이후 계의 최종 상태는 무엇일까?

그러한 질문에 대한 답을 찾으려면 단열 정리에 의존해야 한다.

7.5.2 단열 정리

단열 정리는 1911년에 알버트 아인쉬타인(Albert Einstein)과 폴 에렌페스트(Paul Ehrenfest)에 의해 고안되었고 1927년 막스 보른(Max Born)과 블라디미르 A. 펔(Vladimir A. Fok)에 의해 증명되었다. 이 정리에 따르면, 계의 해밀토니안이 시간에 따라 매우 느리게 변하는 경우 어느 순간에 슈뢰딩거 방정식의 해는 순간적인 해밀토니안의 정상 고유함수를 통해 근사할 수 있으므로 특정 고유함수는 한 번에 나중에 해당 고유 함수로 연속적으로 넘어간다.

시간 $t=0$에서 정상 상태 $|n(0)\rangle$에서 시작하는 양자역학계를 고려하자. 이 정리에 따르면 계가 시간에 따라 천천히 변하면 시간 "T" 이후에 계는 그 시간에 계의 정상 상태 $|n(t)\rangle$에서 발견된다. 계의 단열 불변량은 양자수 "n"이다. 예를 들어, 처음에 무한 사각 퍼텐셜 우물의 바닥 상태에 있는 입자를 고려하고, 우물은 시간이 지남에 따라 천천히 팽창한다. 시간 "T" 이후에 입자는 확장된 우물의 바닥 상태에 있다. 따라서 우물의 길이에 대한 느린 변화는 입자가 시간 "T"에서

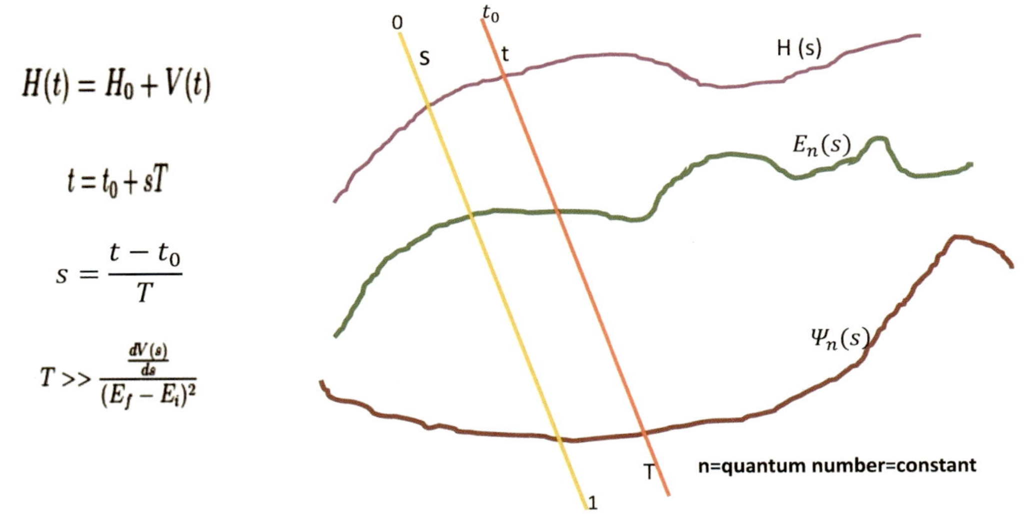

그림 7.4 이 개략도는 매개변수 "s"가 단열적으로 변화되는 양자역학계의 변화하는 해밀토니안, 에너지 및 파동 함수를 기념일 로고로 사용한 것을 보여준다.

우물의 바닥 상태로 전이하도록 하고 양자수 $n=1$(바닥 상태)은 동일하게 유지되고 단열 불변이다. 고전 물리학에서 엔트로피와 작용 적분은 단열 불변이지만 양자역학에서는 양자수가 단열 불변이다.

$$|n(0)\rangle \rightarrow |n(T)\rangle \tag{7.47}$$

$n=$상수, 단열 불변.

단열 과정의 경우 계와 환경과 상호작용 하지만 양자수는 변하지 않는다(그림 7.4).

모든 이상적인 양자계, 즉 환경과 상호 작용하지 않는 입자의 경우 $t=0$에서 초기 정상 상태에 있던 입자가 "$t = T$" 시간 이후에도 동일한 정상 상태를 유지하지만 동역학적 위상 인자를 얻을 것으로 예상된다. 따라서 시간 "T" 이후 입자의 정상 상태는 다음과 같다:

$$|n(T)\rangle = e^{-iE_nT/\hbar}|n(0)\rangle \tag{7.48}$$

이러한 이상적인 계의 경우 위상 인자를 제외하고 에너지와 양자수는 동일하게 유지된다. 위상 인자($e^{-iE_nT/\hbar}$)는 동력학적 위상이라고도 한다.

단열 변화를 겪고 있는 양자계의 경우 환경과 상호 작용하고 에너지가 시간에 따라 변하지만 양자수는 동일하게 유지됨을 의미한다. 그것은 한 정상 상태에서 동일한 양자수의 다른 정상 상태로 연속적으로 전이한다. 그렇다면 단열적으로 변한 양자계의 시간 "t" 이후의 정상 상태는 이상적인 계의 정상 상태인 식(7.48)과 얼마나 다를까?

이 질문에 대한 답변은 1983년 베리(M.V. Berry)가 했다. 그에 따르면 정상 상태는 계의 단열 변화로 인해 동역학적 위상과 함께 추가 위상을 얻는다. 따라서 단열적으로 변하는 양자계의 경우 시간 "t" 이후의 정상 상태는 다음 모양을 갖는다.

$$\psi(t) = \exp\left\{-\frac{i}{\hbar}\int_0^t E_n(t')dt'\right\}e^{i\gamma_n t}|n(t)\rangle \tag{7.49}$$

첫 항은 일반적인 동역학적 위상 인자이고, 두 번째 위상 인자($e^{i\gamma_n t}$)는 계의 기하학적 특성에 따라 위상이 달라지기 때문에 베리의 위상 또는 기하학적 위상이라고 부른다.

7.5.3 단열 정리의 증명

앞의 방정식을 유도하기 위해 시간이 지남에 따라 단열적으로 진화하는 양자계를 고려해 보자. 시간 "t" 후에 상태 벡터는 위상 인자를 얻으므로

$$\psi(t) = e^{i\phi(t)}|n(t)\rangle \tag{7.50}$$

는 시간 "t" 이후의 계의 상태이다. 계에 대한 슈뢰딩거 방정식은 다음과 같다.

$$i\hbar\frac{d\psi(t)}{dt} = H(t)\psi(t) \tag{7.51}$$

여기서 $H(t)$는 시간에 따라 매우 느리게 변하는 계의 해밀토니안이다. 식 (7.50)을 식 (7.51)에 대입하면 다음을 얻을 수 있다.

$$\frac{d\phi}{dt} = -\frac{1}{\hbar}\langle\psi(t)|H(t)|\psi(t)\rangle + i\langle n(t)|\frac{d}{dt}|n(t)\rangle \tag{7.52}$$

이 방정식을 적분하면,

$$\phi(t) = -\frac{1}{\hbar}\int_0^T E_n(t)dt + i\int_0^T \langle n(t)|\frac{d}{dt}|n(t)\rangle\, dt$$

을 얻고, 이 위상은 두 개 항으로 구성된다. 첫 항

$$\theta = -\frac{1}{\hbar}\int_0^T E_n(t)\, dt \tag{7.53}$$

는 일반적인 동역학적 위상이고 두 번째 항은 다음과 같다.

$$\gamma_n(t) = i\int_0^T \langle n(t)|\frac{d}{dt}|n(t)\rangle\, dt \tag{7.54}$$

그리고 베리의 위상 또는 기하학적 위상이라고 한다. 이 위상은 해밀토니안에 직접적으로 의존하지 않는다.

식 (7.54)의 의미를 더 이해하려면 $R(t)$가 시간에 따라 매우 느리게 변하는 양자계의 매개변수이므로 계가 단열적으로 변하고 시간 "t"가 지나면 계의 정상 상태 $|n(R(t))\rangle$ 이 된다. 기하학적 위상은 매개변수 $R(t)$에 따라 달라지며 다음과 같이 지정된다.

$$\gamma_n(t) = i\int_{R_0}^{R(t)} \langle n(R(t'))|\nabla_R n(R(t'))\rangle dR(t') \tag{7.55}$$

따라서 기하학적 위상은 시간에 따라 천천히 변하는 계의 매개변수 $R(t)$에 따라 달라진다. 경로가 아닌 매개변수 $R(t)$의 최종 및 초기 값에만 의존한다. 이것은 매개변수 $R(t)$를 외부에서 제어함으로써 필요한 기하학적 위상을 얻기 위해 양자 상태를 만들 수 있음을 분명히 보여준다.

매개변수 $R(t)$가 폐쇄 고리를 이루는 경우 앞의 방정식이 단순화되어 특정 시간 후에 시작된 동일한 지점으로 돌아온다. $R(t=T)=R(t=0)$, 여기서 T는 매개변수가 동일한 값으로 반환되는 시간이다. 선 적분을 표면 적분으로 변환하기 위해 스톡스의 정리를 사용하면 앞 방정식은 다음과 같다.

$$\gamma_n(T) = i\oint \langle n(R)|\nabla_R n(R)\rangle dR = -\iint \chi_n(R).dS \tag{7.56}$$

$$\chi_n(R) = Im\ \nabla_R\ X\langle\ n(R)|\nabla_R n(R)\rangle \tag{7.57}$$

두 항수 컬은 다음 성질을 갖는다.

$$\nabla X[f(x)\nabla g(x)] = \nabla f(x) X\ \nabla g(x) \tag{7.58}$$

앞의 컬 성질을 이용하면 식 (7.52)는

$$\chi_n(R) = Im\ (\nabla_R\langle n(R)|)\ X\ (\nabla_R|n(R)\rangle) \tag{7.59}$$

$$= Im\ \sum\nolimits_{m\neq n}[\nabla_R\langle n(R)|m(R)\rangle]\,X[\langle m(R)|\nabla_R|n(R)\rangle] \tag{7.60}$$

$m=n$인 항은 순전히 허수이므로 이 방정식에서 생략되었다.

이러한 계의 해밀토니안은 또한 매개변수 $R(t)$에 의존한다.

$$H(t)\ \rightarrow H(R(t)) \tag{7.61}$$

$$H(R(t))|n(R(t))\rangle = E_n(R(t))|n(R(t))\rangle \tag{7.62}$$

간단하게 하기 위하여

$$R(t) \rightarrow R \tag{7.63}$$

라 놓자. 그리고 앞 방정식에 그레디언트를 취하면

$$\nabla_R[H(R)|n(R)\rangle = E_n(R)|n(R)\rangle] \tag{7.64}$$

$$\langle m(R)|\nabla_R H(R)|n(R)\rangle + \langle m(R)|H(R)\nabla_R|n(R)\rangle = \nabla_R E_n(R)\,\langle m(R)|n(R)\rangle + E_n\langle m(R)|\nabla_R|n(R)\rangle \tag{7.65}$$

$$\langle m(R)|\nabla_R H(R)|n(R)\rangle + E_m(R)\langle m(R)|\nabla_R|n(R)\rangle = E_n(R)\langle m(R)|\nabla_R|n(R)\rangle \tag{7.66}$$

$$\langle m(R)|\nabla_R|n(R)\rangle = \frac{\langle m(R)|\nabla_R H(R)|n(R)\rangle}{E_n - E_m} \quad m \neq n \tag{7.67}$$

을 얻는다. 식 (7.60)에 앞의 방정식을 대입하면 다음을 얻을 수 있다.

$$\chi_n(R) = Im\ \sum\nolimits_{m\neq n}\frac{\langle n(R)|\nabla_R H(R)|m(R)\rangle X\langle m(R)|\nabla_R H(R)|n(R)\rangle}{(E_n - E_m)^2} \tag{7.68}$$

완전한 한 주기 후의 기하학적 위상은 다음과 같다.

$$\gamma_n(T) = i\oint \langle n(R)|\nabla_R n(R)\rangle dR = -\iint \chi_n(R).dS \tag{7.69}$$

여기서 χ_n은 (7.68)식으로 주어진다.

개념적 질문 5: 열역학에서는 열과 엔트로피가 단열 불변이고 고전역학에서는 "작용"이 단열 불변이다. 양자역학적 단열 불변량이란 무엇인가? 설명하라. 예를 들어라.

예제 7.3

자기장과 상호 작용하는 전자를 고려하자. 자기장의 방향은 시간이 지남에 따라 천천히 변하지만 크기는 일정하게 유지된다. 자기장 방향은 시간 "T"에서 그림과 같이 하나의 고리를 완료하는 방식으로 변화한다. 이러한 계의 해밀토니안은 다음과 같다.

$$\hat{H}(B(t)) = -g\,\mu\,\hat{S}.B(t) \tag{7.70}$$

여기서 자기장은 천천히 변화하는 파라메터 R이고, $\hat{S}$는 전자의 스핀이다. 단순화를 위해 자기장은 다음과 같이 스핀 공간의 z축을 향한다고 하자.

$$H(R(t))|n(R(t))\rangle = E_n(R(t))|n(R(t))\rangle$$

그래서

$$H(B(t))|\uparrow\rangle = -g\,\mu\,\hat{S}_z B(t)|\uparrow\rangle = \frac{-g\mu\hbar B(t)}{2}|\uparrow\rangle \tag{7.71}$$

$$\nabla_B \hat{H}(B) = -g\mu\hat{S} \tag{7.72}$$

$$\hat{S} = \hat{S}_x\hat{i} + \hat{S}_y\hat{j} + \hat{S}_z\hat{k} \tag{7.73}$$

$$\hat{S}_z = \frac{\hbar}{2}[|\uparrow\rangle\langle\uparrow| - |\downarrow\rangle\langle\downarrow|] \tag{7.74}$$

$$\hat{S}_x = \frac{\hbar}{2}[|\uparrow\rangle\langle\downarrow| + |\downarrow\rangle\langle\uparrow|] \tag{7.75}$$

$$\hat{S}_y = \frac{i\hbar}{2}[-|\uparrow\rangle\langle\downarrow| + |\downarrow\rangle\langle\uparrow|] \tag{7.76}$$

식(7.68)을 사용하여 $\chi_n(B)$를 계산할 수 있으며, 첫 번째 항은

$$\langle n(R)|\nabla_R \hat{H}(R)|m(R)\rangle = (-g\mu)\langle\uparrow|\hat{S}|\downarrow\rangle \tag{7.77}$$

$$\chi_n(B) = (-g\mu)^2\ \frac{\left[\frac{\hbar}{2}\hat{i} - \frac{i\hbar}{2}\hat{j}\right] X \left[\frac{\hbar}{2}\hat{i} + \frac{i\hbar}{2}\hat{j}\right]}{(-g\mu B)^2\left(\frac{\hbar}{2} + \frac{\hbar}{2}\right)^2} \tag{7.78}$$

$$\chi_n(B_x) = \chi_n(B_y) = 0, \quad \chi_n(B_z) = \frac{\hat{k}}{2B^2} \tag{7.79}$$

기하학적 위상은 다음과 같이 주어진다.

$$\gamma_n(T) = -\iint \chi_n(R).dS = -\iint \frac{\hat{k}}{2B^2}dB = -\frac{1}{2}\int d\Omega = -\frac{\Omega}{2} \tag{7.80}$$

여기서 는 자기장에 의해 취해진 경로에 의한 원점에 대응되는 입체각입니다. 이것은 역학 위상과 달리 자기장의 크기와 전자의 에너지와 무관하다. 그것은 단순히 전자의 스핀에 해당하는 양자수($m = 1 = 2$)에 의존한다.

문제

7.6 $S_z = m\hbar(m = -S, +S)$와 같은 입자의 스핀 "m"에 대해, 크기는 일정하지만 방향이 시간에 따라 천천히 변하는 매우 느리게 변하는 자기장과 상호 작용한다. 앞에서 논의한 것처럼 입자의 기하학적 위상을 결정하라.

7.7 시간 종속 자기장과 상호 작용하는 전자를 고려하라.

$$B(t) = B_0(\sin\theta\cos\omega t\,\hat{i} + \sin\theta\sin\omega t\,\hat{j} + \cos\theta\,\hat{k})$$

여기에서 자기장의 크기는 일정하다. 자기장과 함께 전자의 세차 운동은 진동수 ω를 갖는 열린 각 θ의 공간에서 원뿔을 쓸어낸다. 시간 "t" 후 전자의 상태 벡터와 전이 확률을 구하라. 전자의 거동을 위의 전자와 비교하라(단열 근사).

이 두 상황에서 전자의 거동의 차이점을 설명하라.

7.8 벽이 시간에 따라 단열적으로 팽창하는 무한 사각 퍼텐셜 우물 내의 입자를 생각자($L(t) = a + bt$). 입자가 처음에 바닥 에너지 상태에서 시작했다면 시간 "t"에서 에너지 상태는 무엇인가? 동력학적 위상 계수를 구하라.

7.6 재검토된 측정 문제

2장에서 우리는 양자역학의 측정 문제에 대해 논의했다. 우리는 코펜하겐 해석에 따르면 측정 과정은 파동 함수의 붕괴를 일으키며, 측정 행위는 양자역학계의 파동 또는 입자 측면을 이끌어낸다는 것을 배웠다. 이 해석은 알버트 아인슈타인에게 받아들여지지 않았다. 1935년에 그와 그의 동료들은 양자역학적 실재가 불완전하다는 논문을 발표했다. 다음 절에서는 측정 문제에 대해 자세히 설명한다.

중성 파이 중간자(파이온)가 전자와 양전자로 붕괴하는 것을 고려하자.

$$\pi^0 = e^- + e^+ \tag{7.81}$$

파이온은 붕괴 전에 스핀 0을 가졌다. 따라서 붕괴 후 전자와 양전자는 각운동량 보존으로 인해 스핀의 합이 0이 되어야 한다. 따라서 전자와 양전자 쌍은 다음과 같이 스핀 단일항 상태여야 한다.

$$|\text{Spin singlet}\rangle = \frac{1}{\sqrt{2}}\left(|\uparrow_1\downarrow_2\rangle_x - |\downarrow_1\uparrow_2\rangle_x\right) \tag{7.82}$$

여기에서 x 방향은 양자화의 축으로 선택한다. 간단히 하기 위해 스핀업 상태의 입자 1을 "전자"라고 하고 스핀다운 상태의 입자 2를 "양전자"라고 하자.

양자역학에 따르면 측정이 수행되기 전에 입자 1과 입자 2는 동시에 스핀업 및 스핀다운 상태에 있다.

그러나 두 입자는 강한 상관관계를 가지며, 이러한 상관관계를 입자 사이의 얽힘(entanglement)이라고 한다. 이 얽힘은 다음을 의미한다.

$$|\text{Spin singlet}\rangle = \frac{1}{\sqrt{2}}\left(|\uparrow_1\downarrow_2\rangle_x - |\downarrow_1\uparrow_2\rangle_x\right) \neq \frac{1}{\sqrt{2}}\left(|\uparrow_1\rangle_x + |\downarrow_1\rangle_x\right)\frac{1}{\sqrt{2}}\left(|\downarrow_2\rangle_x - |\uparrow_2\rangle_x\right) \quad (7.83)$$

입자 1에 대해 스핀 측정을 수행하면 스핀업 또는 스핀다운 상태에서 발견될 확률이 50%입니다. 그러나 입자 1의 측정 결과가 스핀업 상태를 갖는다면 입자 2의 측정 결과는 확실하게 스핀다운 상태를 갖을 것이며 그 반대의 경우도 마찬가지이다.

예를 들어, 각 입자가 다른 입자와 스핀-단일항 상태(얽힌 상태)로 준비되는 입자 빔을 고려하자. 따라서 두 쌍의 입자가 단일항 상태로 존재하고 빔은 이와 같은 여러 쌍을 갖는다. 측정하기 전에 각 쌍의 두 입자는 얽힌 상태이다. 이제 쌍 중 하나의 입자 1에 대해 측정이 수행되고 결과가 스핀-업 상태를 산출한다면 입자 2에 대한 측정은 확실하게 스핀-다운 상태를 얻을 것이다. 이제 두 번째 쌍의 입자 1에 대해 측정이 수행되고 입자 1이 스핀다운 상태에서 발견되면 입자 2에 대한 측정은 확실히 스핀업 상태를 얻을 것이다. 측정을 반복하면 동일한 결과가 나타난다.

이는 두 번째 입자의 측정 결과가 첫 번째 입자의 측정 결과에 의존함을 분명히 보여준다. 스핀업의 측정은 검출기에 의해 양(+)으로 등록되고 스핀다운의 측정은 검출기에 의해 음(−)으로 등록된다고 가정해 보자. 표 7.1은 검출기를 통과하는 얽힌 입자 빔의 측정 결과를 설명한다.

이것은 입자 사이에 강한 상관관계가 있음을 보여준다. 측정시 입자 1이 스핀업 상태로 선택되면 입자 2는 확실히 스핀다운 상태에서 발견되며 그 반대의 경우도 마찬가지이다. 측정이 수행되기 전에 입자 2의 측정 결과를 확실하게 예측할 수도 있다. 따라서 측정은 선택 과정이다. 입자가 스핀업 또는 스핀다운 상태로 나타나도록 하는 것은 측정 과정이다. 측정이 수행되지 않으면 입자는 스핀 업 또는 스핀 다운 상태와 같이 잘 정의된 상태가 아니라 스핀의 얽힌 상태에 있으며 강한 상관관계가 있다. 측정 과정은 입자 사이의 이러한 상관관계를 나타낸다. 이것을 코펜하겐 해석이라고 한다. 사실, 이러한 상관관계는 매우 강력하여 입자가 수 마일 떨어져 있고(공간에서 분리되어 있음) 그 입자에 대해 측정을 수행하더라도 동일한 결과를 얻을 수 있다.

그러나 입자 1에 대해 측정이 수행되지 않고 입자 2에 대해 측정이 수행된 경우 입자 2의 측정 결과가 스핀업 또는 스핀다운 상태를 생성할 확률이 50%이다.

표 7.2는 그러한 측정 결과를 설명한다.

따라서 입자 1에 대한 측정이 수행되지 않은 경우 입자 2의 측정 결과는 무작위이며 표 7.2는 입자 1에 대해 측정을 수행하지 않은 경우 입자 2의 측정 결과를 설명한다.

표 7.1 두 개의 얽힌 입자의 측정 결과

입자 1의 측정 결과	입자 2의 측정 결과
+	−
−	+
+	−
+	−
−	+
−	+

표 7.2 측정이 1 입자에서 수행되었을 때 2 입자의 측정 결과

입자 1에 대한 측정 없음	입자 2의 측정 결과
	+
	+
	−
	+

유사하게, 두 입자 사이에 강한 상관관계가 없고 두 입자가 다음 양자 상태에 있을 경우:

$$\frac{1}{2}(|\uparrow_1\rangle_x + |\downarrow_1\rangle_x)(|\downarrow_2\rangle_x - |\uparrow_2\rangle_x) \tag{7.84}$$

두 입자에 대한 측정결과는 무작위이고 상관관계가 없다. 또한 파이온이 전자와 양전자로 붕괴할 때 각운동량의 비보존 때문에 전자와 양전자가 이 상태로 존재할 수 없다.

측정 전에 두 입자는 스핀업 상태와 스핀다운 상태가 동시에 선형 중첩 상태에 있지만 이들 사이에는 상관관계가 없다. 스핀 상태의 측정이 이제 입자 1에 대해 수행되고 스핀-업 값을 얻는다면 입자 2의 측정 결과가 스핀-업 또는 스핀-다운 값을 얻을 확률이 50%입니다. 따라서 입자 2의 측정 결과는 무작위이며 입자 1에 대한 측정과 무관하다.

표 7.3은 반복 측정 결과를 설명합니다.

따라서 입자 사이에는 상관관계가 없으며 입자 2의 측정 결과는 무작위이다.

표 7.3 두 입자들이 얽혀 있지 않을 때 입자 1과 2의 측정 결과

입자 1의 측정 결과	입자 2의 측정 결과
+	+
−	+
+	−
−	−

7.6.1 EPR의 역설

1935년 아인슈타인과 그의 동료 보리스 포돌스키(Boris Podolsky)와 네이선 로젠(Nathan Rosen)은 입자 2의 측정 결과가 입자 1의 측정 결과에 의존할 수 없으며 그러한 상관관계가 비국소적일 수 없다고 주장한 논문을 발표했다. 이것은 EPR(Einstein, Podolsky, Rosen)의 역설로 알려져 있다. 측정이 수행되기 전에 입자는 잘 정의된 스핀업 또는 스핀다운 상태에 있다. 측정은 자연에 이미 존재하는 입자의 스핀 상태를 나타낸다. 또한 빛의 속도보다 빠르게 이동할 수 있는 것은 없기 때문에 입자 간의 상관관계는 국소적이어야 한다.

그들에 따르면 양자역학에서 양자역학계의 두 변수(X와 P)가 교환하지 않는다면 그 값을 동시에 결정하는 것은 불가능하다. X 변수를 확실하게 측정하려는 모든 시도는 P 변수를 방해하여 그 값을 확실하게 측정할 수 없게 한다.

이제 X축과 Y축을 따른 양자역학계의 스핀 각운동량 변수가 이동하지 않는다고 가정한다. 이는 X축과 Y축을 따른 스핀 각운동량을 동시에 확실하게 결정할 수 없음을 의미한다. 입자 1과 입자 2의 두 입자에 대해 X축을 따른 각운동량은 단일항 상태이고 각운동량의 Y 성분도 단일항 상태에 있다고 가정해 보자. 입자 1의 스핀 각운동량의 X 성분을 측정한 결과 스핀업 상태인 것으로 확인되면 입자 2의 X축을 따른 스핀 각운동량은 스핀다운 상태이다. 이제 입자 2의 Y축의 스핀 각운동량을 측정해 보자. 입자 2의 측정 결과가 스핀업 상태인 경우 입자 1의 각운동량의 Y 성분은 확실히 스핀다운 상태에 있다. 따라서 입자 1과 입자 2의 X 및 Y 성분은 모두 확실하게 결정할 수 있지만 양자역학에 따르면 이러한 성분은 동시에 확실하게 결정할 수는 없다.

다음은 그들의 EPR 논문에서 발췌한 것이다(그림 7.5). Einstein, A., Podolsky, B. & Rosen, N., Physical Review 47(10), 777(1935). 실재에 대한 양자역학적 설명이 완전한 것으로 고려될 수 있는가?

> *From this follows that either (1) the quantum mechanical description of rea1ity given by the wave function is not complete or (2) when the operators corresponding .to two physical quantities do not commute the two quantifies cannot have simultaneous reality. For if both of them had simultaneous reality — and thus definite values — these values would enter into the complete description, according to the condition of completeness. If then the wave function provided such a complete description of reality, it would contain these values; these would then be predictable. This not being the case, we are left with the alternatives stated.*

그림 7.5 EPR 논문의 일부.

이제 단일 항 상태로 돌아가 보자. 그들의 (EPR) 주장에 따르면 입자 1과 입자 2가 $|\uparrow_1\downarrow_2\rangle_x$와 같은 스핀 상태이거나 $|\downarrow_1\uparrow_2\rangle$와 같은 스핀 상태에 있으면 이러한 상태는 이미 존재하는 입자의 상태를 나타낸다. 입자가 상태 $|\uparrow_1\downarrow_2\rangle_x$에 있다고 가정하고 입자 1에 대해 측정을 수행하면 결과는 확실히 스핀업 상태이고, 입자 2의 측정 결과는 확실히 스핀다운 상태이다. 이제 입자가 $|\downarrow_1\uparrow_2\rangle$ 상태인 경우 입자 1에 대한 측정 결과는 확실히 스핀다운 상태를 얻고 입자 2에 대한 측정 결과는 확실히 스핀업 상태를 얻을 것이다. 따라서 파이온이 전자와 양전자로 붕괴할 때 $|\uparrow_1\downarrow_2\rangle$ 또는 $|\downarrow_1\uparrow_2\rangle$로 붕괴할 확률은 50%이다. 단일항 상태는 이러한 가능성을 모두 설명한다. 따라서 그러한 입자의 빔이 탐지기를 통과하면 그 중 절반이 그 상태 중 하나에서 발견된다. 다음 표는 그러한 결과를 설명한다.

표 7.1 및 7.4의 측정 결과는 동일하다. 그러나 양자역학적 해석은 EPR 주장과 매우 다르다. 이것은 그들로 하여금 현실에 대한 양자역학적 기술이 불완전하고 원자 수준에서의 동역학적 행동이 계에 대한 불완전한 지식 때문에 확률론적이라는 결론을 내리게 한다. 입자 중 하나의 측정 결과는 다른 입자의 측정 결과에 영향을 줄 수 없다. 입자 사이의 상관관계는 국소적이다.

표 7.4 강한 상관 관계를 가진 입자가 없는 EPR 논문에서 제안한 단일항 상태의 측정 결과

입자 1의 측정 결과	입자 2의 측정 결과
+	−
−	+
+	−
−	+
+	−
−	+

문제는 아인슈타인의 해석과 코펜하겐의 해석 중 누가 옳은가 하는 것이다. 문제가 해결되기까지 시간이 좀 걸렸다. 1964년 벨(John Stewart Bell)은 실험적으로 검증할 수 있는 부등식을 제시했다. 이것을 벨의 부등식이라고 한다. 벨에 따르면 실험이 부등식을 위반하는 것으로 나타나면 코펜하겐 해석이 옳다. 입자들 사이의 상관관계는 아인슈타인이 제안한 것과 달리 국소적이지 않다.

7.6.2 벨의 부등식

입자가 S_x, S_y 및 S_z의 세 가지 스핀 각운동량 성분을 가지고 있다고 가정하자. 3개의 단위 벡터 $\hat{x}$, $\hat{y}$, $\hat{z}$로 시작하고 이러한 벡터는 일반적으로 서로 직교하지 않는다고 하자. 스핀업 감지는 (+)로 표시되고 스핀다운 감지는 (−)로 표시된다. 입자가 ($\hat{x}+$, $\hat{y}-$, $\hat{z}+$)와 같은 스핀 성분을 가지고 있다고 가정해 보자. 이러한 입자에 대해 $S.\ \hat{x}$가 측정되면 검출기는 확실하게 (+)를 등록한다. $S.\ \hat{y}$가 측정되면 검출기는 확실하게 (−)를 등록한다. $S.\ \hat{z}$가 측정되면 검출기는 확실하게 (+)를 등록한다.

각운동량의 성분이 측정되는 두 빔의 입자 사이에 국소적 상관관계가 있다고 가정해 보자. 빔에 있는 두 입자의 각운동량은 총 각운동량이 보존되도록 합이 0이 되어야 한다. 예를 들어, 두 빔에서 입자의 모집단 N_1은 ($\hat{x}+$, $\hat{y}-$, $\hat{z}+$) 및 ($\hat{x}-$, $\hat{y}+$, $\hat{z}-$)와 같은 각운동량을 가지므로 모든 구성요소의 총 각운동량이 0이 되고 보존된다. 표 7.5는 국소적 상관관계가 있는 두 빔의 입자 집단을 보여준다.

빔 1의 입자에 대해 $S.\ \hat{x}$ 측정을 수행하고 검출기가 (+)를 등록하고 빔 2의 입자에 대해 $S.\ \hat{y}$ 측정을 수행하고 검출기가 (−)를 등록한다고 가정하자. 표 7.5에서 이러한 쌍은 N_1 또는 N_2 모집단에 속한다. 따라서 이러한 검출이 등록된 입자의 수는 (N_1+N_2)입니다.

표 7.5

모집단	입자 1	입자 2
N_1	($\hat{x}+$, $\hat{y}+$, $\hat{z}+$)	($\hat{x}-$, $\hat{y}-$, $\hat{z}-$)
N_2	($\hat{x}+$, $\hat{y}+$, $\hat{z}-$)	($\hat{x}-$, $\hat{y}-$, $\hat{z}+$)
N_3	($\hat{x}+$, $\hat{y}-$, $\hat{z}+$)	($\hat{x}-$, $\hat{y}+$, $\hat{z}-$)
N_4	($\hat{x}+$, $\hat{y}-$, $\hat{z}-$)	($\hat{x}-$, $\hat{y}+$, $\hat{z}+$)
N_5	($\hat{x}-$, $\hat{y}+$, $\hat{z}+$)	($\hat{x}+$, $\hat{y}-$, $\hat{z}-$)
N_6	($\hat{x}-$, $\hat{y}+$, $\hat{z}-$)	($\hat{x}+$, $\hat{y}-$, $\hat{z}+$)
N_7	($\hat{x}-$, $\hat{y}-$, $\hat{z}+$)	($\hat{x}+$, $\hat{y}+$, $\hat{z}-$)
N_8	($\hat{x}-$, $\hat{y}-$, $\hat{z}-$)	($\hat{x}+$, $\hat{y}+$, $\hat{z}+$)

유사하게, 빔 1에서 $S.\ \hat{x}$가 (+)이고 빔 2에서 $S.\ \hat{z}$가 (−)인 입자 쌍의 수는 (N_1+N_3)이고, $\hat{z}$에 대한 입자 쌍의 수는 빔 1에서 (−)이고 $S.\ \hat{y}$는 빔 2에서 (−) 인 입자 쌍의 수는 (N_2+N_6)이다. 모든 모집단이 양수이므로 두 빔에 있는 입자 쌍의 모집단에 대해 다음 부등식이 얻어진다.

$$N_1 + N_2 \leq (N_1 + N_3) + (N_2 + N_6) \tag{7.85}$$

무작위 선택에서 빔 1의 입자가 $S.\ \hat{x}$에 대해 등록(+)하고 빔 2의 입자가 $S.\ \hat{y}$ 측정에 대해 등록(−)할 확률은 다음과 같다.

$$P(\hat{x}+, \hat{y}-) = \frac{N_1 + N_2}{\sum_{i=1}^{8} N_i} \tag{7.86}$$

마찬가지로 다른 확률은 다음과 같이 설명할 수 있다.

$$P(\hat{x}+, \hat{z}-) = \frac{N_1 + N_3}{\sum_{i=1}^{8} N_i} \tag{7.87}$$

$$P(\hat{z}-, \hat{y}-) = \frac{N_2 + N_6}{\sum_{i=1}^{8} N_i} \tag{7.88}$$

따라서 식 (7.85)의 부등식은 이제 다음과 같이 된다.

$$P(\hat{x}+, \hat{y}-) \leq P(\hat{x}+, \hat{z}-) + P(\hat{z}-, \hat{y}-) \tag{7.89}$$

앞의 방정식을 벨의 부등식이라고 한다. 확률에 대한 이 부등식은 입자 사이의 국소적 상관관계를 가정하여 얻었다. 실험적으로 이 부등식이 위반되면 입자 간의 상관관계는 고전적인 것보다 훨씬 더 정교하다. 벨의 부등식을 테스트하기 위해 여러 실험이 수행되었다. 1982년 알랭 애스펙트(Alain Aspect)와 공동연구자들의 실험은 부등식의 위반을 확인했다. 그들의 결과는 양자역학의 예측과 매우 일치했다. 그들의 실험은 더욱 정교해지고 개선되었지만, 결과는 동일하게 유지되었다.

8 양자컴퓨터

8.1 고전컴퓨터

현재 컴퓨터는 우리의 일상생활에서 중요한 부분을 차지한다. 컴퓨터 없이 살아간다는 것은 상상하기조차 어렵다. 컴퓨터의 "정보 처리 및 저장"기능은 "인간의 진보" 속도를 크게 가속 시켰다. 150년을 돌이켜 보면 그때는 자동차, 비행기, 컴퓨터, 스마트 폰 등이 없는 완전히 다른 시대였다. 이 놀라운 기계의 편재성과 유용성으로 인해 전 세계의 정보에 대한 접근과 영향은 이제 우리가 쉽게 접할 수 있다. 컴퓨터의 발명과 이에 수반되는 "디지털 혁명"은 이러한 발전의 대부분을 주도했다.

컴퓨터란 무엇인가?

컴퓨터는 정보를 저장하고 처리하는 기계가다. 예를 들어, 일정량의 데이터가 컴퓨터에 입력되면 수학적, 논리적 연산을 수행하여 데이터를 처리하고 최종 출력 데이터를 컴퓨터는 제공한다. 단순히 입력 데이터에 포함된 정보를 사용하여 보다 의미 있고 유용한 출력 데이터로 변환한다. 수학적 계산, 그래프 작성 및 정보 저장등 모두를 컴퓨터가 수행할 수 있다. 또한 다양한 통신기술을 사용하여 한 컴퓨터를 다른 컴퓨터에 연결할 수 있다. 이것은 그들 사이의 정보 전송을 허용하는 것이다. 전 세계의 모든 (또는 많은) 컴퓨터를 연결함으로써 방 밖으로 나가지 않고도 세계의 한쪽에서 다른쪽으로 정보를 전송할 수 있다.

컴퓨터 기능의 기본 원리는 무엇인가?

컴퓨터에는 기억 장치와 중앙 처리 장치(CPU)라는 두 가지 주요 구성 요소가 있다. 기억 장치는 데이터와 명령어를 저장하는 계이다. 기억 장치에서 데이터는 "비트"로 저장된다. 비트는 정보의 가장 작은 단위이며 1 또는 0이 될 수 있다. 비트는 "바이트"라고 하는 8 비트 세트에 저장되고 바이트는 "워드"라고 하는 4 바이트 또는 8 바이트 세트로 구성될 수 있다. CPU에서 산술 및 논리 연산은 프로그램 단위라고 하는 일련의 명령에 의해 데이터에 대해 수행된다. 이 명령어 세트는 메모리에 저장된다. 작업 수행을 위한 일련의 지침을 알고리즘이라고 한다. 예를 들어 두 개의 숫자를 더하려면 기본 합산 알고리즘이 적용된다. 현대 컴퓨터에서 회로는 알고리즘을 적용하는 작업을 수행하는 데 사용된다. 회로에는 정보를 전달하고 계산 작업을 수행하는 입력 / 출력 비트, 배선 및 논리 게이트가 포함된다. 논리 게이트는 하나 이상의 비트에서 작업을 수행하고 하나 이상의 출력 비트를 생성하는 장치이다. NOT 및 AND 논리 게이트는 아래 표 8.1에 설명되어 있다. 예를 들어, 비트에 대한 NOT 게이트의 동작은 상태를 뒤집어 입력 비트가 0이면 NOT 게이트가 0을 1로 변환하고 그 반대로도 변환되는 것이다(그림 8.1).

컴퓨터를 사용하여 수학 또는 계산 문제를 해결하려면 문제 해결을 위한 "효율적인 알고리즘"이 필요하다. 실제로 모든 문제는 고전컴퓨터를 사용하여 해결할 수 있다. 문제를 해결하는 데 얼마나 걸릴까? 알고리즘이 문제를 해결하는데 필요한 시간 또는 단계 수는 알고리즘의 효율성에 대한 합리적인 척도이다. 알고리즘이 문제를 해결하는데 필요한 시간이나 단계 수가 무한하거나 기하급

표 8.1 NOT, AND 및 OR 게이트의 진리표

NOT		
입력		출력
0		1
1		0
AND		
입력 A	입력 B	출력 AB
0	0	0
0	1	0
1	0	0
1	1	1
OR		
입력 A	입력 B	출력 A+B
0	0	0
0	1	0
1	0	0
1	1	1

수적일 때 알고리즘은 “비효율적”이라고 합리적으로 간주할 수 있다. 필요한 시간이 다항식 시간 함수를 따르는 경우 알고리즘은 “효율적”으로 간주 된다. 처리 리소스의 크기(예 : CPU 작업 수 또는 “FLOPS”, 즉 초당 부동 소수점 작업 수)는 주어진 문제를 해결하기 위해 컴퓨터가 “필요한 노력”을 직접 측정한 것이다. 필요한 자원이 무한하거나 매우 크면 문제를 해결하는 전체 프로세스를 포기해야 할 수 있다. 따라서 컴퓨팅 문제를 해결하려면 필요한 시간뿐만 아니라 필요한 CPU 작업도 합리적인 한계 내에 있어야 한다. 컴퓨팅의 복잡성은 연구 또는 복잡한 문제를 해결하는데 필요한 시간 및 처리 리소스의 척도이다. 이러한 분야의 주된 임무는 주어진 계산 문제를 해결하기 위해 가능한 최상의 알고리즘에 필요한 리소스의 최소 경계를 증명하는 것이다. 따라서 문제 해결을 위해 적용된 알고리즘이 다항식 시간(t^n)과 자원을 필요로 한다면 문제는 쉽고 실행 가능한 것으로 간주 된다. 필요한 시간 또는 처리 리소스가 무한하거나 기하 급수적이면 어렵고 실용적이지 않은 것으로 간주된다. 이 기준에 따르면, 매우 큰 정수를 소인수로 분해하는 계산 문제는 고전적인 컴퓨터에서 합리적인 시간 내에서 실현이 가능하나 실용적이지 않다. 필요한 단계의 수는 숫자의 크기에 따라 기하 급수적으로 증가한다. 고전적인 컴퓨터에서는 다루기 힘든 더 많은 문제가 있다. 이러한 문제를 계산적으로 해결하는 새로운 접근 방식을 모색하도록 장려해야 한다. (성공적인) 양자컴퓨터는 그러한 목표를 향한 큰 걸음이 될 것이다.

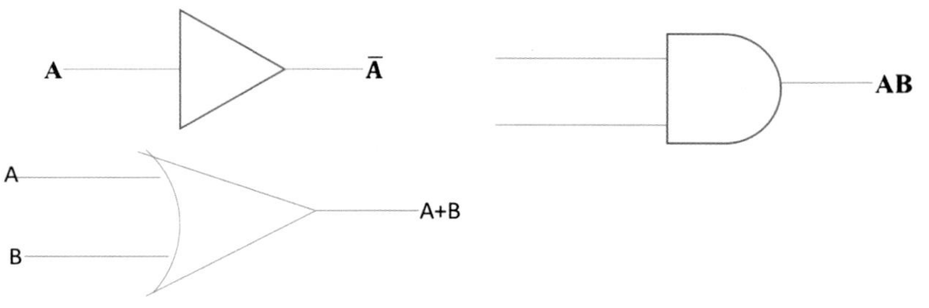

그림 8.1 위의 회로도는 NOT, AND 및 OR 게이트의 기호를 보여준다.

현대 컴퓨터에서 위에서 언급한 모든 게이트 연산은 트랜지스터를 사용하여 수행된다. 컴퓨터 하드웨어로 트랜지스터를 사용하는 것은 1950 년대 후반과 1960 년대에 시작되었다. 그 이후로 트랜지스터의 크기는 극적으로 줄어들었고 집적 회로(많은 트랜지스터가 있는)의 전체적인 복잡성과 처리 능력은 빠르게 증가하였다. "무어의 법칙"(실제 "법칙"이 아닌 산업의 급속한 발전을 이야기할 때 매우 유용한 계획 방법)에 따르면 컴퓨팅 성능은 약 2 년에 한 번씩 일정한 비용으로 두 배가된다. 컴퓨팅 장치의 제조에 대한 기존의 접근 방식은 트랜지스터의 크기 및 양자 한계의 어려움에 맞서며 크기를 계속 축소해 갈 것이다. 이러한 양자 한계에는 단일 원자 층의 폭에 접근하는 트랜지스터 및 기타 소자의 유전체(절연체)와 도체의 두께 및 이러한 양자 효과로 인해 층과 도체가 물리적 치수와 일치하지 않는 것으로 나타나는 전기장 결과가 포함된다. 전자 장치의 기능에 관련되었던 이러한 양자 효과 및 기타 양자 효과는 전자 장치를 더 작은 차원으로 확장되게 했으며 무어의 법칙을 지속하는 데 주요 장애물이 되었다. 이러한 과제에 대한 한 가지 가능한 해결책은 양자역학의 원리에 따라 작동하는 컴퓨팅 장치, 즉 "양자컴퓨터"이다.

개념적 질문 1 : 양자컴퓨터가 필요한 이유를 설명하라. 양자컴퓨터의 주요 장점을 기술하라?

8.2 양자컴퓨터

양자컴퓨터는 양자역학의 원리를 기반으로 계산 작업을 수행할 수 있는 장치이다.

고전컴퓨터에 비해 이러한 장치의 장점은 무엇인가? 이 질문에 답하려면 양자역학의 기본 원리 중 일부를 이용해야 한다(그림 8.2).

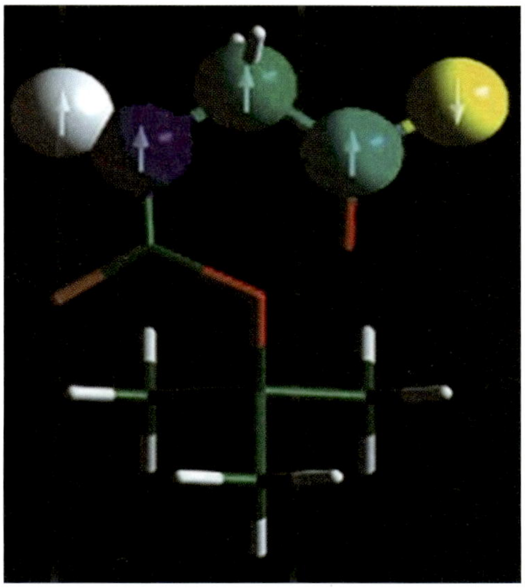

그림 8.2 원자 몇 개로만 구성된 양자컴퓨터.

중첩의 원리

입자의 양자상태는 유한 또는 무한 선형 상태들의 중첩으로 설명할 수 있다. 무한 사각 퍼텐셜 우물에 있는 입자를 고려하자. 그러한 입자의 상태는 무한 상태의 선형 중첩으로 설명할 수 있다. 측정을 수행하기 전에 입자는 그러한 상태로 존재한다. 그러한 상태는

$$\psi(x,t) = \sum_{n=1}^{\infty} c_n \varphi_n(x) e^{-iE_n t} \tag{8.1}$$

로 놓을 수 있다.

각각의 무한 상태가 약간의 정보를 전달하고 그러한 상태에 대해 계산 작업이 수행된다고 가정해 보자. 그러한 입자 상태에 대한 계산 작업은 그러한 모든 무한 상태에 대해 동시에 작업을 수행한다. 즉, "단일 입자"(현재 생각할 수 있는 가장 작은 리소스)를 사용하면 무한한 수의 상태에서 병렬로 계산 작업을 수행할 수 있다. 따라서 중첩 원리는 상상할 수 있는 최소한의 리소스로 무한한 수의 병렬 프로세서에 액세스 할 수 있는 것처럼 계산을 허용한다. 실제 양자컴퓨터에서 병렬 처리는 실제로 기존 컴퓨터에서는 불가능한 최소한의 리소스를 사용하여 수행할 수 있다. 기존 컴퓨터에서 병렬 처리를 수행하려면 막대한 리소스와 공간이 필요하다. 그러나 양자 비트 (또는 "큐 비트")에서 측정이 수행되면 양자 중첩 상태가 단일 상태로 축소되고 기존 컴퓨터와 마찬가지로 "단일 비트"에 해당하는 정보만 제공한다. 그러나 이 중첩 상태는 기존 컴퓨터에 필요한 다중 큐비트도 없이 계의 전역 속성을 추출하는데 사용할 수 있다. 양자컴퓨터의 다른 장점은 가역적 게이트 작업과 기존 컴퓨터에 비해 양자컴퓨터의 정보 처리 능력이 기하 급수적으로 증가하는 효과를 제공하는 얽힘이다. 이러한 속성은 이 장의 뒷부분에서 자세히 설명한다.

8.2.1 큐비트

다음 방정식에 으로 주어지는 선형 중첩 상태의 스핀-1/2 입자의 경우를 고려하자.

$$|\Psi\rangle = c_{\uparrow}|\uparrow\rangle_z + c_{\downarrow}|\downarrow\rangle_z \tag{8.2}$$

입자의 스핀 업 상태는 클래식 비트 "0"으로, 스핀 다운 상태는 클래식 비트 "1"로 표시하자. 입자 상태에 대한 방정식은 다음과 같다.

$$|\Psi\rangle = c_0|0\rangle + c_1|1\rangle \tag{8.3}$$

여기서 c_0 및 c_1은 복소수 계수이다.

입자의 위의 상태를 큐비트(양자 비트)라 한다. 큐비트는 관찰될 때까지 위와 같이 연속된 상태로 존재한다. 큐비트는 기존 컴퓨터의 비트와 유사한 양자컴퓨터에서 가장 작은 정보 단위이다. "초고밀도 부호화(superdense coding)"를 사용하여 최대 2 비트의 정보를 저장할 수 있다. 이에 대해서는 장 뒷부분에서 자세히 설명한다. 위의 상태에서 c_0과 c_1은 알려지지 않은 계수이다. 상태를 결정하기 위해 큐비트에서 측정이 수행되면 $|0\rangle$ 또는 $|1\rangle$ 상태로 축소된다. 그 계수의 절대 제곱은 측정시 상태 $|0\rangle$ 또는 $|1\rangle$을 관찰할 확률을 산출하며, 그러한 확률의 합은 1이다.

$$|c_0|^2 + |c_1|^2 = 1 \tag{8.4}$$

위의 방정식에서와 같이 절대 제곱을 합하면 1이 될 수 있는 복소수는 무한하다. 상태에 대한 이러한 계수는 이론적으로 어떻게 결정될까? 3장에서 논의한 바와 같이, 이러한 계수는 계에 대한 슈뢰딩거 방정식을 풀어서 결정할 수 있다. 알아야 할 것은 계의 초기 상태이다. 초기 상태를 알고 있는 경우 슈뢰딩거 방정식의 해를 적용하여 나중에 계의 상태를 결정할 수 있다.

큐비트는 몇 비트의 정보를 전달하는가?

스핀-1/2 계의 경우 이러한 계수는 다음과 같다.

$$|c_0| = |c_1| = \frac{1}{\sqrt{2}} \tag{8.5}$$

따라서 (식 8.3)의 상태로 준비된 N개의 입자가 있고 그 상태를 결정하기 위해 측정을 수행하면 입자의 $N/2$는 $|0\rangle$ 상태로 붕괴되고 나머지 $N/2$는 $|1\rangle$ 상태로 붕괴된다. 즉, 10개의 큐비트가 측정되면 그 중 5개는 $|0\rangle$ 상태에서 발견되고 나머지 5개는 $|1\rangle$ 상태에서 발견된다. 따라서 10 큐비트는 측정 시 10 고전 비트로 축소된다. 그러나 이것이 10큐비트가 전달하는 정보의 양이 10비트가 전달하는 정보의 양과 동일하다는 것을 의미하지는 않는다. 큐비트가 전달하는 정보의 최소량은 2비트이며, 10큐비트는 독립적인 큐비트(큐비트 간의 상호 작용 없음)로 존재하는 경우 약 10×2비트의 정보를 전달하고, 모두 중첩된 상태에 있을 경우 2^{10}비트의 정보를 전달한다.

위의 계수가 알려지지 않고 임의의 값을 가질 수 있지만 절대 제곱이 식(8.4)을 만족한다면 그러한 계수의 값은 어떻게 결정될까? 이론상 그러한 계수를 결정할 방법은 없다. 따라서 우리는 큐비트 집합이 운반하는 정보의 양에 대해 아무것도 말할 수 없다. 얼마나 많은 정보가 여러 큐비트에 의해 전달되는지를 결정하는 유일한 방법은 측정을 수행하고 측정 결과로 큐비트의 처리 능력을 결정하는 것이다. 그러한 상태에서 N 큐비트의 많은 샘플을 준비한 다음 측정을 수행해야 한다. 각 샘플이 동일한 결과를 제공하면 큐비트의 상태와 처리 능력을 알 수 있다. 예를 들어, 미지의 상태에서 준비된 N 큐비트의 10개 샘플을 고려하자. 각 샘플에 대한 측정 결과 $N/2$ 큐비트가 상태 $|0\rangle$으로 되고 나머지 큐비트가 $|1\rangle$ 상태로 되는 것으로 표시되면 미지수 상태는 식(8.5)에 의해 정의된 계수를 갖는다. 따라서 실험적으로 미지의 상태를 결정하려면 그러한 샘플이 많이 필요하다. 알 수 없는 상태의 경우 이러한 상태를 실험적으로 결정하려면 무한한 수의 큐비트 샘플이 필요하다.

큐비트의 "무한" 수에 대한 이러한 요구 사항은 큐비트의 알 수 없는 상태를 결정하는 것을 불가능하게 만든다. 따라서 큐비트의 상태를 모른다면 어떻게 계산을 수행할 수 있을까? 흥미롭게도 이 문제를 해결할 방법이 있다. 큐비트의 초기 상태를 알고 있다면 이론적으로 이러한 계수는 나중에 결정할 수 있다. 따라서 이러한 계의 경우 상태를 결정하는데 무한한 수의 큐비트가 필요하지 않다. 이러한 상황을 "알려진 상태"라고 한다. 따라서 큐비트에 대한 계산을 수행하려면 큐비트가 알려진 상태에서 초기에 준비되어야 한다.

이 모든 점은 블로흐(Bloch) 벡터를 사용하여 설명할 수 있다. 큐비트의 블로흐 벡터 표현은 기하학적 표현이며 큐비트를 시각화하는 매우 유용한 방법다.

위에서 논의한 바와 같이 계수 c_0과 c_1은 복소수이므로 큐비트의 상태는 다음과 같이 쓸 수 있다.

$$|\psi\rangle = e^{i\gamma}\left(\cos\frac{\theta}{2}|0\rangle + \sin\frac{\theta}{2}e^{i\varphi}|1\rangle\right) \tag{8.6}$$

여기서 θ, γ 및 φ는 실수입니다. 방정식의 시작 부분에 있는 인자 $e^{i\gamma}$는 관찰 가능한 효과가 없으므로 제거할 수 있으며 이러한 이유로 다음 방정식을 얻는다.

$$|\psi\rangle = \cos\frac{\theta}{2}|0\rangle + \sin\frac{\theta}{2}e^{i\varphi}|1\rangle \tag{8.7}$$

숫자 θ와 φ는 그림 8.3에서 설명한 것처럼 단위 3차원 구의 한 점을 정의한다. 이 구를 블로흐 구라 한다. 블로흐 구에는 무한한 수의 점이 있으며 큐비트의 모든 상태는 여기에 표시될 수 있다. 알 수 없는 상태의 큐비트는 블로흐 구의 모든 지점에 표시될 수 있다. 그러나 큐비트의 초기 상태

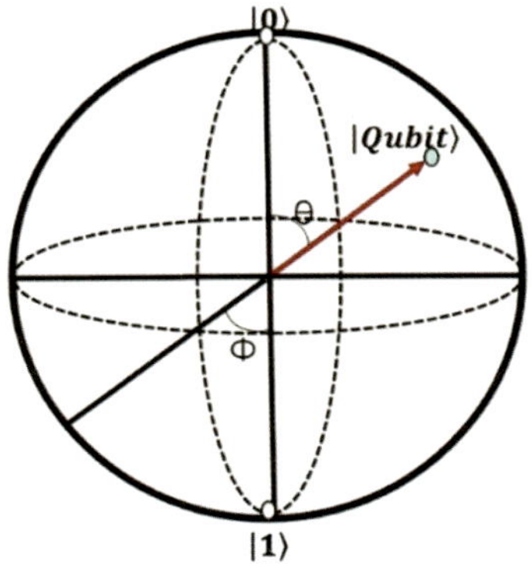

▍그림 8.3 큐비트의 블로흐 구 표현.

를 알면 블로흐 구에서 큐비트가 추적하는 경로를 통해 큐비트의 상태가 시간에 따라 변하는 방식을 관찰할 수 있다. 그것은 양자 정보 및 양자 계산의 개념을 이해하는 데 사용할 수 있는 매우 유용한 시각화 도구이다. 그러나 다중 큐비트의 경우 큐비트 수가 증가함에 따라 이러한 도구를 사용하는 것이 점점 더 어려워진다.

개념적 질문 2: 단일 큐비트에 저장할 수 있는 정보의 최소 비트 수는 몇 개인가?

개념적 질문 3: 계산을 수행하기 위해 알려진 상태의 큐비트를 준비해야 하는 이유는 무엇인가?

8.2.2 다중 큐비트

두 큐비트의 상태는 텐서 곱으로 설명할 수 있다.

$$\begin{aligned}|\psi\rangle &= (\alpha|0\rangle_1 + \beta|1\rangle_1) \otimes \left(\gamma|0\rangle_2 + \mu|1\rangle_2\right) \\ &= c_{00}|00\rangle_{12} + c_{01}|01\rangle_{12} + c_{10}|10\rangle_{12} + c_{11}|11\rangle_{12}\end{aligned} \tag{8.8}$$

간단한 표기법으로 두 큐비트 상태는 다음과 같이 쓸 수 있다.

$$|\psi\rangle = c_{00}|00\rangle + c_{01}|01\rangle + c_{10}|10\rangle + c_{11}|11\rangle \tag{8.9}$$

2개의 큐비트는 4개의 계산 기저 상태 ($|00\rangle$, $|01\rangle$, $|10\rangle$, $|11\rangle$)의 중첩으로 존재한다. 반면에 기존 컴퓨터에서는 4개의 계산 기저 상태를 저장하는 데 8개의 큐비트가 필요하다. 위의 큐비트에 대한 규격화 조건은 다음과 같다.

$$\sum_{i=0,j=0}^{1,1} |c_{ij}|^2 = 1 \tag{8.10}$$

마찬가지로 단일 큐비트의 경우 두 큐비트에 대한 측정은 위의 계산 기저 상태 중 하나로 단일 두 큐비트 상태로 축소된다. 측정 후 상태는 이러한 상태 중 하나가 된다. 그러나 큐비트 중 하나에서 측정하면(예: 첫 번째 큐비트가 "0"임) 측정 후 상태는 다음 상태가 된다.

$$|\psi'\rangle = \frac{c_{00}|00\rangle + c_{01}|01\rangle}{\sqrt{|c_{00}|^2 + |c_{01}|^2}} \tag{8.11}$$

측정 후 상태는 분모의 인자로 재규격화되어 규격화 조건을 만족한다. 측정에 대한 8.4절에서는 위의 식(8.11)과 같은 상태에서 측정 결과가 어떻게 나오는지 보여준다.

8.2.2.1 얽힘

가장 중요한 두 큐비트 상태 중 하나는 벨 상태 또는 EPR 쌍이다. 이러한 상태는 다음과 같이 정의된다.

$$|\psi\rangle = \frac{|00\rangle + |11\rangle}{\sqrt{2}} \tag{8.12}$$

위의 상태는 식 (8.8)과 같이 텐서 곱 상태가 아니다. 이 상태는 EPR(Einstein-Podolsky-Rosen) 역설 7장에서 논의되었다. 그들의 실험은 양자역학적 파동 함수가 물리적 실재에 대한 완전한 설명을 제공하지 않는다는 것을 보여주었다. 1964년 말 J.S Bell은 EPR 논증이 양자역학과 양립할 수 없음을 증명했다.

위의 상태는 양자 계산에 매우 흥미롭고 주로 양자 순간 이동 및 초고밀도 부호화의 설명에 이용된다. 위의 상태에서 큐비트 중 하나에 대한 측정을 수행하여 다른 큐비트의 상태를 결정할 수 있다. 큐비트 1에 대한 측정이 수행되고 상태 $|0\rangle$에 있는 것으로 확인되면 큐비트 2도 상태는 $|0\rangle$에 있게 된다. 측정 후 상태는 $|00\rangle$이 된다. 결과적으로 두 번째 큐비트에서 측정하면 첫 번째 큐비트와 동일한 결과가 나타난다. 따라서 첫 번째 큐비트의 상태를 확인하면 두 번째 큐비트에 대한 측정을 수행하지 않고도 두 번째 큐비트의 상태를 확인할 수 있다. 즉, 측정 결과는 상관관계가 있다. 이러한 상관관계는 매우 강력하며, 이러한 강한 상관관계는 고전적인 계에서는 결코 존재할 수 없다. 이러한 큐비트 간의 상관관계는 양자컴퓨터에 존재하며 양자컴퓨터를 기존 컴퓨터보다 더 강력하게 만드는 역할을 한다.

"n" 큐비트 다중 상태, $|x_1, x_2, x_3, x_4 \ldots\rangle$를 고려하자. 이러한 다중 큐비트 상태는 2^n 계산 기저로 표현될 수 있으며 2^n 진폭을 갖는다. 이는 "n" 큐비트만 사용하여 2^n개의 복소수를 저장할 수 있음을 의미한다. 예를 들어, $n = 1000$인 경우 복소수의 개수는 2^{1000}개로 매우 큰 숫자이다. 기존 컴퓨터에서 n비트는 한 번에 n개의 계산 기본 상태만 저장할 수 있다. 이 많은 복소수를 기존 컴퓨터에 저장하는 것은 불가능하다. 이 현상을 양자 병렬 처리라고 하며 이로 인해 양자컴퓨터가 기존 컴퓨터에 비해 처리 능력이 기하급수적으로 증가할 수 있다.

개념적 질문 4: 양자 병렬 처리란 무엇인가? 설명하라.

8.2.3 큐비트 게이트

고전적인 컴퓨터는 배선과 논리 게이트로 구성된다. 배선은 회로 주위에 정보를 전달하는 데 사용되는 반면 논리 게이트는 정보 조작을 위한 계산 작업을 수행하여 출력으로 변환한다. 마찬가지로 양자컴퓨터는 양자 게이트와 배선으로 구성된 양자 회로로 구성한다. 양자 게이트는 정보에 대한 계산 작업을 수행한다. 고전 게이트와 양자 게이트의 기능은 동일하지만 출력 특성이 근본적으로 다르다. 모든 양자 게이트는 유니타리 연산을 수행하며 가역적이다. 가역적이지 않는 고전 게이트와 달리, 토폴리(Toffolli) 게이트를 제외하고는 양자 게이트의 가역성은 정보 손실 없이 모든 게이트 작동을 역전시킬 수 있는 큰 이점을 제공한다.

양자 게이트는 단일 행렬로 표현되며 “n”개의 큐비트 게이트는 $2^n \times 2^n$ 행렬로 기술될 수 있다. 논리 게이트의 유니타리 특성으로 인해 양자 게이트 연산은 가역적 이다. 양자 게이트는 선형적으로 작동한다. 즉, 한 상태를 다른 상태로 변환하여 상태의 역할이 바뀌지만 상태의 진폭은 동일하게 유지된다.

i. NOT 게이트의 예를 들면,

게이트 연산은 다음과 같이 기술될 수 있다.

$$\text{입력 상태} \rightarrow |\Psi\rangle = c_0|0\rangle + c_1|1\rangle \rightarrow (\text{게이트 연산})|\Psi\rangle = c_0|1\rangle + c_1|0\rangle = \text{출력 상태} \tag{8.13}$$

선형 NOT 게이트 연산에 의해 입력 상태가 반전된 입력 상태로 변경된다. 행렬 형식에서 NOT 게이트는 다음과 같이 설명할 수 있다.

$$X = \begin{pmatrix} 0 & 1 \\ 1 & 0 \end{pmatrix} \tag{8.14}$$

$$X|\Psi\rangle = \begin{pmatrix} 0 & 1 \\ 1 & 0 \end{pmatrix}\begin{pmatrix} c_0 \\ c_1 \end{pmatrix} = \begin{pmatrix} c_1 \\ c_0 \end{pmatrix} \tag{8.15}$$

게이트 연산의 모든 행렬은 다음과 같이 유니타리 행렬이어야 한다.

$$XX^\dagger = 1 \tag{8.16}$$

이 요구 사항은 양자 게이트 작동의 유일한 제약 조건이다. 따라서 모든 양자 게이트는 단일 행렬로 나타낼 수 있다.

ii. Z(위상 게이트):

이 게이트를 사용하면 $|0\rangle$ 상태는 변경되지 않고 $|1\rangle$ 상태는 부호가 바뀌어 $-|1\rangle$로 된다.

$$Z = \begin{pmatrix} 1 & 0 \\ 0 & -1 \end{pmatrix} \tag{8.17}$$

$$Z|\Psi\rangle = \begin{pmatrix} 1 & 0 \\ 0 & -1 \end{pmatrix}\begin{pmatrix} c_0 \\ c_1 \end{pmatrix} = \begin{pmatrix} c_0 \\ -c_1 \end{pmatrix}$$

$$ZZ^\dagger = 1 \tag{8.18}$$

ii. 하다마르(Hadamard) 게이트:

이 게이트는 상태 $|0\rangle$을 선형 중첩 상태 $((|0\rangle + |1\rangle)/\sqrt{2})$로 상태 $|1\rangle$을 $(|0\rangle - |1\rangle)/\sqrt{2}$로 바꾼다. 이러한 게이트 연산에 대한 유니타리 행렬은 다음과 같다.

$$H = \frac{1}{\sqrt{2}}\begin{pmatrix} 1 & 1 \\ 1 & -1 \end{pmatrix} \tag{8.19}$$

이 게이트는 클래식 비트를 큐비트로 변환하기 때문에 가장 유용한 게이트 중 하나이다. 이 비트에 대한 두 번 연산은 비트의 동일한 초기 상태($H^2 = I$)로 이어진다. $|0\rangle$ 비트에 하다마르 연산을 두 번 적용하면 $|0\rangle$ 비트가 생성된다.

iv. C-NOT:

C-NOT 게이트 또는 "제어된 NOT" 게이트는 2큐비트 게이트이다. 여기에는 두 개의 입력 큐비트가 있으며 그 중 하나는 제어 큐비트라고 하고 다른 하나는 타겟 큐비트라고 한다. 제어 비트가 $|0\rangle$으로 설정되면 타겟 큐비트는 변경되지 않는다. 제어 큐비트가 $|1\rangle$이면 타겟 큐비트가 뒤집힌다. 이 게이트 연산은 얽힌 상태를 초래한다. 2 큐비트 C-NOT 게이트는 아래에 설명되어 있다.

그림 8.4에서 상단의 큐비트는 제어 비트이고 하단의 큐비트는 타겟 큐비트이다. 따라서 제어 큐비트가 다음과 같은 중첩 상태인 경우:

$|\psi\rangle = (1/\sqrt{2})|0\rangle_1 + (1/\sqrt{2})|1\rangle_1$이고 타겟 비트가 $|0\rangle_2$인 경우, C-NOT 게이트 연산은 벨 상태 또는 EPR 쌍이 된다: $(|00\rangle + |11\rangle)/\sqrt{2}$. 알려진 모든 벨 상태는 C-NOT 게이트를 사용하여 생성할 수 있다. 이러한 상태는 다음과 같다.

$$|\psi_{00}\rangle = \frac{|00\rangle + |11\rangle}{\sqrt{2}} \tag{8.20}$$

$$|\psi_{01}\rangle = \frac{|01\rangle + |10\rangle}{\sqrt{2}} \tag{8.21}$$

$$|\psi_{10}\rangle = \frac{|00\rangle - |11\rangle}{\sqrt{2}} \tag{8.22}$$

$$|\psi_{11}\rangle = \frac{|01\rangle - |10\rangle}{\sqrt{2}} \tag{8.23}$$

C-NOT 게이트와 단일 큐비트 게이트는 여러 큐비트 게이트를 생성하는 데 사용할 수 있다. 이 진술의 증거는 여기에 제시되지 않았다. 오히려 이 진술은 모든 유형의 게이트 개발에 수용되고 적용될 것이다. 위의 모든 게이트에 대한 진리표는 표 8.2에 나와 있다.

개념적 질문 5: 고전 게이트와 양자 게이트의 차이점을 설명하라.

문제

8.1 2 큐비트 상태는 $|01\rangle \neq |10\rangle$, 즉, 비가환적임을 보여라.

8.2 하다마르 게이트 행렬(식 8.17)이 단일 행렬임을 보여라.

8.3 2큐비트의 텐서 곱 상태와 얽힌 상태의 차이를 설명하라.(식 8.12).

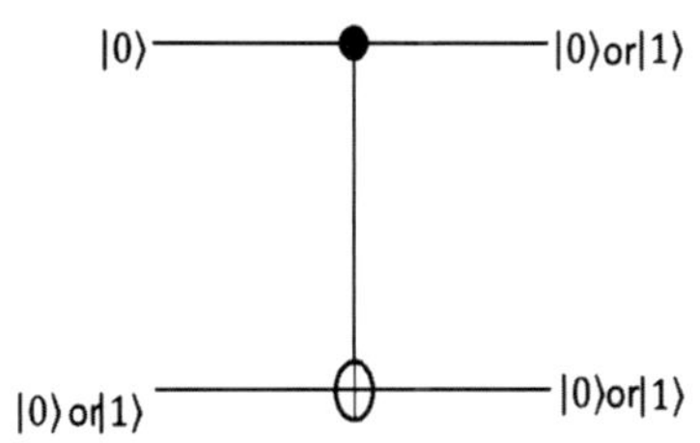

그림 8.4 이 그림은 2큐비트 C-NOT 게이트를 보여준다. 두 번째 큐비트는 제어 큐비트이다.

표 8.2 양자 NOT 및 C-NOT 게이트의 진리표

NOT		
입력		출력
$\|0\rangle$		$\|1\rangle$
$\|1\rangle$		$\|0\rangle$
C-NOT		
제어	타겟	출력 A+B
$\|\Psi\rangle = c_0\|0\rangle + c_1\|1\rangle$	$\|0\rangle$	$\|\Psi\rangle = c_0\|00\rangle + c_1\|11\rangle$
$\|\Psi\rangle = c_0\|0\rangle + c_1\|1\rangle$	$\|1\rangle$	$\|\Psi\rangle = c_0\|01\rangle + c_1\|10\rangle$

8.3 양자 알고리즘

양자 알고리즘은 중첩 원리 및 얽힘과 같은 특수 양자 기능을 적용하여 양자 회로와 같은 현실적인 양자 모델을 사용하여 계산 연산을 수행하는 단계별 지침 세트이다. 양자 알고리즘은 양자컴퓨터에서만 실행할 수 있다. 그러나 모든 고전 알고리즘은 양자컴퓨터에서 실행할 수 있다. 최초의 양자 알고리즘은 도이치(David Deutsch)가 제안했다. 1981년 그의 논문에서 그는 양자 병렬성에 기반한 양자 알고리즘을 제안했으며, 이러한 알고리즘을 사용하면 단일 양자 회로를 사용하여 수학 함수의 전역(global) 속성을 결정할 수 있다. 예를 들어, 함수 $f(x)$를 계산하려면 $x=0$ 또는 $x=1$에 대해 기존 컴퓨터에서 최소한 두 개의 서로 다른 회로가 필요하다. 그러나 단일 양자 회로를 사용하여 $f(0)\oplus f(1)$(여기서 $\oplus$은 덧셈 모듈로 2를 나타냄)와 같은 $f(x)$의 전역 속성을 결정할 수 있다.

i. 도이치의 알고리즘

그림 8.5에 표시된 회로를 고려하자. 이 회로에서 하다마르 연산은 상태 $|0\rangle$에 적용되어 상태를 $(|0\rangle+|1\rangle)/\sqrt{2}$로 변환한 다음 U_f 연산($U_f|x\rangle|y\rangle=|x\rangle|y\oplus f(x)\rangle$)를 적용하면 다음과 같은 상태가 된다:

$$\frac{|0,f(0)\rangle+|1,f(1)\rangle}{\sqrt{2}} \tag{8.24}$$

이 상태는 함수 $f(x)$의 두 값이 동시에 계산되는 것처럼 보이기 때문에 흥미롭다. $f(0)=f(1)$이면 첫 번째 큐비트는 상태$(|0\rangle+|1\rangle)/\sqrt{2}$이고 이 큐비트에 다시 하다마르 연산을 적용하면 출력은 확실하게 $|0\rangle$이 됩니다. 그러나 $f(0)\neq f(1)$인 경우 첫 번째 큐비트가 $|1\rangle$을 얻기 위해 측정되면 해당 함수는 "균형된" 것으로 알려져 있다(즉, 해당 함수는 x값의 절반에 대해 0의 값을 갖는다), 출력은 "균형"으로 선언된다.

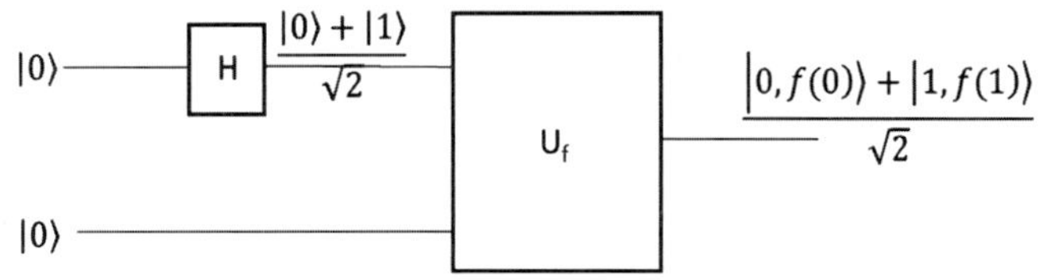

그림 8.5 개략도는 도이치 알고리즘의 연산을 위한 양자 회로를 보여준다.

따라서 함수의 전역 속성이 참일 확률을 결정하거나 "추측"할 수 있는 알고리즘이 있다. 고전적인 컴퓨터에서는 그러한 "추측"이 불가능하다. 이것은 다음 방정식으로 더 설명할 수 있다. 상태 $|0\rangle$과 $|1\rangle$에 있는 두 개의 큐비트를 고려하자. 하다마르 연산을 첫 번째 및 두 번째 큐비트에 적용하면 다음 상태가 얻어진다.

$$|\psi_1\rangle = \left[\frac{|0\rangle + |1\rangle}{\sqrt{2}}\right]\left[\frac{|0\rangle - |1\rangle}{\sqrt{2}}\right] \tag{8.25}$$

위의 상태에 U_f 연산을 적용하면: $(U_f|x\rangle((|0\rangle - |1\rangle)/\sqrt{2}) \rightarrow$ $(-1)^{f(x)}|x\rangle((|0\rangle - |1\rangle)/\sqrt{2})$다음 관계가 얻어진다:

$$|\psi_2\rangle = \left[\frac{(-1)^{f(0)}|0\rangle}{\sqrt{2}}\left[\frac{|0\rangle - |1\rangle}{\sqrt{2}}\right] + \frac{(-1)^{f(1)}|1\rangle}{\sqrt{2}}\left[\frac{|0\rangle - |1\rangle}{\sqrt{2}}\right]\right] \tag{8.26}$$

여기에 두 가지 가능성, 즉 $f(0)=f(1)$ 또는 $f(0)\neq f(1)$가 제시되며 이 두 가지 가능성에 대해 다음이 유도된다.

$$\begin{aligned} |\psi_2\rangle &= \pm\left[\frac{|0\rangle + |1\rangle}{\sqrt{2}}\right]\left[\frac{|0\rangle - |1\rangle}{\sqrt{2}}\right] \quad \text{for} \quad f(0) = f(1) \\ |\psi_2\rangle &= \pm\left[\frac{|0\rangle - |1\rangle}{\sqrt{2}}\right]\left[\frac{|0\rangle - |1\rangle}{\sqrt{2}}\right] \quad \text{for} \quad f(0) \neq f(1) \end{aligned} \tag{8.27}$$

두 가능성 모두에 대해 첫 번째 큐비트에 하다마르 연산을 다시 적용하여 다음을 도출할 수 있다.

$$\begin{aligned} |\psi_3\rangle &= \pm|0\rangle\left[\frac{|0\rangle - |1\rangle}{\sqrt{2}}\right] \quad \text{for} \quad f(0) = f(1) \\ |\psi_3\rangle &= \pm|1\rangle\left[\frac{|0\rangle - |1\rangle}{\sqrt{2}}\right] \quad \text{for} \quad f(0) \neq f(1) \end{aligned} \tag{8.28}$$

따라서 첫 번째 큐비트에 대한 측정 결과가 $|0\rangle$을 산출하면 함수가 상수임을 확실히 알 수 있다. 측정 결과가 $|1\rangle$이면 함수가 균형을 이루고 있음이 확실하다. 단일 양자 회로가 주어진 함수의 전역 속성을 결정할 수 있다는 것을 관찰하는 것은 매우 흥미롭고 유용하다.

ii. 도이치-요차(Deutsch's-Jozza) 알고리즘

이 알고리즘은 위의 도이치 알고리즘을 일반화한 것이다. 문제는 알고리즘을 사용하여 함수 $f(x)$가 x의 모든 값에 대해 상수인지 또는 x 값의 정확히 절반에 대해 1과 같고 나머지 절반에 대해 0이 되도록 균형을 이루는지 여부를 결정하는 것이다. 세상의 다른 곳에 위치하며 서로 의사소통을 하려고 하는 앨리스와 밥의 문제를 생각해 보자. 엘리스는 0에서 2^{n-1}까지의 숫자 목록에서 숫자 x를 선택하여 밥에게 메일로 보낸다. 밥은 x의 모든 값에 대해 값이 일정한 상수 함수 $f(x)$와 x 값의 절반에 대해 0 값을 생성하고 x 값의 나머지 절반에 대해 1 값을 생성하는 또 다른 함수 $g(x)$의 두 가지 함수를 가지고 있다. 그는 이 함수 중 하나를 선택하고 엘리스가 그에게 보낸 숫자에 대한 함수값을 계산한다. 그런 다음 그는 함수의 값을 엘리스에게 다시 보낸다. 이제 엘리스는 밥이 $f(x)$ 또는 $g(x)$를 선택했는지 알아내야 한다. 그녀는 밥이 그녀의 번호에 어떤

기능을 적용하고 있는지 알아보기 위해 밥에게 질문(즉, 계속해서 번호를 보내기 위해)을 몇 번이나 해야 하는가? 고전적으로 최고의 결정론적 알고리즘을 사용하면 밥에게 $2^{n-1}+1$번 질문해야 한다. 함수가 $g(x)$임을 결정하기 위해 1을 수신하기 전에 그녀는 2^{n-1} 0을 수신할 수 있기 때문이다. 이를 위해 앨리스는 함수를 결정하기 위해 "n"비트를 밥에게 보낸다. 흥미롭게도 기존 비트 대신 큐비트를 사용하고 이 알고리즘에서 논의한 대로 밥이 U_f(유니타리 변환)를 사용하여 함수를 계산하면 엘리스는 밥과 단일 대응으로 함수를 결정할 수 있다. 이 알고리즘에 대한 자세한 내용은 이 장의 범위를 벗어나므로 논의하지 않는다. 그러나 이 간단한 예에서 난해한 큰 문제의 해결을 위한 양자 컴퓨팅의 약속 중 일부는 고전 컴퓨팅 대응과 비교하여 쉽게 식별할 수 있다. 이 분야에서 지난 수십 년 동안의 연구 결과 알려진 고전 알고리즘보다 더 효율적으로 문제를 해결하는 것으로 알려진 4가지 종류의 양자 알고리즘이 만들어졌다. 양자역학계를 시뮬레이션하기 위한 (i) 도이치-요차 알고리즘과 같은 푸리에 변환을 기반으로 하는 양자 알고리즘, (ii) 소인수분해하기 위한 쇼어 알고리즘, (iii) 양자 검색 알고리즘, (iv) 양자 시뮬레이션이 있다. 답변이 계속 진보할 주요 질문은 다음이다. 양자 알고리즘만이 효율적인 해를 제공할 수 있는 문제는 무엇인가? 고전적인 대응 부분과 비교하여 양자 알고리즘의 전반적인 구별 기능은 무엇인가?

8.4 양자 측정

이전 장에서 슈뢰딩거 방정식이 결정론적 방정식임을 입증했다. 슈뢰딩거 방정식의 파동함수 해도 결정론적 함수이다. 이것은 고전적인 함수와 마찬가지로 계의 초기 파동함수를 알면 미래의 시간에 대한 파동함수를 결정할 수 있음을 의미한다. 파동함수는 시간이 지남에 따라 단일하게 진화한다. 그러나 계 내부에서 무슨 일이 일어나고 있는지 확인하기 위해 측정을 수행하면 파동함수가 가능한 상태 중 하나로 붕괴되고 단일하게 진화하는 것을 멈춘다. 이론적으로 파동함수에서 계에 대한 확률적 정보만 추출할 수 있다. 측정이 양자계에 미치는 영향을 이해하기 위하여 단일 큐비트를 고려하자.

i. 단일 큐비트

$$|\Psi\rangle = c_0|0\rangle + c_1|1\rangle$$

양자 측정이 $\{M_m\}$과 같은 측정 연산자와 측정 결과를 나타내는 색인 $m(0, 1)$로 기술된다. 여기서, 측정 연산자 M_0는 상태 $|0\rangle$ 등등으로 붕괴된다. 결과 m이 발생할 확률은 다음과 같이 설명된다.

$$p(m) = \langle\Psi|M_m^\dagger M_m|\Psi\rangle \tag{8.29}$$

여기서 $M_0 = |0\rangle\langle 0|$, $M_1 = |1\rangle\langle 1|$이고 에르미트 연산자이다.

측정 후 계의 상태는 다음과 같이 설명된다.

$$|\Psi'\rangle = \frac{M_m|\Psi\rangle}{\sqrt{\langle\Psi|M_m^\dagger M_m|\Psi\rangle}} \tag{8.30}$$

측정 연산자는 완전성 관계를 만족한다.

$$\sum_m M_m^\dagger M_m = M_0^\dagger M_0 + M_1^\dagger M_1 = 1 \tag{8.31}$$

완전성 관계는 또한 모든 확률의 합이 1이 되어야 함을 요구한다.

$$\sum_m p(m) = 1 \tag{8.32}$$

측정이 큐비트의 상태를 상태 $|0\rangle$으로 축소할 확률은 다음과 같다.

$$p(0) = \langle\Psi|M_0^\dagger M_0|\Psi\rangle = |c_0|^2 \tag{8.33}$$

붕괴 후의 상태는 다음과 같다.

$$|\Psi'\rangle = \frac{M_0|\Psi\rangle}{\sqrt{\langle\Psi|M_0^\dagger M_0|\Psi\rangle}} = \frac{c_0}{|c_0|}|0\rangle \tag{8.34}$$

유사하게 $|1\rangle$ 상태로 붕괴될 확률은 다음과 같다.

$$p(1) = \langle\Psi|M_1^\dagger M_1|\Psi\rangle = |c_1|^2 \tag{8.35}$$

붕괴 후의 상태는 다음과 같다.

$$|\Psi'\rangle = \frac{M_1|\Psi\rangle}{\sqrt{\langle\Psi|M_1^\dagger M_1|\Psi\rangle}} = \frac{c_1}{|c_1|}|1\rangle \tag{8.36}$$

위의 측정 절차는 각각에 직교하는 양자 상태 $|0\rangle$과 $|1\rangle$에 대해 확률적 결과와 붕괴 후 상태를 결정하는 데 적용될 수 있다. 비직교 상태는 확실하게 구별할 수 없으므로 위의 절차는 양자 상태가 비직교인 경우 올바른 측정 확률을 제공하지 못한다. 위의 절차는 여러 큐비트로 확장될 수 있다.

ii. 다중 큐비트

두 큐비트 상태를 고려하자.

$$|\Psi\rangle = c_{00}|00\rangle + c_{01}|01\rangle + c_{10}|10\rangle + c_{00}|11\rangle \tag{8.37}$$

위의 상태에서 측정 연산자는 다음과 같다.

$$M_{00} = |00\rangle\langle 00|,\ M_{01} = |01\rangle\langle 01|,\ M_{10} = |10\rangle\langle 10|,\ M_{11} = |11\rangle\langle 11| \tag{8.38}$$

동일성 관계는 다음과 같다.

$$\sum_m M_m^\dagger M_m = M_{00}^\dagger M_{00} + M_{01}^\dagger M_{01} + M_{10}^\dagger M_{10} + M_{11}^\dagger M_{11} = 1 \tag{8.39}$$

상태의 확률은 다음과 같다.

$$\sum_{mm'} p(mm') = p(00) + p(01) + p(10) + p(11) = 1 \tag{8.40}$$

측정이 큐비트의 상태를 $|00\rangle$ 상태로 붕괴할 확률은 다음과 같다.

$$p(00) = \langle\Psi|M_{00}^\dagger M_{00}|\Psi\rangle = |c_{00}|^2 \tag{8.41}$$

붕괴 후의 상태는 다음과 같다.

$$|\Psi'\rangle = \frac{M_{00}|\Psi\rangle}{\sqrt{\langle\Psi|M_{00}^{\dagger}M_{00}|\Psi\rangle}} = \frac{c_{00}}{|c_{00}|}|00\rangle \tag{8.42}$$

위의 방법은 두 큐비트를 동시에 측정해야 한다. 실제 시나리오에서 다중 큐비트는 많은 큐비트로 구성되며 모든 큐비트에서 동시 측정을 수행하는 것은 거의 불가능하다. 따라서 큐비트 중 하나만 측정해야 한다. 이러한 프로세스의 측정 연산자는 다음과 같다.

$$M_0^1 = |00\rangle\langle 00| + |01\rangle\langle 01|, \quad M_1^1 = |10\rangle\langle 10| + |11\rangle\langle 11| \tag{8.43}$$

여기서 측정 연산자 M_0^1은 상태 $|0\rangle$일 때 첫 번째 큐비트의 측정값을 나타내고, M_1^1은 상태 $|1\rangle$일 때 첫 번째 큐비트의 측정값을 나타낸다. 상태 $|0\rangle$에서 첫 번째 큐비트를 측정할 확률은 다음과 같다.

$$p_0^1 = \langle\Psi|M_0^{1\dagger}M_0^1|\Psi\rangle = |c_{00}|^2 + |c_{01}|^2 \tag{8.44}$$

측정 후의 상태는 다음과 같다.

$$|\Psi'\rangle = \frac{M_0^1|\Psi\rangle}{\sqrt{\langle\Psi|M_0^{1\dagger}M_0^1|\Psi\rangle}} = \frac{c_{00}|00\rangle + c_{01}|01\rangle}{\sqrt{|c_{00}|^2 + |c_{01}|^2}} \tag{8.45}$$

이러한 측정은 위의 상태로 붕괴되고 다른 상태 $|10\rangle$과 $|11\rangle$은 배제된다.

8.5 밀도 연산자

이전 장에서는 양자 상태를 설명하기 위해 파동 함수를 적용했다. 양자 상태를 설명하는 또 다른 접근 방식은 양자 상태의 밀도 연산자 또는 밀도 행렬 방법으로 알려져 있다. 이 접근 방식은 양자 상태의 대규모 앙상블을 설명하는 데 매우 유용하다. 각각의 확률이 p_1, p_2 …, p_n인 상태 $|\phi_1\rangle$, $|\phi_2\rangle$ …, $|\phi_n\rangle$으로 구성된 양자계를 고려하자. 그러한 계의 밀도 연산자는 다음과 같다.

$$\rho = \sum_i p_i|\phi_i\rangle\langle\phi_i| \tag{8.46}$$

위의 방정식에서 양자계의 상태는 상태에 대한 확률로 설명된다. 계가 ρ의 앙상블에서 서로 다른 상태의 혼합 상태에 있기 때문에 위의 상태를 "혼합 상태"라고 한다. 이러한 상태는 파동함수 접근법을 사용하여 직접 설명할 수 없다. 이러한 상태는 순수 상태의 간섭 항이 사라질 때 발생한다.

큐비트 상태 $|\Psi\rangle = c_0|0\rangle + c_1|1\rangle$은 밀도 연산자로 다음과 같이 기술할 수 있다.

$$\rho = |\psi\rangle\langle\psi| = |c_0|^2|0\rangle\langle 0| + c_0c_1{*}|0\rangle\langle 1| + c_1c_0{*}|1\rangle\langle 0| + |c_0|^2|1\rangle\langle 1| \tag{8.47}$$

그러한 상태를 "순수한 상태"라고 한다. 이러한 상태는 파동함수의 중첩 상태와 같다. 일반화된 형태의 순수 상태는 다음과 같이 쓸 수 있다.

$$\rho = |\psi\rangle\langle\psi| = \sum_{j,k} c_jc_k{*}|j\rangle\langle k| \tag{8.48}$$

식(8.47)을 적용하면 두 번째 항과 세 번째 항이 사라지면 순수 상태가 혼합 상태로 된다.

예제 8.1

큐비트 상태 $|\Psi\rangle = (1/\sqrt{2})|0\rangle + (1/\sqrt{2})|1\rangle$을 다음 밀도 연산자 함께 고려하자.

$$\rho = |\psi\rangle\langle\psi| = \frac{1}{2}|0\rangle\langle 0| + \frac{1}{2}|0\rangle\langle 1| + \frac{1}{2}|1\rangle\langle 0| + \frac{1}{2}|1\rangle\langle 1| \tag{8.49}$$

위는 순수 상태이며 간섭 항의 손실에 의해 혼합 상태가 된다.

$$\rho = \frac{1}{2}|0\rangle\langle 0| + \frac{1}{2}|1\rangle\langle 1| \tag{8.50}$$

위상 정보의 손실(간섭 항의 손실)은 순수 상태를 혼합 상태로 전환한다고 말할 수 있다. 폐쇄 양자계의 시간 진화는 단일 연산자를 사용하여 다음과 같이 간단히 설명할 수 있다.

$$\rho(t) = \sum_i p_i U(t)|\phi_i\rangle\langle\phi_i|U(t)^\dagger = U\rho U^\dagger \tag{8.51}$$

이 접근 방식을 적용하여 측정을 쉽게 설명할 수도 있다. 초기에 상태 $|\phi_i\rangle$에 있는 양자계를 고려하고 이러한 계에서 측정이 수행된다. 결과 "m"에 대한 측정 확률은 다음과 같이 설명할 수 있다.

$$p(m) = tr\left(M_m^\dagger M_m \rho\right) = \sum_i p_i tr(M_m^\dagger M_m |\phi_i\rangle\langle\phi_i|) \tag{8.52}$$

상태 "m"을 측정한 후 밀도 연산자는 다음과 같이 기술할 수 있다.

$$\rho_m = \frac{M_m^\dagger \rho M_m}{tr\left(M_m^\dagger M_m \rho\right)} \tag{8.53}$$

8.5.1 밀도 연산자의 성질

i. 밀도 연산자의 트레이스는 항상 1이다.

$$tr(\rho) = \sum_i p_i tr(|\phi_i\rangle\langle\phi_i|) = \sum_i p_i = 1 \tag{8.54}$$

ii. 밀도 연산자는 양수 연산자이다. 임의의 상태 $|\phi\rangle$에 대해 밀도 연산자에서 이 상태의 겹침은 다음과 같다.

$$\langle\phi|\rho|\phi\rangle = \sum_i p_i \langle\phi|\phi_i\rangle\langle\phi_i|\phi\rangle \geq 0 \tag{8.55}$$

iii. 순수 상태에서

$$tr(\rho^2) = 1 \tag{8.56}$$

iv. 혼합 상태에서

$$tr(\rho^2) < 1 \tag{8.57}$$

8.5.2 환원된 밀도 연산자

두 개의 하위 계 A와 B로 구성된 양자계를 고려하자. 하위 계 중 하나에 대한 정보를 얻기 위해 일반적으로 환원된 밀도 연산자가 적용된다. 복합 양자계의 분석을 위한 중요한 도구이다. 계 A에 대한 환원된 밀도 연산자는 다음과 같이 정의된다.

$$\rho^A = tr_B(\rho^{AB}) \tag{8.58}$$

예제 8.2

두 큐비트 상태를 고려하자.

$$|\Psi\rangle = \frac{1}{\sqrt{2}}|00\rangle + \frac{1}{\sqrt{2}}|11\rangle \tag{8.59}$$

그리고 그러한 상태에 대한 밀도 연산자는 다음과 같다.

$$\rho = |\psi\rangle\langle\psi| = \left(\frac{1}{\sqrt{2}}|00\rangle + \frac{1}{\sqrt{2}}|11\rangle\right)\left(\frac{1}{\sqrt{2}}\langle 00| + \langle 11|\right) \tag{8.60}$$

첫 번째 큐비트의 밀도 연산자는 두 번째 큐비트를 트레이스를 취하여 얻을 수 있다.

$$\rho^1 = tr_2(\rho) \tag{8.61}$$

$$= \langle 0|\rho|0\rangle + \langle 1|\rho|1\rangle \tag{8.62}$$

$$= \frac{1}{2}|0\rangle\langle 0| + \frac{1}{2}|1\rangle\langle 1| \tag{8.63}$$

첫 번째 큐비트의 밀도 연산자는 혼합 상태($tr(\rho^1\rho^1) < 1$)이고 두 큐비트의 밀도 연산자는 순수 상태이다. 이는 두 큐비트의 상태가 이러한 복합 계에서 완전히 알려져 있음을 의미한다. 그러나 서브 계로서 큐비트의 상태는 완전히 알려져 있지 않았다. 이것은 얽힌 양자계의 흥미로운 속성이다.

문제

8.4 상태 $|\Psi\rangle = (1/\sqrt{2})|00\rangle + (1/\sqrt{2})|11\rangle$은 순수 상태임을 보여라.

8.5 다음 밀도 연산자 $\rho = (1/3)|0\rangle\langle 0| + (2/3)|1\rangle\langle 1|$을 고려하라. 동일한 밀도 연산자가 다음 기저 벡터로 기술될 수 있음을 보여라: $|a\rangle = \sqrt{1/3}|0\rangle + \sqrt{2/3}|1\rangle$ 및 $|b\rangle = \sqrt{1/3}|0\rangle - \sqrt{2/3}|1\rangle$.

8.6 결잃음

양자계의 파동 함수는 계에 대한 완전한 정보를 가지고 있으며 많은 양자상태의 선형 중첩으로 설명된다. 그러나 계의 상태를 결정하기 위해 측정이 수행되면 중첩 상태가 가능한 상태 중 하나로 축소된다. 따라서 계에 대한 완전한 정보를 얻을 수 없다. 양자역학의 이러한 동작은 수십 년 동안

과학자들을 당황하게 했으며 일반적으로 "측정 문제"라고 한다. 몇몇 과학자들은 그러한 행동을 이론적으로 설명하려고 시도했다. 가장 처음이자 널리 받아들여진 설명은 "코펜하겐 해석"에 의해 제공되었다(3장과 7장에서 논의됨). 이 해석은 닐스 보어(1928)와 그의 동료들에 의해 공식화되었다. 이 해석에 따르면 양자계는 측정 이전에 실제로 일정한 상태로 존재하지 않으며 측정 행위로 인해 중첩 상태가 단일 상태로 붕괴된다. 간단히 말해서 "양자계는 원래 그런 식이기 때문에 이런 식으로 행동한다." 측정 과정에서 파동함수의 붕괴를 일으키는 원인을 설명할 수 없다. 파동 함수를 사용하여 전체 우주를 설명하려고 시도하는 "다 세계 해석"으로 알려진 또 다른 설명이 있다. 휴 에버렛(Hugh Everett III)(1957)에 의해 공식화되었다. 현재로서는 널리 받아들여지는 이론이 아니다. 많은 과학자들은 이 이론이 일관성이 없다고 생각한다. 측정 과정을 설명하려는 세 번째 이론을 "결잃음 이론"이라고 하며 비교적 새로운 이론이다. 양자 계산 및 양자 정보 분야에서 가장 유용하다. 이 이론의 기초는 제히(H. D Zeh)와 주렉(W. D Zurek)(1980)에 의해 나왔다. 이 이론에 따르면 양자계는 환경과 상호 작용한다. 양자계와 환경 간의 상호 작용으로 인해 환경에 대한 정보가 손실된다. 양자계에 의한 이러한 정보 손실을 결잃음(decoherence)이라고 한다. 이것은 또한 양자 일관성의 손실을 의미한다. 되돌릴 수 없는 과정이며 정보가 손실되면 복구할 수 없다. 결잃음 이론은 파동함수의 붕괴에 대한 설명을 제공한다. 지난 20년 동안 이 이론은 신뢰할 수 있는 양자컴퓨터 개발을 위한 중요한 도구가 되었다.

다음 밀도 연산자에 의해 상태가 설명되는 큐비트를 고려해보자.

$$\rho_{\text{pure}} = |c_0|^2|0\rangle\langle 0| + c_0c_1*|0\rangle\langle 1| + c_1c_0*|1\rangle\langle 0| + |c_0|^2|1\rangle\langle 1| \quad (8.64)$$

위에서 설명한 것과 같은 상태는 순수 상태이고 선형 중첩 상태이다. 이 이론에 따르면 이 상태와 환경 간의 상호작용으로 인해 환경에 대한 정보가 손실되고 혼합 상태로 변질된다.

$$\rho_{\text{mixed}} = |c_0|^2|0\rangle\langle 0| + |c_1|^2|1\rangle\langle 1| \quad (8.65)$$

계가 정보를 잃는 데 걸리는 시간을 결잃음(decoherence) 시간(T_c)이라고 한다. 상태 $|0\rangle$과 $|1\rangle$은 에너지가 다른 고유 상태이다. 그러나 큐비트의 결잃음와 관련된 프로세스는 환경과의 에너지 교환을 포함하지 않는다. 이것은 주로 위상 정보의 손실이며 단순히 코히어런스 손실이라고 한다. 상태의 측정 결과는 각각 확률 $|c_0|^2$ 및 $|c_1|^2$ 인 상태 $|0\rangle$ 또는 $|1\rangle$으로 이어질 것이다(그림 8.6).

양자컴퓨터에서 큐비트(순수 상태)에서 작업을 수행하는 데 필요한 시간은 결잃음 시간보다 훨씬 커야 한다. 이러한 결잃음(decoherence) 시간은 초전도 조셉슨 접합, 이온 트랩 및 원자 간섭계와 같은 많은 계에서 연구되었다. 양자-환경 상호작용 또는 결합에 대한 이해는 결잃음 시간을 제어하고 향상시킬 수 있는 양자 컴퓨팅 계의 설계로 이어질 수 있다. 환경에 대한 정보 손실을 방지하기 위한 양자계에 대한 이러한 제어는 신뢰할 수 있는 양자컴퓨터 개발의 핵심이 될 것이다. 이 장의 다음 절에서는 양자컴퓨터에서 결잃음(decoherence)을 극복하는 방법에 대해 설명한다.

개념적 질문 6: 얽힌 상태와 혼합 상태의 차이점을 설명하라?

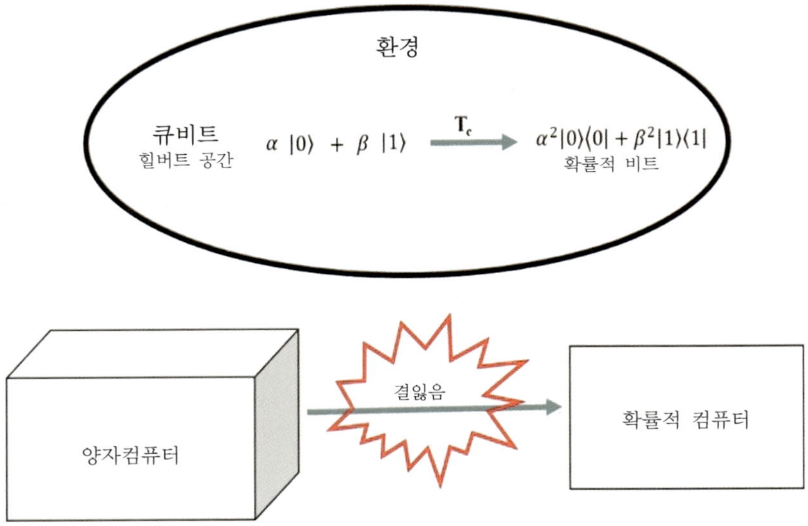

| 그림 8.6 양자컴퓨터에서 큐비트의 결잃음(decoherence)을 보여준다. 양자컴퓨터에서 큐비트의 이러한 결잃음은 그것이 확률적 컴퓨터로 변하도록 한다.

8.7 결잃음 극복 방법

위에서 결잃음이 신뢰할 수 있는 양자컴퓨터를 구축하는 데 있어 주요 장애물이라고 논의했다. 결잃음을 극복하기 위해 많은 방법이 제안되었다. 몇 가지 기본 방법은 다음과 같다.

- 양자 오류 수정
- 결잃음-자유 하위 계/하위 공간
- 단열 계산

첫 번째 방법은 고전적인 컴퓨터에서 오류를 방지하는 고전적인 접근 방식을 기반으로 한다. 아마도 반직관적으로 이러한 접근 방식은 양자컴퓨터에서도 가능하다. 이 접근 방식은 아래에서 설명한다.

8.7.1 양자 오류 수정 코드

일반적으로 비트가 전달하는 정보는 부호화를 통해 오류로부터 보호된다. 계산이 끝나면 코드가 디코딩되고 비트가 전달하는 정보가 복구된다. 양자 오류 수정 코드의 방법은 큐비트를 부호화한 다음 오류 수정 및 디코딩을 수행할 때 오류로부터 큐비트를 보호한다는 점에서 유사한 원리를 기반으로 한다. 아래의 회로도는 이러한 프로세스를 설명한다. 그러나 오류 수정은 큐비트의 인코딩된 상태가 측정에 의해 방해받지 않는 방식으로 수행된다. 쇼어(P. Shor) 및 스틴(A.M Steane)의 초기 코드를 포함하여 다양한 양자 오류 수정 코드가 존재한다. 여기에는 10^{-6} 정도의 오류 임계값이 필요하며, 이는 100만(10^6) 게이트 작업당 하나의 오류를 허용할 수 있음을 의미한다. 이 모든 모델은 오류가 상관관계가 없다는 가정을 기반으로 한다.

양자 오류 수정 코드는 k 큐비트를 n 큐비트의 양자 상태 공간의 부분 공간으로 단일 매핑하는 것으로 정의되어 임의의 "t" 큐비트 그룹이 분리되면 결과 $n-t$ 큐비트를 사용하여 k개의 부호화된 큐비트의 원래 양자 상태를 재구성할 수 있다. k 큐비트의 양자 상태의 결잃음 시간은 일반적으로 단일 큐비트의 $1/k$배이다. 큐비트를 코드로 부호화하면 전체 결잃음 시간이 줄어들지만, 상태에 큐비트를 더 추가하면 오류를 쉽게 감지하고 수정할 수 있다. 이를 통해 양자 오류 수정 코드는 정보를 코드 형태로 장기간 저장하는 데 유용한 접근 방식이 될 수 있다.

3-큐비트 양자 오류 수정 코드로 부호화된 큐비트 $|\Psi\rangle = c_0|0\rangle + c_1|1\rangle$을 생각해 보자.

$$|\Psi\rangle = c_0|000\rangle + c_1|111\rangle = c_0|0\rangle_L + c_1|1\rangle_L \tag{8.66}$$

여기서 $|0\rangle_L = |000\rangle$, $|1\rangle_L = |111\rangle$은 논리적 $|0\rangle$ 및 $|1\rangle$이며 물리적 0과 1 상태가 아니다. 이러한 상태를 부호화하는 회로는 그림 8.7에 설명되어 있다. 위의 세 큐비트의 단일 비트 플립으로 인해 발생할 수 있는 오류는 다음과 같다.

$$|\Psi\rangle_{\text{error}} = c_0|100\rangle + c_1|011\rangle \tag{8.67}$$

그리고 첫 번째 큐비트의 플립으로 인한 비트 플립 오류:

$$|\Psi\rangle_{\text{error}} = c_0|010\rangle + c_1|101\rangle \tag{8.68}$$

또는 두 번째 큐비트의 플립으로 인한 비트 플립 오류:

$$|\Psi\rangle_{\text{error}} = c_0|001\rangle + c_1|110\rangle \tag{8.69}$$

또는 세 번째 큐비트의 플립으로 인한 비트 플립 오류이다.

이러한 모든 오류는 3큐비트 코드에서 투영 측정을 수행하여 수정할 수 있다. 투영 측정 연산자는 다음과 같다.

$$P_0 = |000\rangle\langle 000| + |111\rangle\langle 111| \tag{8.70}$$

$$P_1 = |100\rangle\langle 100| + |011\rangle\langle 011| \tag{8.71}$$

$$P_2 = |010\rangle\langle 010| + |101\rangle\langle 101| \tag{8.72}$$

$$P_3 = |001\rangle\langle 001| + |110\rangle\langle 110| \tag{8.73}$$

여기서 P_0은 오류가 없음을 감지하고, P_1은 첫 번째 비트 플립을 감지하고, P_2는 두 번째 비트 플립을 감지하고, P_3은 세 번째 비트 플립을 감지한다. 이러한 측정은 코드 상태를 축소하지 않는다.

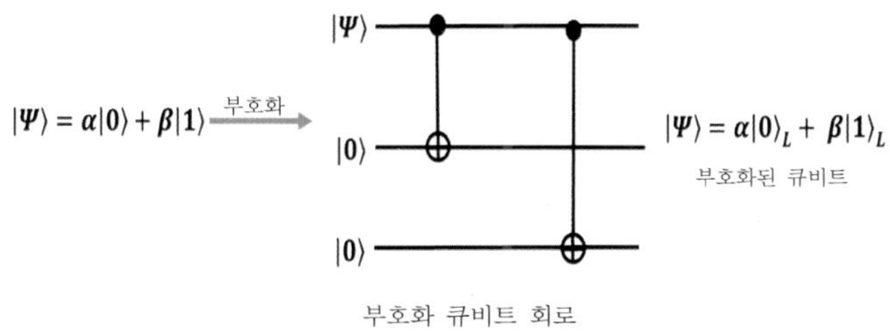

그림 8.7 3큐비트 부호화 회로의 그림.

일정 시간이 지난 후 첫 번째 비트 플립이 발생했으면 부호화된 큐비트의 상태는 다음과 같다.

$$|\Psi\rangle_{\text{error}} = c_0|100\rangle + c_1|011\rangle \tag{8.74}$$

모든 측정 연산자가 교환하므로 측정을 동시에 수행할 수 있다. 모든 투영 연산자를 동시에 수행하여 오류를 감지할 수 있다. 모든 측정의 결과는 P_1을 제외하고 0 값을 산출한다. 이러한 측정의 결과는 다음과 같다.

$$\langle\psi_{\text{error}}|P_1|\psi_{\text{error}}\rangle = 1 \tag{8.75}$$

이러한 측정은 오류를 감지한다. 인코딩된 큐비트의 상태는 측정 후에도 동일하게 유지된다.

$$|\Psi'\rangle = \frac{P_1|\Psi\rangle_{\text{error}}}{\sqrt{\langle\Psi_{\text{error}}|P_1^{\dagger}P_1|\Psi_{\text{error}}\rangle}} = |\Psi\rangle_{\text{error}} \tag{8.76}$$

큐비트의 상태에서 오류를 판별한 후 오류 수정을 수행한다. 첫 번째 큐비트의 상태를 간단히 뒤집으면 큐비트의 수정된 상태가 완벽한 정확도로 얻어진다. 이것은 큐비트의 상태를 파괴하지 않고 양자 상태에 대한 오류를 감지하고 수정할 수 있기 때문에 흥미로운 접근 방식이다. 측정은 양자 중첩 상태를 축소하지만 양자 오류 수정 코드의 경우 측정은 오류를 감지하는 데 도움이 된다.

문제

8.6 오류가 발생한 3큐비트 코드의 다음 상태를 고려하라. $|\Psi\rangle_{\text{error}} = c_0|101\rangle + c_1|010\rangle$. 이러한 오류는 위의 투영 연산자 중 하나를 사용하여 수정할 수 없음을 보여라.

8.7 다음 상태에서 오류를 감지할 수 있는 투영 연산자를 찾아라. $|\Psi\rangle_{\text{error}} = c_0|001\rangle + c_1|110\rangle$.

8.8 위의 투영 연산자를 적용하여 단일 비트 플립 오류만 감지할 수 있음을 증명하라. 상관된 오류를 감지할 수 없다.

8.8 양자 순간이동

순간이동이라는 단어는 우주를 가로지르지 않고 한 위치에서 다른 위치로 에너지나 물질의 이동을 의미하는 것으로 공상과학 소설에서 일반적으로 사용되었다. 양자 순간이동은 에너지나 물질의 이동이 아니다. 그러나 오히려 고전적인 통신 및 얽힘을 사용하여 한 위치에서 다른 위치로 양자 상태를 전송한다.

엘리스가 양자 상태를 밥에게 전송하려는 경우를 생각해 보자. 밥과 엘리스는 물리적으로 공간에서 분리되어 있다. 이를 위해 그녀와 밥은 다음과 같이 표현되는 2큐비트 얽힌 상태를 공유한다.

$$|\varphi\rangle = \frac{1}{\sqrt{2}}|00\rangle + \frac{1}{\sqrt{2}}|11\rangle \tag{8.77}$$

엘리스는 밥에게 물리적이지 않은 다른 방법으로 다음 상태를 밥에게 전송하려고 한다.

$$|\Psi\rangle = c_0|0\rangle + c_1|1\rangle \tag{8.78}$$

결과 상태는 다음과 같다.

$$|\Psi'\rangle = (c_0|0\rangle + c_1|1\rangle)\left(\frac{1}{\sqrt{2}}|00\rangle + \frac{1}{\sqrt{2}}|11\rangle\right) \tag{8.79}$$

위의 방정식에서 첫 번째 큐비트는 엘리스가 밥에게 순간 이동시키려는 큐비트이고 두 번째 및 세 번째 큐비트는 공유된 얽힌 쌍이다. 엘리스는 C-NOT 게이트를 통해 두 개의 큐비트를 보내고 결과 상태를 얻는다.

$$|\Psi'\rangle = c_0|0\rangle\left(\frac{1}{\sqrt{2}}|00\rangle + \frac{1}{\sqrt{2}}|11\rangle\right) + c_1|1\rangle\left(\frac{1}{\sqrt{2}}|10\rangle + \frac{1}{\sqrt{2}}|01\rangle\right) \tag{8.80}$$

이제 엘리스는 하다마르 게이트 연산을 통해 첫 번째 큐비트를 보내고 다음 상태를 얻는다.

$$|\Psi'\rangle = \frac{1}{2}(|00\rangle(c_0|0\rangle + c_1|1\rangle) + |01\rangle(c_0|0\rangle + c_1|1\rangle) + |10\rangle(c_0|0\rangle - c_1|1\rangle) + |11\rangle(c_0|0\rangle - c_1|1\rangle) \tag{8.81}$$

위 방정식의 처음 두 큐비트는 엘리스의 소유이다. 두 큐비트에서 측정을 수행하여 필요한 상태를 밥에게 순간 이동할 수 있다.

엘리스가 처음 두 큐비트에 대한 측정을 수행하고 상태가 $|00\rangle$인 것을 발견했다고 가정해 보자. 밥이 현재 가지고 있는 큐비트의 상태는 다음과 같다.

$$|\Psi\rangle = c_0|0\rangle + c_1|1\rangle$$

따라서 그녀는 필요한 상태를 밥에게 성공적으로 순간 이동했다. 그녀가 해야 할 일은 밥에게 전화를 걸어 그가 소유한 큐비트에 아무것도 하지 말라고 말하는 것뿐이다.

엘리스가 두 큐비트에 대한 측정을 수행하고 상태 $|0\rangle$에 있다고 판단하면 위와 동일한 작업을 수행할 수 있다.

그러나 그녀가 소유하고 있는 두 큐비트가 상태 $|10\rangle$ 또는 $|11\rangle$임을 발견하면 밥이 소유한 큐비트의 상태를 발견한다. 그녀는 밥에게 전화를 걸어 그가 소유한 큐비트의 상태를 알려준다. 그런 다음 그는 올바른 게이트 연산(Z 또는 X 게이트)을 수행하고 큐비트의 상태를 다음과 같이 얻는다.

$$|\Psi\rangle = c_0|0\rangle + c_1|1\rangle$$

따라서 큐비트의 상태는 공간을 통해 전송되지 않고 순간이동 된다. 양자 상태는 빛의 속도보다 빠르게 순간이동 될까? 그러한 상태를 순간이동 시키려면 엘리스가 기존 통신 채널을 통해 밥과 통신해야 하기 때문에 대답은 아니오이다. 이 고전 채널이 없으면 엘리스는 밥에게 어떤 정보도 전달할 수 없다. 밥이 소유한 큐비트에서 수행한 모든 측정은 순간 이동으로 이어진다. 이것은 얽힘과 같은 양자 현상의 위력을 더욱 보여준다. 여기에서 실제로 순간 이동된 것은 무엇인가? 정보인가?

이 질문에 답하기 위해 엘리스가 물리적으로 메시지를 보내지 않고 밥과 통신해야 하는 비밀 메시지가 있다고 가정하자. 이러한 메시지는 위의 기술을 사용하여 순간이동할 수 있다. 이를 위해 엘리스와 밥은 여러 큐비트를 얽힌 쌍으로 공유한다. 엘리스는 이전 단락에서 논의한 것과 동일한 작업을 수행함으로써 밥이 소유한 큐비트의 상태를 밥이 해독할 수 있는 코드로 숨긴다. 이러한 방식으로 밥은 엘리스가 통신 채널을 통해 밥과 통신할 필요 없이 엘리스로부터 메시지를 수신할 수 있다. 따라서 큐비트를 물리적으로 전송할 필요 없이 정보가 밥에게 전송된다. 이 과정에서 에너지의 전달이 없으므로 이러한 정보 전달은 빛의 속도보다 빠르다는 상대성 원리의 위반은 아니다.

8.9 초밀도 부호화

초고밀도 부호화는 양자 정보가 고전적 정보로는 전송될 수 없는 방식으로 전송될 수 있는 양자 특성 사용의 한 예이다. 아이디어는 최소 큐비트 수를 사용하여 최대 정보량을 전송하는 것이다.

엘리스와 밥이 아래와 같이 얽힌 쌍을 공유한다고 가정하자.

$$|\Psi\rangle = \frac{1}{\sqrt{2}}|00\rangle + \frac{1}{\sqrt{2}}|11\rangle \tag{8.82}$$

처음에 첫 번째 큐비트는 엘리스의 소유이고 두 번째 큐비트는 밥의 소유이다. 식 (8.82)의 상태는 얽힌 상태이다. 이제 엘리는 단일 큐비트를 전송하여 두 비트의 정보를 밥에게 전송하려고 한다. 그녀가 비트 “00”을 밥에게 전송하기를 원하면 그녀는 그녀의 큐비트에 아무것도 하지 않고 밥에게 로만 전송한다. 그녀가 비트 “01”을 밥에게 전송하기를 원한다면 그녀는 위상 반전, Z 게이트 연산을 그녀의 큐비트로 수행한 다음 밥에게 전송한다. 그녀가 비트 “10”을 밥에게 전송하기를 원한다면 그녀는 NOT 게이트, X 게이트 연산을 그녀의 큐비트에 수행한 다음 전송한다. 그녀가 비트 “11”을 밥에게 전송하기를 원한다면 그녀는 그녀의 큐비트에 iY 게이트 연산을 수행한 다음 전송한다. 결과 상태는 다음과 같다.

$$|\Psi_{00}\rangle = \frac{1}{\sqrt{2}}|00\rangle + \frac{1}{\sqrt{2}}|11\rangle \tag{8.83}$$

$$|\Psi_{01}\rangle = \frac{1}{\sqrt{2}}|00\rangle - \frac{1}{\sqrt{2}}|11\rangle \tag{8.84}$$

$$|\Psi_{10}\rangle = \frac{1}{\sqrt{2}}|10\rangle + \frac{1}{\sqrt{2}}|01\rangle \tag{8.85}$$

$$|\Psi_{11}\rangle = \frac{1}{\sqrt{2}}|01\rangle - \frac{1}{\sqrt{2}}|10\rangle \tag{8.86}$$

이 네 가지 상태를 벨 상태 또는 벨 기저라고 한다. 모든 벨 상태는 얽혀 있고 직교 기저를 형성한다. 따라서 이러한 상태는 측정을 수행하여 구별할 수 있다. 엘리스는 현재 2 큐비트를 모두 소유하고 있는 밥에게 큐비트를 전송했기 때문에 벨 기반으로 측정을 수행하여 밥은 4개의 가능한 2 비트 중 엘리스가 보낸 비트를 결정할 수 있다. 따라서 엘리스는 밥에게 단일 큐비트를 전송하는 것만으로 2비트의 정보를 전송할 수 있었다. 엘리스는 자신이 소유하고 있는 큐비트와만 상호 작용하며 2비트의 정보를 밥에게 보낼 수 있다. 일반적으로 엘리스는 2비트의 정보를 전송하기 위해 밥의 큐비트와 상호 작용해야 한다. 이러한 초고밀도 정보 전송은 양자컴퓨터에서만 가능하다.

여기서 우리는 양자 정보 및 양자 계산 분야에 대한 최종 결론 없이 이 장을 끝낸다. 그렇게 하는 주된 이유는 해당 분야가 매우 빠르게 발전하고 있기 때문이다. 이 분야에서 등장하는 미래 기술에 대해 명확하게 말하기는 어렵다. 그러나 미래의 양자 기술은 이 우주를 지배하는 원리에 매우 가까운 원리 위에 구축될 것이 분명하다.

참고문헌

참고서적

1. D'Abro, A. 1951. The Rise of the New Physics, Its Mathematical and Physical Theories. New York: Dover Publications Inc. Vol. II.
2. Bohm, D. 1951. Quantum Theory. New York: Dover Publications Inc.
3. Dirac, P.A.M. 1967. The Principles of Quantum Mechanics. Oxford: Clarendon Press. Fourth edition.
4. Heisenberg, W. 1949. The Physical Principles of the Quantum Theory. New York: Dover Publications Inc.
5. Feynman, R., Leighton, R., & Sands, M. 1966. The Feynman Lectures on Physics, Vol. III: Quantum Mechanics. New York: Basic Books.
6. Sakurai, J.J. 1999. Modern Quantum Mechanics. Reading, MA: Addison-Wesley Publishing Company Inc.
7. Cohen Tannoudji, C., Diu, B., & Laloe, F. 2005. Quantum Mechanics. Toronto, Canada: John Wiley & Sons, Pte, Ltd. Vol. I.
8. Shankar, R. 1994. Principles of Quantum Mechanics. New York: Kluwer Academic/Plenum Publishers. Second edition.
9. Schiff, L.I. 1968. Quantum Mechanics. New York: McGraw-Hill. Third edition.
10. Griffiths, D.J. 2005. Introduction to Quantum Mechanics. Hoboken, NJ: Pearson Education Inc. Second edition.
11. Nielsen, M.A. & Chuang, I.L. 2000. Quantum Computation and Quantum Information. New York: Cambridge University Press.
12. Byron, F.W. Jr. & Fuller, R.W. 1992. Mathematics of Classical and Quantum Physics. New York: Dover Publications Inc.
13. Landau, L.D. & Lifshitz, E.M. 1976. Mechanics. Oxford: Pergamon Press. Vol. I, Third edition.
14. McDermott, L.C. 1996. Physics by Inquiry. Hoboken, NJ: John Wiley & Sons, Inc. Vol. II.
15. Heisenberg, W. Reprinted in 1990. Physics & Philosophy, the Revolution in Modern Science. London: Penguin Group.

전문학술지 논문

16. Kramm, G. & Molders, N. 2009. Planck's blackbody radiation law: Presentation in different domains and determination of the related dimensional constants, arXiv preprint arXiv:0901.1863.
17. Davisson, C. & Germer, L.H. Diffraction of electrons by a crystal of nickel. The Physical Review, 30(6), 705.
18. Gehrenbeck, R.K. 1978. Electron diffraction: Fifty years ago. Physics Today, 31(1), 34-41.
19. Stodolna, A.S., Rouze, A., L pine, F., Cohen, S., Robicheaux, F., Gijsbertsen, A., Jungmann, J.H., Bordas, C. & Vrakking, M.J.J. 2013. Hydrogen atoms under magnification: Direct observation of the nodal structure of stark states. Physical Review Letters, 110(21), 213001.
20. Hansch, T.W., Schawlow, A.L. & Series, G.W. 1979. The spectrum of atomic hydrogen. Scientific American, 240(3).
21. Zurek, W.H. 2002. Decoherence and the transition from quantum to classical-revisited. Los Alamos Science, 27, 86-109.
22. Hornberger, K. 2009. Introduction to decoherence theory. Lecture Notes in Physics, 768. Springer-Verlag

찾아보기

숫자

영문

ㄱ

ㄴ

ㄷ

ㄹ

ㅁ

ㅂ

ㅇ

ㅊ

ㅋ

ㅌ

ㅍ

ㅎ

homepage www.chungbum.co.kr

쉽게 접근한 양자역학 ⓒ 2022

저 자 Shabnam Siddiqui
역 자 연규황
발행자 연규산
발행처 청범출판사
주 소 서울 성북구 화랑로32다길 6-18
전 화 02-971-5385
팩 스 02-977-8967
등 록 1991년 08월 13일 No, 5-282
ISBN 978-89-88247-76-1